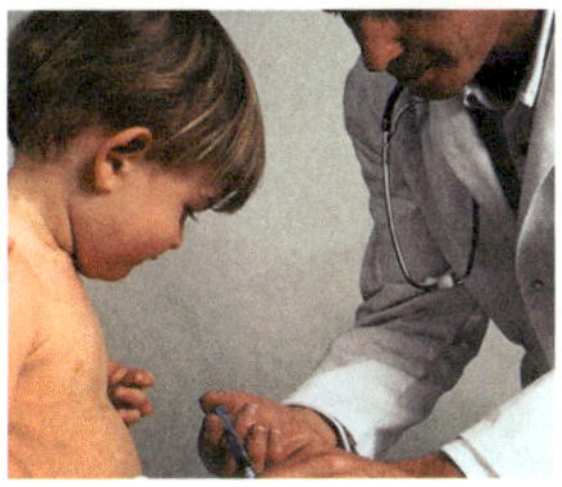

Medizin

Medizin – auch Heilkunde genannt – beschäftigt sich mit Krankheiten und der Erhaltung der Gesundheit.
Beispiel: Erkennen, Behandeln und Vorbeugung einer Grippeerkrankung.

Geschichte

Die Geschichte beschäftigt sich mit Menschen und Ereignissen aus der Vergangenheit.
Beispiel: Im Jahre 1665 entdeckte der englische Naturforscher Robert HOOKE bei einer Untersuchung von Flaschenkork die Zelle.

Erdkunde

Die Erdkunde beschäftigt sich mit dem Aufbau unserer Erde, dem Klima und den einzelnen Ländern. Die in den verschiedenen Klimazonen vorkommenden Lebewesen sind an die dortigen Klimabedingungen angepasst.
Beispiel: Steigt die Bodentemperatur in der Wüste über 45 °C, gräbt sich die dort lebende Sandechse in kühlere Sandschichten ein.

Politik

Die Politik beschäftigt sich unter anderem mit Gesetzen, Staaten und Regelungen menschlichen Zusammenlebens.
Beispiel: Entwurf, Ausführung und Einhaltung von Gesetzen zum Schutz von Lebewesen und ihrer Umwelt.

Technik

Die Technik beschäftigt sich mit der Herstellung von Gegenständen wie z. B. Werkzeugen, Maschinen, Geräten und Apparaten.
Beispiel: Entwicklung und Bau von Flugzeugen in Anlehnung an die Körperform von Vögeln und Fischen.

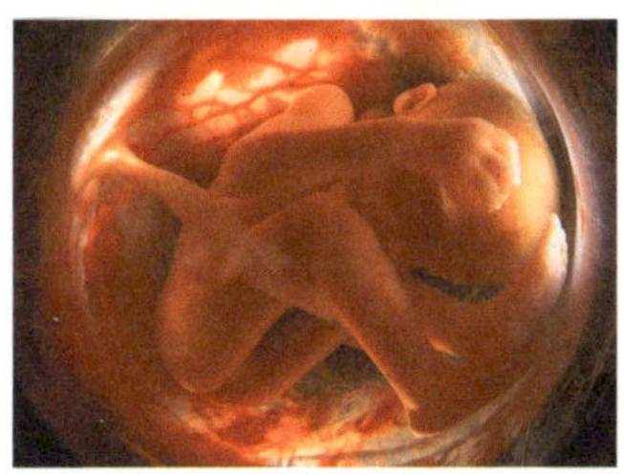

Ethik

Die Ethik setzt sich mit so schwierigen Fragen wie z. B. den Grundlagen von Frieden, Freiheit, Gerechtigkeit und Verantwortung auseinander.
Beispiel: Dürfen Versuche am Menschen durchgeführt werden um Krankheiten zu erforschen?

Antje Starke

Netzwerk BIOLOGIE 5

Ein Lehr- und Arbeitsbuch

Schroedel

Netzwerk Biologie 5
Sachsen

Herausgegeben von
Antje Starke

Bearbeitet von
Antje Starke, Leipzig

In Teilen ist dieses Werk eine Bearbeitung von Netzwerk Biologie 5/6, 3-507-86444-4, hrsg. von Antje Starke und Netzwerk Biologie 1, 3-507-86413-4, hrsg. von Wolfgang Jungbauer und Netzwerk Biologie 6, 3-507-86488-6, hrsg. von Wolfgang Jungbauer und Netzwerk Biologie 1, 3-507-86430-4 hrsg. von Eckhard Philipp, Antje Starke von Netzwerk Biologie 1, 3-507-86400-2, hrsg. von Joachim Jaenicke, Wolfgang Jungbauer und Netzwerk Biologie 1, 3-507-86420-7 und Erlebnis Biologie 1, 3-507-76800-3 hrsg. von Joachim Dobers, Joachim Jaenicke, Günter Rabisch und Erlebnis Biologie 1, 3-507-76802-X, hrsg. von Hans-Günther Beuck, Joachim Dobers, Günther Rabisch, Annely Zeeb und Erlebnis Biologie 1, 3-507-76817-8 und 3-507-76823-2, hrsg. von Joachim Dobers

Druck A [4] / Jahr 2007

Alle Drucke der Serie A sind im Unterricht parallel verwendbar.

Redaktion: Frauke Spilker

Illustrationen:
Brigitte Karnath, Joachim Knappe, Liselotte Lüddecke, Karin Mall, Tom Menzel, Heike Möller, Kerstin Ploß, Ingrid Schobel, Barbara Schneider, Susanne Thater

Grundlayout und Pinnwände: Atelier *tiger*color Tom Menzel

Einbandgestaltung: Janssen Kahlert Design & Kommunikation GmbH

Satz und Repro: Stürtz GmbH, Würzburg

Druck und Bindung: westermann druck GmbH, Braunschweig

ISBN 978-3-507-**86510**-5

Netzwerk BIOLOGIE

Erschließungsfeld

Geschlechtliche Fortpflanzung

Unter Fortpflanzung versteht man in der Biologie die Erzeugung von Nachkommen. Wenn diese aus Geschlechtszellen entstehen, spricht man von **geschlechtlicher** oder **sexueller Fortpflanzung.**

Erschließungsfelder ermöglichen dir, die Gemeinsamkeiten von Lebewesen zu erkennen. Bei jeder Tierklasse wird ein Erschließungsfeld eingeführt. Du findest diese Gemeinsamkeiten aber bei allen Lebewesen.

Fachbegriff

Hormone

Hormone sind Stoffe, die in Hormondrüsen im Körper erzeugt und

Die Fachsprache spielt in der Biologie eine große Rolle. Eindeutige Begriffe erleichtern dir zum Beispiel das Verständnis von Fachtexten.

Vernetze dein Wissen

Auf den Seiten Vernetze dein Wissen am Ende des Kapitels werden die behandelten Themen und biologischen Prinzipien durch Aufgaben wiederholt und vernetzt. Hier kannst du überprüfen, ob du bereits Gelerntes anwenden und auf neue Themen übertragen kannst.

Methode

Auf den Methodenseiten werden grundlegende biologische und fachübergreifende Arbeitstechniken vorgestellt, die du gleich anwenden kannst.

Übung

Übungsseiten bieten zusätzliche materialgebundene Aufgaben und Versuche an. Hier kannst du das jeweilige Thema in Experimenten und durch andere methodische Arbeitsweisen erarbeiten.

Pinnwand

Pinnwandseiten bieten dir zusätzliche biologische Inhalte im Sinne eines Lexikons. Sie geben dir vielfältige Informationen zur Artenvielfalt und zum Artenschutz. So kannst du deine Artenkenntnisse verbessern.

Streifzug

Im Streifzug wird fachübergreifend gearbeitet. Auf den Seiten Streifzug durch … werden die biologischen Themen durch Informationen aus der Physik, Medizin, Erdkunde, Geschichte und anderen Fächern ergänzt.

Wahlpflichtbereich: Wirbeltiere im Winter

Graue Überschriften zeigen dir die Themen an, die für den Wahlpflichtbereich angeboten werden. Diese Bereiche sind besonders handlungsorientiert und können in Gruppen erarbeitet werden.

Die Biologie beschäftigt sich mit Lebewesen

Fische – Wirbeltiere des Wassers

Lurche – Wirbeltiere zwischen Wasser und Land

Kriechtiere – angepasst an unterschiedliche Lebensräume

Wahlpflichtbereich: Kriechtiere vergangener Zeit

Vögel in ihrem Lebensraum

Körperbau, Lebensweise und Verwandtschaft bei Säugetieren

Verwandtschaft der Wirbeltiere

Wahlpflichtbereich: Wirbeltiere im Winter

Wahlpflichtbereich: Artgerechte Tierhaltung

Bau, Leistungen und Nutzen von Samenpflanzen

Die Biologie beschäftigt sich mit Lebewesen

1 Wir erkunden eine Wiese

1 Wir beschäftigen uns mit Pflanzen, Tieren und dem Menschen

Das neue Schuljahr beginnt mit einem mehrtägigen Aufenthalt in einem Schullandheim. Es liegt an einem Waldrand und ist umgeben von Feldern und Wiesen. Auch einen großen See gibt es in der Nähe. Auf dem Freizeitgelände und auf Wanderungen in die nähere Umgebung lernt die Klasse 5c die Natur mit ihren Pflanzen und Tieren aus nächster Nähe kennen. Darüber schreibt Mareike in ihrer Biologiemappe:

„… ‚Wie heißen die Bäume?' war eine Aufgabe, die wir lösen mussten. Wir sahen uns die Blätter an und *bestimmten* danach die Bäume. Dazu benutzten wir das Biologiebuch und auch ein Bestimmungsbuch. Wir *zeichneten* die verschiedenen Blätter und *protokollierten* deren wichtigste Merkmale. Viel Spaß bereitete uns das ‚Blätter-Memory'. Dabei mussten wir mit verbundenen Augen durch Fühlen zwei gleiche Blätter wiederfinden und den Namen sagen. Wer von uns es in der kürzesten Zeit schaffte, hatte gesiegt.
Als wir auf einer Exkursion den Wald *erkundeten,* entdeckten wir einen großen Ameisenbau. Er gehörte der Roten Waldameise. Wir *beobachteten,* wie eine Ameise eine Raupe zu ihrem Bau schleppte. Sie wurde dabei von anderen Ameisen unterstützt. Unser Lehrer machte auch einen *Versuch.* Er legte ein Papiertaschentuch auf den Haufen. Als er es kurze Zeit später entfernte, roch es nach Ameisensäure. Die Ameisen hatten sich bedroht gefühlt und Gift versprüht.
Dicht dabei machte uns unser Lehrer auf den Gewöllplatz einer Eule aufmerksam. Unter einer Fichte lagen mehrere Gewölle. Wir erfuhren, dass es die unverdaulichen Reste ihrer Beutetiere sind, die sie als Speiballen wieder hervorwürgt. Wir nahmen einige mit ins Heim und *untersuchten* sie. Wir staunten nicht schlecht. Beim *Präparieren* kamen Knochen zum Vorschein. Wir *verglichen* unsere Ergebnisse und stellten fest: Die Eule hatte hauptsächlich Mäuse gefressen.
Auf dem Gelände des Freizeitheimes waren verschiedene Nisthilfen für Insekten angebracht. Dazu gehörten gebündelte hohle Halme und Baumabschnitte, in die tiefe Löcher gebohrt waren. An diesen Nisthilfen beobachteten wir verschiedene Insekten, wie sie in die Hohlräume schlüpften. …"

Beobachten, Untersuchen, Versuchen, Vergleichen, Bestimmen, Zuordnen, Protokollieren, Schützen von Pflanzen und Tieren sind wichtige biologische Arbeitsweisen.

1 Nenne biologische Arbeitsweisen, die auf der Pinnwand Seite 7 gezeigt werden.

A

C

B

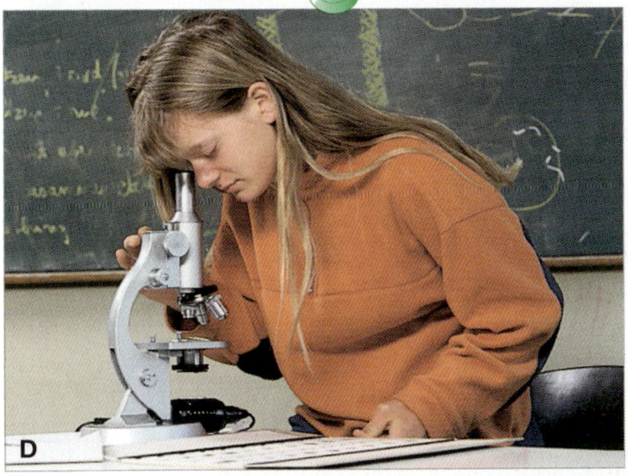
D

E

Biologie – die Lehre vom Leben

bios (griech.) = Leben

logos (griech.) = Lehre

2 Lebewesen besitzen gemeinsame Kennzeichen

1 Johannes und seine Katze

Johannes hat eine Katze aus Plüsch geschenkt bekommen. Seitdem ist sie seine ständige Begleiterin. Er geht mit ihr fast wie mit einem lebendigen Tier um. Obwohl sie wie eine „echte" Katze aussieht, fehlen ihr die wesentlichen Merkmale eines Lebewesens. Welche gehören dazu, die für alle Lebewesen gelten?

2 Mäuse mit Jungtieren

Die Gestalt von Lebewesen kann sich im Laufe ihres Lebens verändern. Neugeborene Katzen zum Beispiel wiegen etwa 100 g und sind noch nackt und blind. Sie saugen an den Zitzen ihrer Mutter die Milch, der sie alle Stoffe für ihre **Entwicklung** entnehmen. Ihre Entwicklung ist mit einem **Wachstum** verbunden. Ausgewachsen wiegen sie dann zum Beispiel 3 kg. Sie können sich dann **fortpflanzen** und Nachwuchs bekommen.
Auch wir Menschen nehmen mit unserer Nahrung unter anderem Nährstoffe auf, die zum Aufbau unseres Körpers notwendig sind. Wir gewinnen daraus die Energie, die wir für unsere körperlichen und geistigen Tätigkeiten benötigen. Stoffe, die wir nicht mehr brauchen, werden wieder ausgeschieden. Alle diese Vorgänge bezeichnen wir als **Stoffwechsel.**
Wenn Christoph beim Fußball den Torwart spielt, braucht er diese Energie, um beim gezielten Torschuss nach dem Ball zu hechten. Er nimmt den auf das Tor zufliegenden Ball über seine Augen als **Reiz** wahr, führt mit seinem Körper die richtigen **Bewegungen** aus und fängt den Ball.
Alle diese Merkmale wie Entwicklung, Wachstum, Fortpflanzung, Stoffwechsel, Reizbarkeit und Bewegung sind Kennzeichen des Lebendigen.

3 Christoph beim Fußballspiel

4 ***Blühende Rosen***

5 ***Hundsrose*** *(Frucht)*

7 ***Ringelblume.***
A *morgens;* ***B*** *mittags;* ***C*** *abends*

Gelten die gleichen Kennzeichen der Lebewesen, die wir bei Tieren und beim Menschen kennen gelernt haben, auch für Pflanzen? Sehen wir uns daraufhin einmal die beiden blühenden Rosen an. Es wird dir schwer fallen, die Rose aus Kunststoff von der lebenden Rose zu unterscheiden. Die Gestalt allein kann also nicht das Kennzeichen einer lebenden Pflanze sein. Es müssen weitere Merkmale hinzukommen.

Einen Hinweis geben uns z. B. die Früchte mit den Samen der Hundsrose, die aus den Blüten der Pflanze entstanden sind. Aus den Samen *entwickeln* sich wieder neue Pflanzen. Diese Art der *Fortpflanzung* sichert auch ihre *Vermehrung.*

Die Blüten mancher Pflanzen *reagieren* z. B. auf Licht*reize.* Bei trübem Wetter sind sie geschlossen, im Licht öffnen sie sich durch *Bewegung* ihrer Kronblätter.

Eine lebende Pflanze benötigt zum *Wachsen* Wasser und Mineralstoffe, die sie über ihre Wurzeln aus dem Boden aufnimmt. Zusammen mit dem in der Luft enthaltenen Gas Kohlenstoffdioxid bildet sie in ihren grünen Blättern daraus verschiedene Nährstoffe wie Zucker und Stärke. Diese verwertet sie für ihre Lebensvorgänge. Pflanzen zeigen also auch einen *Stoffwechsel.*

Menschen, Tiere und Pflanzen sind Lebewesen, da sie die Kennzeichen des Lebendigen zeigen: Bewegung, Reizbarkeit, Stoffwechsel, Wachstum, Entwicklung und Fortpflanzung.

1 Erkläre am Beispiel einer Katze die Kennzeichen eines Lebewesens.

2 Beschreibe Kennzeichen der Lebewesen, die du den Abbildungen 2 und 6 entnehmen kannst.

6 ***Maisfeld. A*** *Anfang Juni;* ***B*** *Ende Juni*

1 ***Zwiebelpflanze. A*** *Beet;* ***B*** *Zwiebel mit Arbeitsgeräten;* ***C*** *trockenes Schuppenblatt, Aufsicht;* ***D*** *Zwiebelhälften;* ***E*** *inneres Schuppenblatt, Aufsicht;* ***F*** *Zwiebelwachstum;* ***G*** *Zwiebelscheibe*

3 Wir lernen Pflanzen und Tiere genauer kennen

Grit hilft ihren Eltern im Garten. Als sie das Zwiebelbeet von Wildkräutern befreien will, staunt sie über die Größe der Zwiebelpflanzen. Erst vor wenigen Wochen hatte ihre Mutter Zwiebeln in die Erde gesteckt. „Wie kann sich aus einer Zwiebel eine Pflanze entwickeln?" fragt sich Grit.
Um dieses *Problem* zu lösen, macht sich Grit einige Gedanken. Sie stellt *Vermutungen* an: Die Zwiebel könnte ein Teil der Zwiebelpflanze sein, aus dem eine neue Pflanze wächst. Es könnte aber auch sein, dass bereits die Zwiebel eine kleine Zwiebelpflanze ist, die nur zu einer größeren heranwächst. Grit beschließt, diese Vermutungen zu *überprüfen.*
Hierzu *betrachtet* sie eine Zwiebel. Sie nimmt auch ein Vergrößerungsglas, eine Lupe, zu Hilfe. Beim Drehen der Zwiebel in der Hand merkt Grit, dass sich die braunen, trockenen Schalen leicht entfernen lassen. Wie übereinanderliegende Schuppen umgeben sie die Zwiebel. Mit der Lupe entdeckt Grit parallel verlaufende, dunkle Linien, die sie an Blattadern erinnern. Sollten diese Schalen vertrocknete Blätter sein? Beim Entfernen der Schalen merkt Grit, dass sie am breiteren Ende der Zwiebel fester sitzen. Hier findet Grit auch vertrocknete Fäden, die Wurzeln ähneln. Nach innen zu werden die Schalen heller und saftiger und lassen sich nicht mehr so leicht entfernen. Blätter und Wurzeln weisen auf die Richtigkeit der zweiten Vermutung hin. Wo aber befindet sich der Stängel, an dem die Blätter sitzen?

Grit ist neugierig geworden: Sie *untersucht* das Innere der Zwiebel. Mit einem Messer schneidet sie die Zwiebel längs durch. An den Schnitthälften sieht Grit, dass die Zwiebel aus nach innen zu dicker werdenden Schalen

besteht. Alle Schalen entspringen einem scheibenförmigen Bereich, an dem auch die Wurzelfäden sitzen. Grit löst eine Schale heraus. Auch hier findet sie mit der Lupe Linien, die Blattadern ähneln. Die scheibenförmige Verdickung müßte demnach ein gestauchter Stängel sein.
Um letzte Gewissheit zu erlangen, überlegt sich Grit ein *Experiment:* Sie setzt eine Zwiebel auf ein Glas mit Wasser. Nach einigen Tagen wachsen Wurzeln in das Wasser. Grit schreibt ihre *Beobachtungen* auf, sie erstellt ein *Versuchsprotokoll.*
Bald wachsen auch grüne Blätter aus dem oberen Bereich der Zwiebel. Ihre Anlagen hatte Grit bereits am Längsschnitt gesehen. Ihre zweite Vermutung trifft also zu: Die Zwiebel ist eine vollständige kleine Zwiebelpflanze.

Grit will sogleich ihrer Freundin Meike ihre neue Entdeckung mitteilen. Meike hat jedoch ein anderes Problem. Sie und ihr Bruder haben Meerschweinchen bekommen. Nun versuchen sie aus Büchern zu erfahren, wovon sich die Tiere ernähren. Sie haben bereits erfahren, dass Meerschweinchen Nagetiere und Pflanzenfresser sind, die aus Mittel- und Südamerika stammen. Was sie jedoch genau fressen, haben sie noch nicht gefunden. Grit hat eine Idee: „Lasst uns doch ausprobieren, wovon sich eure Meerschweinchen ernähren!" Sie stellen Vermutungen an und planen schließlich eine Versuchsreihe. Diese kannst du dem nebenstehenden Versuchsprotokoll entnehmen.

Biologische Fragestellungen und Vermutungen werden durch Beobachten und Experimentieren überprüft und gelöst. Man gelangt dabei zu einer Erkenntnis.

A

1 Werte das Versuchsprotokoll 2B aus und formuliere ein Ergebnis.
2 Erstelle über die Untersuchungen zur Entwicklung von Zwiebelpflanzen ein Versuchsprotokoll. Notiere auch hier eine Auswertung und formuliere ein Ergebnis. Nimm die Abbildung 2B zu Hilfe.

B

Versuchsprotokoll

Problem: Wovon ernährt sich ein Meerschweinchen?
Material: Meerschweinchen; Käfig mit Zubehör; Getreidekörner; kleines Stück frische Leber; Salatblatt; Löwenzahnblätter; Möhre; Stück Apfel; Stück Kartoffel; Stück Brot; Mehlwürmer; Heu
Durchführung: In den Futternapf werden zunächst Getreidekörner gegeben. Das Verhalten der Meerschweinchens am Futternapf wird beobachtet und notiert. Danach wird der Napf gesäubert. Der Versuch wird dann fortgesetzt, indem auf diese Weise die aufgeführten Futterarten einzeln geprüft werden.
Beobachtung:

Futter	Meerschweinchen frisst	frisst nicht
Getreidekörner	X	
Leber		X
Salatblatt	X	
Löwenzahnblätter	X	
Apfel	X	
Kartoffel	X	
Brot	X	
Mehlwürmer		X
Heu	X	

C

2 ***Meerschweinchen. A*** *Muttertier mit Jungen;* ***B*** *Versuchsprotokoll;* ***C*** *Fressen von Löwenzahnblättern*

Methode

Einen Hefter führen

Mit einem gut geführten Fachhefter kannst du zeigen, was du dir in einem Fach erarbeitet hast. Du kannst damit leichter wiederholen und dich auf Tests, Klassenarbeiten und Prüfungen vorbereiten. Außerdem kannst du dich freuen und stolz sein, wenn du dir deinen schön gestalteten Hefter ansiehst.

Was gehört in einen Fachhefter?

- Merksätze, wichtige Begriffe und Zeichnungen, wie ihr sie im Unterricht festgehalten habt
- Lösungen von Aufgaben, die du im Unterricht oder als Hausaufgaben bearbeitet hast
- Arbeitsblätter, die du bearbeitet hast
- Notizen über Beobachtungen und Versuche, die du gemacht hast. Diese kannst du durch Zeichnungen ergänzen. Hier kannst du beispielsweise das Verhalten von Tieren oder ein Experiment beschreiben.
- Zusatzmaterial, das du gesammelt hast. Das können Fotos, Zeitungsausschnitte, Kopien aus Büchern oder Ausdrucke von Internetseiten sein.
- eigene Arbeiten wie eine besonders schön gestaltete Seite über Hunderassen

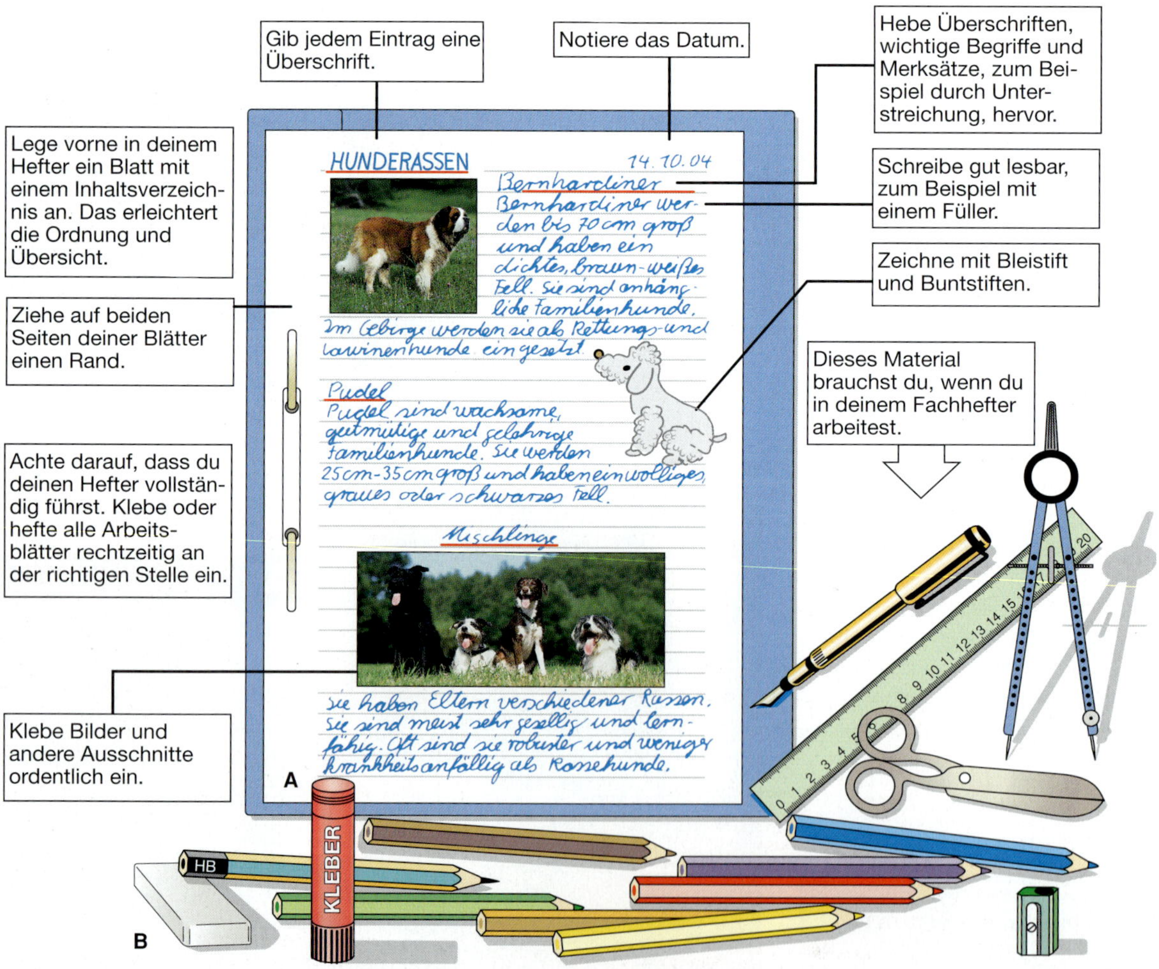

1 ***Fachhefter.*** ***A*** *Seite über Hunderassen;* ***B*** *Arbeitsmaterial*

Die Biologie beschäftigt sich mit Lebewesen

Vernetze dein Wissen

A 1 Tina und Kai beobachten Stichlinge in einem Gewässer. Plötzlich fragt Kai: „Was fressen Stichlinge eigentlich?“
Wie können Tina und Kai herausfinden, wovon Stichlinge sich ernähren?

A 2 Dummies verwendet man als „Testpersonen“ für die Sicherheit von Fahrzeugen. Obwohl ein Dummy wie ein Mensch aussieht, ist er kein Lebewesen. Erläutere.

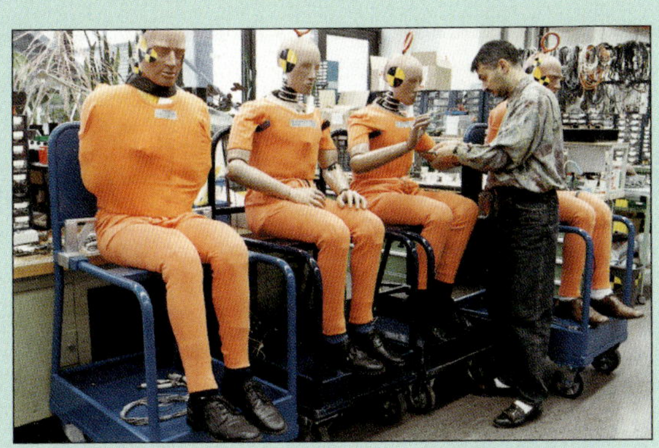

A 3 „Pflanzen sind keine Lebewesen, da sie sich nicht bewegen können!“ Weshalb stimmt diese Aussage nicht?

A 4 Durch einen Erdrutsch hatte sich eine junge Birke so geneigt, dass sie vom Berg weg zu wachsen schien. Tatsächlich zeigte sie in den folgenden Jahren das abgebildete Wachstum. Welches Kennzeichen des Lebendigen erfüllt die Birke in diesem Falle?

A 5 Welche der folgenden Aussagen treffen zu? Meerschweinchen stammen aus
a) Afrika; b) Nordamerika; c) Mittelamerika; d) Südamerika; e) Asien.

A 6 Das Foto zeigt eine Meerschweinchenfamilie. Beschreibe, welche Kennzeichen des Lebendigen in diesem Fall erfüllt werden.

Mimosen stammen aus dem tropischen Amerika. Ihre Fiederblättchen klappen bei Berührung zunächst einzeln, dann paarweise zusammen.
Welches Kennzeichen des Lebendigen erfüllt die Pflanze in diesem Fall?

Fische – Wirbeltiere des Wassers

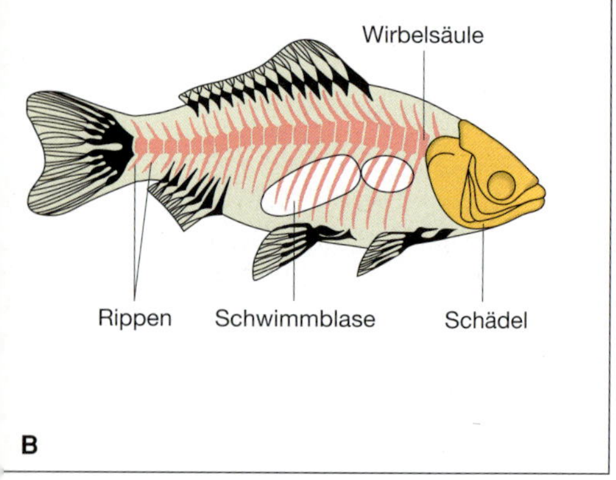

1 ***Goldfische. A*** *im Gartenteich;* ***B*** *Skelett und Schwimmblase*

1 Der Bau der Fische ist dem Lebensraum angepasst

In Gartenteichen werden oft *Goldfische* gehalten. Dies sind kleine, ursprünglich in China gezüchtete Verwandte unseres Karpfens. Der Körper dieser Fische ist langgestreckt. Der Kopf geht ohne Hals in den Körper über. Er verschmälert sich zum Kopfende und zum Schwanzende. Durch diese **Stromlinienform** können sich Fische im Wasser besonders leicht bewegen. Die Haut ist sehr glitschig, weil sie mit einer Schleimschicht bedeckt ist. In der Haut liegen dünne Knochenplättchen, die **Schuppen,** dachziegelartig übereinander und schützen den Körper. Die Goldfische suchen die Wasserpflanzen nach Insektenlarven, kleinen Würmern, Algen und vermodernden Pflanzenteilen ab. Die Augen sind recht groß und können in der Nähe gut sehen. Mit den Lippen tasten die Fische den Untergrund ab und durchwühlen auf ihrer Nahrungssuche den Schlamm. Goldfische fressen keine anderen Fische. Sie sind also keine *Raubfische* wie etwa der Hecht, sondern *Friedfische.*

Wenn die Goldfische z. B. durch eine Bewegung am Ufer aufgeschreckt werden, gleiten sie mit kräftigen, schlängelnden Bewegungen des Körpers fast mühelos durch das Wasser davon. In Längsrichtung des Körpers liegen Muskeln seitlich der Wirbelsäule. Sie ziehen sich abwechselnd zusammen und treiben dadurch den Körper voran. Die Bewegung wird durch die

Fachbegriff

Wechselwarme Wirbeltiere

Die Körpertemperatur von Fischen entspricht immer der Umgebungstemperatur. In kaltem Wasser ist sie niedrig, in warmem Wasser entsprechend hoch. Fische brauchen deshalb keine Haare oder Federn als Schutz vor Auskühlung. Im Gegensatz zu den **gleichwarmen** Vögeln und Säugetieren, deren Körpertemperatur sich nicht ändert, sind Fische, aber auch Lurche und Kriechtiere, **wechselwarme** Wirbeltiere.

Erschließungsfeld

Angepasstheit

Lebewesen zeigen in ihrem Körperbau, der Atmung, der Ernährung und in ihrem Verhalten viele Angepasstheiten an ihren Lebensraum. So haben zum Beispiel viele Meerestiere wie Fische, ausgestorbene Fischsaurier oder Delfine eine typische Stromlinienform. Der spindelförmige Körper hat einen geringeren Wasserwiderstand. Die Bewegungen können so schneller und energiesparender ausgeführt werden. Solche Angepasstheiten sind das Ergebnis einer langen Entwicklungsgeschichte der Lebewesen.

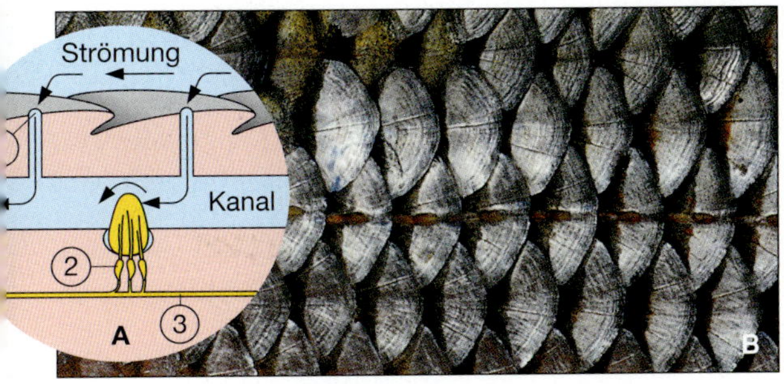

2 ***Rotauge.*** ***A*** *Bau des Seitenlinienorgans:* ① *Pore,* ② *Sinneszelle,* ③ *Nerv zum Gehirn;* ***B*** *Seitenlinie und Schuppen (Foto)*

kräftige **Schwanzflosse** verstärkt. Diese besteht aus einer derben Flossenhaut und wird durch Knochenstäbe gestützt. Die **Brustflossen** und **Bauchflossen** dienen zum Steuern, aber auch zum langsamen Schwimmen und zum Bremsen. Die **Rückenflosse** und die **Afterflosse** verhindern wie der Kiel eines Schiffes das seitliche Kippen.

Auch beim Schwimmen im Dunkeln oder in trübem Wasser stößt der Fisch nicht gegen Hindernisse. Er hat ein Sinnesorgan, mit dem er feinste Änderungen der Wasserströmung, z.B. in der Nähe eines Schilfhalmes, feststellen kann. Dieses Organ besteht aus je einem kleinen, unter der Haut verlaufenden Kanal an jeder Seite des Fisches. Man bezeichnet es als **Seitenlinienorgan.** Winzige Öffnungen führen aus dem Kanal nach außen. Im Kanal sitzen Gruppen von Sinneszellen, die durch das vorbeiströmende Wasser bewegt werden. Dieses Sinnesorgan gibt es nur bei Fischen.

Ein Fisch kann bewegungslos im Wasser schweben. Dies wird durch die **Schwimmblase,** einen gasgefüllten Hautsack, erreicht. Der Fisch kann die Schwimmblase etwas verkleinern, indem er z.B. Gas aus dem Mund nach außen abgibt. Dann sinkt er im Wasser tiefer. Um höher zu steigen, muss er seine Schwimmblase etwas vergrößern. Er scheidet dann Gas aus dem Blut in die Schwimmblase ab.

Fische sind an das Leben im Wasser angepasst: stromlinienförmiger Körper, glitschige Haut mit Schuppen, schlängelnde Bewegungen, Flossen, Seitenlinienorgane und Schwimmblase.

1 Erläutere, weshalb manche Flossen zweifach – also paarig – vorhanden sind, andere aber unpaarig.

2 Nenne zwei Besonderheiten der Haut, die den Körper eines Fisches schützen.

Streifzug durch die Physik

Auftrieb im Wasser

Wirft man einen vollständig mit Wasser gefüllten Luftballon ins Wasser, so geht er unter. Seine *Gewichtskraft* zieht ihn nach unten. Wird er jedoch aufgeblasen unter Wasser gedrückt, schnellt er beim Loslassen nach oben. Da das Gas (Luft) leichter ist als Wasser, erhält der Luftballon eine *Auftriebskraft.* Bläst man jedoch einen mit Wasser gefüllten Luftballon nur so weit auf, dass seine Gewichtskraft gleich der Auftriebskraft ist, so *schwebt* der Ballon im Wasser.

Auch die *Schwimmblase* des Fisches ist mit *Gas* gefüllt. Er erhält dadurch so viel Auftrieb, dass er im Wasser schwebt. Wenn der Fisch in tieferes Wasser schwimmt, wirkt der zunehmende Schweredruck des Wassers auf ihn ein. Die Schwimmblase wird etwas zusammengedrückt und der Fisch verliert an Auftriebskraft. Um nun nicht weiter abzusinken, gibt er solange Gas in die Schwimmblase ab, bis er wieder schwebt. Das Gas stammt aus feinen Blutgefäßen in der Wand der Schwimmblase.

Schwimmt der Fisch wieder nach oben, nimmt der Schweredruck des Wassers ab und die Schwimmblase erweitert sich. Dadurch nimmt seine Auftriebskraft wieder zu. Jetzt nimmt der Fisch solange Gas aus der Schwimmblase in die Blutgefäße auf, bis er in der gewünschten Höhe schwebt. So sorgt die Schwimmblase dafür, dass der Fisch in jeder Wassertiefe schwimmen kann.

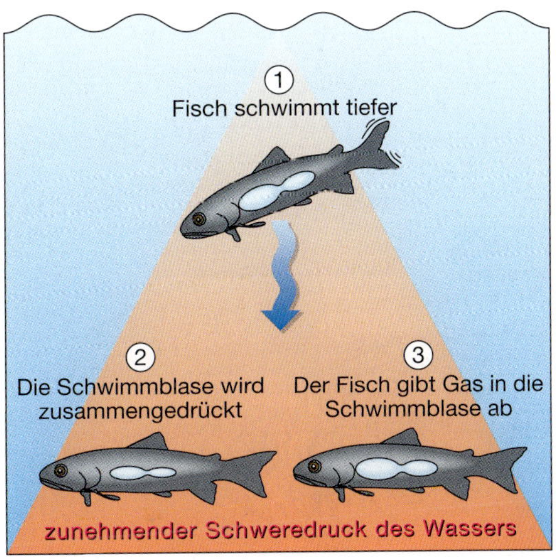

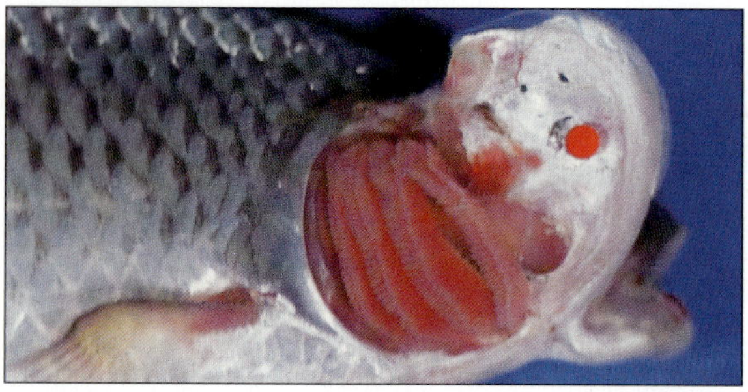

1 ***Kiemen eines Rotauges*** *(Kiemendeckel hochgeklappt)*

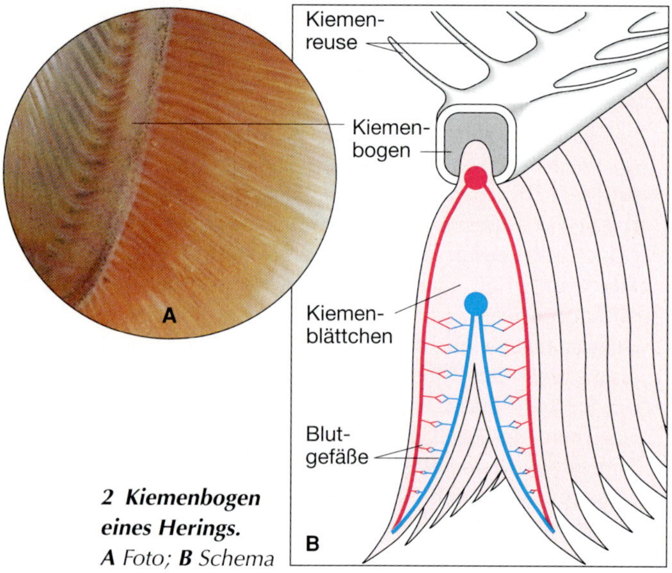

2 ***Kiemenbogen eines Herings.*** ***A*** *Foto;* ***B*** *Schema*

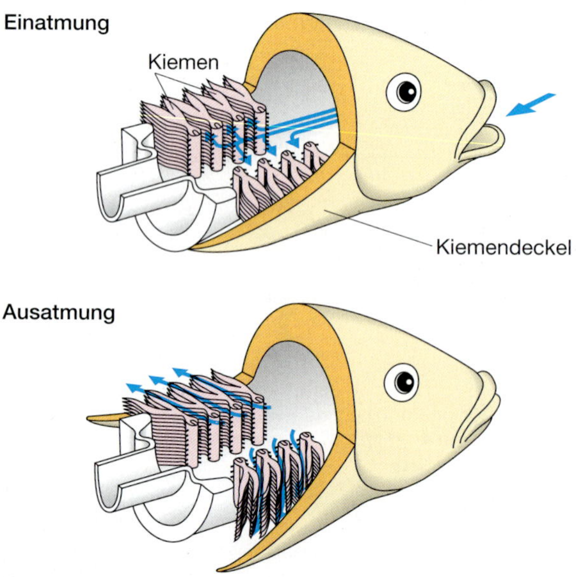

3 ***Wasserströmung beim Atmen***

2 Fische atmen unter Wasser

Wenn wir beim Schnorcheln mit dem Kopf unter Wasser tauchen, atmen wir weiterhin Luft durch das Schnorchelrohr. Wir können nämlich unter Wasser nicht atmen, weil dann Wasser in die Lungen gelangen würde. Wir würden ersticken. Fische leben ständig im Wasser. Wie atmen sie?

Fische haben keine Lungen, sondern **Kiemen.** Man kann diese gut erkennen, wenn der schützende knöcherne *Kiemendeckel* angehoben wird. Wir sehen dann die dunkelroten, hauchdünnen *Kiemenblättchen.* Sie sitzen in enger Reihe an Knochenspangen, die man als *Kiemenbögen* bezeichnet. Auf jeder Kopfseite liegen vier Kiemenbögen. Ein Fisch öffnet und schließt ständig seinen Mund. Gleichzeitig werden die Kiemendeckel angelegt und abgespreizt. Beim Öffnen strömt Wasser in die Mundhöhle. Nun schließt der Fisch den Mund und drückt das Wasser an den Kiemenbögen vorbei nach außen. Um eine Verletzung der Kiemenblättchen durch Schwebeteilchen des Wassers zu verhindern, befinden sich an den Kiemenbögen die *Kiemenreusen,* die den Zinken eines Kamms ähnlich sind. Hier werden die Teilchen zurückgehalten und dann verschluckt.

Im Wasser ist Sauerstoff gelöst. Wenn das Wasser an den Kiemenblättchen vorbeiströmt, wird der Sauerstoff vom Blut der Fische aufgenommen. Das im Blut gelöste Kohlenstoffdioxid wird an das Wasser abgegeben. Bei der Kiemenatmung muss also ständig frisches Wasser an den Kiemen vorbeiströmen.

Fische haben keine Lungen, sondern atmen mit Kiemen. Dies sind dünne Hautblättchen, die den im Wasser gelösten Sauerstoff ins Blut aufnehmen und Kohlenstoffdioxid an das Wasser abgeben.

1 Erläutere, weshalb die Kiemenblättchen so dünnhäutig und so zahlreich sind.

2 In kaltem Wasser löst sich mehr Sauerstoff als in warmem Wasser. Erläutere, weshalb sowohl im Sommer als auch im Winter Fische unter Sauerstoffmangel leiden können.

3 Übertrage die Abbildung des Blutkreislaufs eines Fisches in deinen Hefter. Ordne der Abbildung folgende Begriffe zu: Herz, Kiemenarterie, Körpervene, Kiemenblättchen, Blutgefäße der Körperorgane.

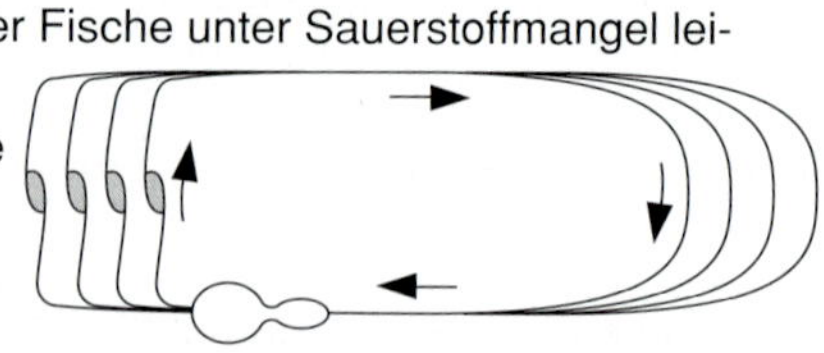

Fische

Übung

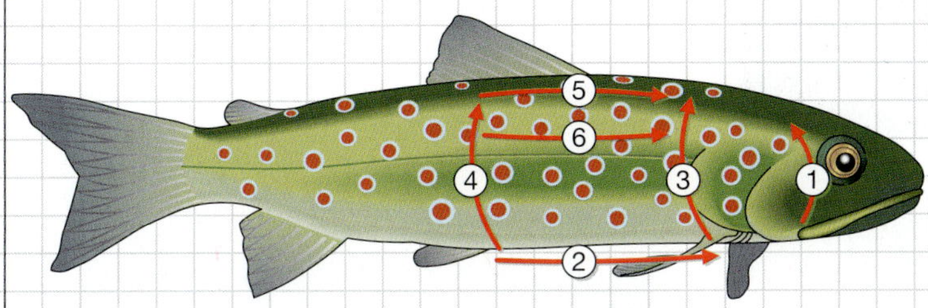

A

B

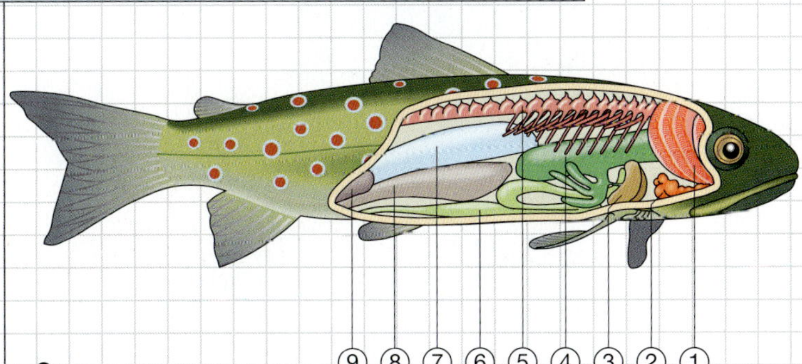

C

***Präparation einer Forelle. A** Schnittlinien; **C** innere Organe.*
① Kiemen, ② Herz, ③ Leber, ④ Magen, ⑤ Wirbelsäule, ⑥ Darm, ⑦ Schwimmblase, ⑧ Hoden, ⑨ Niere

V1 Äußerer Bau der Forelle

Material: Forelle mit Eingeweiden (Fischgeschäft); Präparierschale; Lupe; Zeichenmaterial
Durchführung: Betrachte den äußeren Bau der Forelle von allen Seiten.
Aufgaben: a) Fertige Umrisszeichnungen der Forelle von oben und von der Seite an. Beschrifte beide Zeichnungen.
b) Betrachte einige Schuppen mit der Lupe und zeichne sie.

V2 Innerer Bau der Forelle

Material: Forelle; Präparierschale; Skalpell; Pinzette; spitze Schere
Durchführung: Orientiere dich beim Schneiden an der Abbildung 1A. Entferne den Kiemendeckel mit der Schere ①.
Öffne mit der Schere den Bauch der Forelle; Schnittlinie: Afterflosse – Brustflossen ②.
Schneide entlang des ehemaligen Kiemendeckels nach oben bis zum Rücken ③.
Schneide von der Afterflosse bis zur Rückenflosse ④.
Schneide das Fleischstück ab; die Organe liegen frei ⑤.
Entferne mit Schnitt ⑥ Muskelfleisch. Nun erkennst du die Wirbelsäule.
Aufgaben: a) Suche beim präparierten Fisch einzelne Organe wie Kiemen, Herz, Leber, Magen, Darm, Schwimmblase, Hoden (Eierstöcke), Niere und Wirbelsäule.
b) Präpariere einen Kiemenbogen heraus und zeichne ihn.
c) Fertige eine Zeichnung an, auf der die geöffnete Forelle mit den inneren Organen zu sehen ist. Male die verschiedenen Organe farbig an. Beschrifte deine Zeichnung.

1 Bachforellen-Paar

3 Wie Fische sich fortpflanzen

Für die Bachforelle beginnt im Januar die Fortpflanzungszeit. Jetzt suchen sich Männchen und Weibchen einen Geschlechtspartner. Mit kräftigen Schlägen der Schwanzflosse baut das Weibchen eine Mulde im Bachbett. In dieses „Nest" setzt das Weibchen etwa 2000 gelbliche Eier ab. Sie werden als *Laich* bezeichnet.

Unmittelbar danach gibt das Männchen über der Eimulde die milchig weiße *Samenflüssigkeit* mit den *Spermien* ab. Nun können die beweglichen Spermien zu den *Eizellen* schwimmen. Es findet eine **äußere Befruchtung** statt.

Die befruchteten Eizellen teilen sich und es entwickelt sich ein *Embryo.* Nach etwa zwei Monaten schlüpfen die jungen Forellen. Sie werden nun als *Larven* bezeichnet.

Als Nahrungsvorrat für die ersten Lebenstage tragen die kleinen Fischlarven einen großen *Dottersack* am Bauch. Der Dottersack wird nach und nach aufgebraucht. Gleichzeitig wächst die Forellenlarve. Dabei bildet sich mehr und mehr die typische Fischgestalt heraus. Aus der Fischlarve ist nun eine *Jungforelle* geworden.

Die junge Bachforelle besitzt bereits alle äußeren Merkmale der Alttiere. Von nun an ernährt sie sich von Würmern, Insektenlarven und anderen Kleintieren.

Jungfische wie die kleine Bachforelle haben besonders viele Feinde. Deshalb halten sie sich versteckt im flachen Uferbereich des Baches auf.

Im Alter von vier Jahren und einer Körpergröße von ca. 20 cm sind die Bachforellen geschlechtsreif. Sie können sich nun fortpflanzen. In den *Eierstöcken* der Weibchen reifen die Eizellen heran. Bei den männlichen Forellen werden in den *Hoden* Spermien gebildet.

Nach der Eiablage kümmern sich die Elterntiere nicht weiter um den Nachwuchs. Außerhalb der Fortpflanzungszeit leben die Bachforellen als Einzelgänger in einem festen Revier.

Forellen vermehren sich mit Eiern. Aus den befruchteten Eiern schlüpfen Larven, die zu Forellen heranwachsen.

1 Betrachte die Abbildungen 2 A–C. Finde für jedes Bild eine passende Unterschrift.

2 Beschreibe anhand der Abbildungen die Fortpflanzung und Entwicklung der Bachforelle.

3 Erläutere den Begriff äußere Befruchtung.

4 Beschreibe mithilfe der Pinnwand Seite 20 die Unterschiede im Fortpflanzungsverhalten von Lachs und Aal.

2 Entwicklung der Bachforelle

4 Fische leben in verschiedenen Gewässern

Fische leben im Wasser – das weiß doch jeder. Aber genauso, wie wir an Land ganz verschiedene Lebensräume unterscheiden, gibt es auch ganz verschiedene Gewässer: von den kalten Polarmeeren bis zu den tropischen Korallenriffen, vom klaren Gebirgsbach bis zum reißenden Strom. Überall leben Fische.
Im salzhaltigen Meer finden wir bekannte Speisefische wie Hering, Makrele, Kabeljau und Tunfisch. In der Nordsee leben der Dornhai und die Flunder. Alle diese Fischarten sind **Salzwasserfische.**

Auch unsere Süßgewässer können ganz unterschiedliche Fischarten beheimaten. Die Bachforelle lebt in klaren, schnell fließenden Gebirgsbächen. In breiten Flüssen finden wir Blei und Zander. Andere Fische, wie zum Beispiel Karausche oder Rotfeder, lieben ruhige oder stehende Gewässer. Alle diese Fischarten sind **Süßwasserfische.**

Der Lachs ist ein besonderer Fisch. Zur Laichzeit wandert er aus dem Meer in die Flüsse und Bäche Nordeuropas, Nordasiens und Nordamerikas. Dort legt er im klaren, schnell fließenden Wasser seine Eier ab, und zwar in dem Bach, in dem er selber aus dem Ei geschlüpft ist. Dann stirbt er. Die jungen Lachse, die aus den Eiern schlüpfen, wandern nach ein bis vier Jahren wieder ins Meer. Dort bleiben sie bis zur Geschlechtsreife und kehren zum Laichen wieder in diesen Bach zurück. Lachse sind **Wanderfische.**

1 Fische und ihre Lebensräume

Nach ihrem Lebensraum unterscheiden wir Süßwasser-, Salzwasser- und Wanderfische.

1 Entwickle eine Tabelle, in der du zehn Fischarten in Salz- und Süßwasserfische einteilst.

2 Informiere dich auf Seite 20 über die Wanderung des Aals. Beschreibe seine Lebensweise.

SÜSSWASSERFISCHE

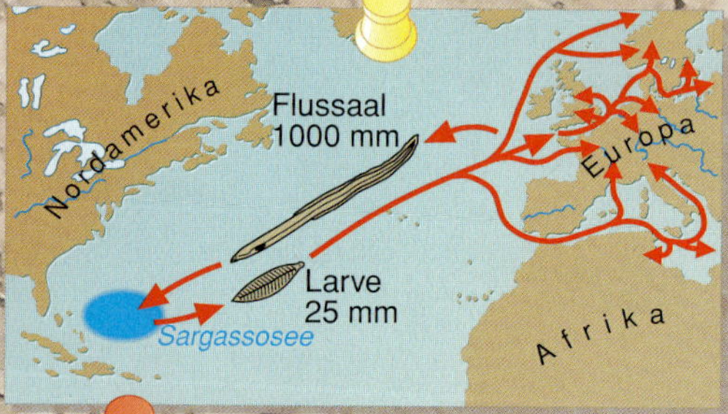

Aal

Länge: 100 - 150 cm
Lebensraum: Flüsse und Seen, zur Fortpflanzung im Meer
Lebensweise: Bodenbewohner; ernährt sich als Breitkopfaal räuberisch, als Spitzkopfaal überwiegend pflanzlich
Fortpflanzung: wandert zur Paarung aus den Flüssen in die Sargassosee vor der Küste Amerikas; Larven werden mit der Strömung zurück nach Europa getrieben

Lachs

Länge: 50 - 100 cm
Lebensraum: junge Lachse in Flüssen, erwachsene Tiere im Meer; durch Flussbegradigungen und Verunreinigungen in Mitteleuropa selten geworden
Lebensweise: ernährt sich überwiegend von kleinen Fischen
Fortpflanzung: wandert zur Paarung aus dem Meer in die Quellgebiete von Flüssen; stirbt nach der Ablage und Besamung der Eier

Stichling

Länge: 5 - 8 cm
Lebensraum: meist pflanzenreiche, stehende Gewässer
Lebensweise: ernährt sich von Würmern und Wasserinsekten
Fortpflanzung: das Männchen baut Nester und bewacht die darin abgelegten Eier und die Jungfische

1 Fische kümmern sich meist nicht darum, was aus ihren Eiern wird. Nenne eine Ausnahme.

Regenbogenforelle

Länge: 60 cm
Lebensraum: Bäche und klare Seen
Lebensweise: stammt aus den USA, in Europa eingeführt; wird häufig in Fischteichen als Speisefisch gezüchtet; ernährt sich räuberisch
Fortpflanzung: laicht im Winter in Bodenmulden

Hecht

Länge: 100 cm
Lebensraum: größere Fließgewässer und pflanzenreiche Seen
Lebensweise: Lauerjäger, der auch größere Fische überwältigen kann
Fortpflanzung: Laichzeit im Frühjahr, laicht an verkrauteten Stellen, oft auf überschwemmten Wiesen

Kabeljau (Dorsch)

Länge: 70 - 100 cm
Lebensraum: Atlantik
Lebensweise: lebt in großen Schwärmen und ernährt sich von Heringen und anderen Fischen
Fortpflanzung: laicht im Frühjahr

Gefleckter Katzenhai

Länge: 100 cm
Lebensraum: Nordsee, Mittelmeer, Atlantik; bevorzugt mit Tang bewachsene Fels- oder Sandküsten
Lebensweise: nachtaktiv; ernährt sich von Fischen und Krebsen
Fortpflanzung: große Eier werden einzeln an Tang abgelegt

Seepferdchen

Länge: je nach Art 4 bis 30 cm
Lebensraum: in fast allen Meeren
Lebensweise: ernährt sich von Kleintieren an Wasserpflanzen
Fortpflanzung: ausgeprägtes Balzverhalten; Männchen nehmen bis zu 200 Eier in eine Bruttasche am Bauch auf; Greifschwanz

Hering

Länge: 35 cm
Lebensraum: Atlantik, Nordsee, Ostsee
Lebensweise: Hochseefisch, der in riesigen Schwärmen lebt; kommt abends zur Nahrungssuche an die Wasseroberfläche
Fortpflanzung: laicht im zeitigen Frühjahr in flachen Küstengewässern

2 Internationale Vereinbarungen regeln z. B. die jährlichen Fangmengen des Herings. Erläutere den Sinn dieser Vereinbarungen.

Scholle

Länge: 50 - 90 cm
Lebensraum: Nordsee, Ostsee, Mittelmeer und Atlantik
Lebensweise: vergräbt sich gerne im Sand; ernährt sich von Würmern, Krebsen und Muscheln
Fortpflanzung: laicht im Winter in großer Tiefe

Erschließungsfeld

Vielfalt

Bei den Fischen gibt es etwa 10 000 verschiedene Arten, die im Süßwasser leben. Im Meer sind sogar fast 20 000 Arten zu Hause.
Hinter diesen Zahlen verbirgt sich eine große Formenvielfalt. Im freien Wasser schwimmende Arten sind meist spindelförmig gebaut. Fische, die am Boden oder im Korallenriff leben, haben dagegen eine aalartige, scheibenförmige oder plumpe Gestalt. Besonders interessante Formen zeigen Seenadeln, Seepferdchen, Feuer- und Kugelfische.

1 Fischsterben

Brief an das Amt für Umwelt- und Naturschutz der Stadt H.:

... Seit sechs Jahren betreut die Umwelt-AG unserer Schule einen Teich, der an unser Schulgelände angrenzt. Durch unsere Arbeit hatte er sich von einer Abfallgrube des ehemals dort ansässigen Baubetriebes zu einem naturnahen Lebensraum für viele Tiere und Pflanzen entwickelt. Während der starken Regengüsse der letzten Wochen wurde eine große Menge Erdreich vom ehemaligen Betriebsgelände in den Teich gespült. Danach bot sich ein trauriges Bild. Viele tote Fische schwammen im Wasser und die Wasseroberfläche war mit einem Ölfilm bedeckt. ...

... Auf die Verschmutzung des Erdreichs hatten wir schon mehrfach hingewiesen, bisher wurden jedoch nur die alten Baufahrzeuge vom Gelände entfernt. ...

Die Umwelt-AG des Gymnasiums „R. Koch"

5 Lebensräume von Fischen sind gefährdet

Wenn an einem Gewässer viele Fische auf einmal tot ans Ufer gespült werden, dann sind sie nicht eines natürlichen Todes gestorben. Offensichtlich haben sich ihre Lebensbedingungen so stark verschlechtert, dass ein Überleben nicht mehr möglich war. Aber woran sind sie gestorben? War das Wasser verschmutzt oder vergiftet?

Es gibt viele mögliche Gründe. Aber fast immer ist der Mensch daran nicht schuldlos. Obwohl der Mensch viele hundert Jahre sein Abwasser in Flüsse und Seen geleitet hat, schadete es den Fischen offensichtlich nur wenig. Die Gewässer konnten diesen Zufluss verkraften. Ihre natürliche Selbstreinigung funktionierte noch. Doch mit der Zunahme der Bevölkerung und der Industrialisierung wurden immer mehr und immer gefährlichere Abfälle in die Flüsse und Seen geleitet. Die Folge war ein langsames Verschwinden vieler Fischarten.

2 Algenblüte

Heute verfügen fast alle Städte, Gemeinden und Industriebetriebe über Reinigungsanlagen für Abwässer. Trotzdem kommt es noch immer zu solchen Bildern von toten Fischen. Unfälle, Unachtsamkeit und illegales Entsorgen gefährlicher Stoffe sind die Ursachen.

Doch nicht nur Schmutz und Gifte haben den Fischbestand vieler Seen und Flüsse geschädigt. Um die Ernteerträge auf den Feldern zu erhöhen, werden von den Landwirten Düngemittel auf den Feldern ausgebracht. Wird jedoch zu viel Dünger eingesetzt oder spült ein starker Regen die Düngemittel fort, bevor sie in den Boden eingedrungen sind, so gelangen sie in unsere Flüsse und Seen. Dort wirken diese Stoffe genauso wie auf einem Feld. Sie fördern das Wachstum der Pflanzen. Kleine Algen vermehren sich dadurch so schnell, dass uns das Wasser grün und trüb erscheint. Nach einiger Zeit sterben diese Algen in großen Mengen ab. Das kann zu einer starken Verschmutzung und sogar zum Absterben vieler Lebewesen in dem Gewässer führen.

Durch die Landwirtschaft gelangen auch Stoffe zur Bekämpfung von Pilzen, Wildkräutern und Schadinsekten in die Gewässer. Diese Stoffe sind Gifte. Zuerst nehmen die Wasserpflanzen diese Stoffe auf. Auch wenn sie dadurch nicht geschädigt werden, lagern sie die-

3 Gewässerverschmutzung

4 Natürliches Flussufer

6 Begradigtes Flussufer

se Stoffe in ihrem Gewebe ein. Werden diese Pflanzen von kleinen Wassertieren gefressen, nehmen sie diese Gifte mit auf. Die kleinen Wassertiere dienen Friedfischen als Nahrung. Bei den Fischen können die Gifte zu Geschwüren und zu größerer Anfälligkeit gegen Krankheiten führen. Kranke und schwache Fische werden aber schnell zur Beute von Raubfischen. In deren Körper sammeln sich so Gifte an. Und was passiert, wenn solche Fische vom Menschen verzehrt werden? Auch er nimmt einen Teil der Gifte in seinen Körper auf. Krankheiten können die Folge sein.
Um großen Schiffen die Durchfahrt zu ermöglichen, wurden viele Flüsse begradigt, ihr Ufer mit Steinen befestigt und das Flussbett ausgebaggert. Die Flüsse erhielten Deiche, um die Menschen vor Hochwasser zu schützen. Auch Bachläufe wurden begradigt, um Acker- und Bauland zu gewinnen.
Wie sehen diese Gewässer aus? Alte Seitenarme liegen trocken oder sind durch Deiche von den Flüssen abgetrennt. Schilf- und Röhrichtbereiche fehlen. Das Wasser fließt dort sehr schnell. Fische, die hier leben, haben kaum Möglichkeit, ihre Eier abzulegen. Der Laich wird vom Wasser weggespült. Friedfische und Jungfische können sich nicht vor den Raubfischen im Schilf verstecken. Der Fischbestand nimmt ab.
Was kann man tun, um den Fischbestand solcher Gewässer wieder zu erhöhen? Die Vermeidung von Gewässerverschmutzung durch Industrie und Haushalte ist hierfür ein wichtiger Beitrag. Viele moderne Kläranlagen sind in den letzten Jahren gebaut worden und lassen kaum mehr Schadstoffe in die Gewässer gelangen. Durch verantwortungsvollen Umgang mit Dünge- und Pflanzenschutzmitteln kann die Landwirtschaft ebenfalls zur Gewässerreinhaltung beitragen. Um Fischen optimale Lebensbedingungen zu geben, ist es notwendig, ihre natürlichen Lebensräumen zu erhalten und veränderte Gewässer wieder naturnah zu gestalten.

5 Weitergabe von Schadstoffen

Durch Gewässerverschmutzung, Überdüngung und Gewässerausbau werden die Lebensbedingungen von Fischen beeinträchtigt. Wichtige Maßnahmen sind Reinhaltung der Gewässer und der Erhalt und die Neuschaffung von natürlichen Lebensräumen.

1 Erläutere die Weitergabe von Schadstoffen anhand der Abbildung 5.

6 Nahrungsbeziehungen im See

Wer hat nicht schon einmal beim Baden in einem See Algen oder anderen Wasserpflanzen gesehen? Sie sind jedoch die wichtigste Grundlage für die Ernährung aller anderen Lebewesen im Wasser. Denn nur grüne Pflanzen wie die *Unterwasserpflanzen* können mithilfe des Sonnenlichtes aus Wasser und Kohlenstoffdioxid selbst Nährstoffe herstellen. Deshalb nennt man sie **Erzeuger.** Von diesen ernähren sich alle Pflanzenfresser wie die *Schlammschnecke.* Sie sitzt an den Stängeln und raspelt Blätter ab. Da sie Pflanzen direkt verspeist, bezeichnet man sie als **Erstverbraucher.** Aber auch Schnecken können gefressen werden. Viele Fische ernähren sich von kleineren Wassertieren, so auch die *Plötze.* Man bezeichnet sie deshalb als *Friedfisch.* Sie ist ein **Zweitverbraucher.** Plötzen wiederum sind eine begehrte Nahrung für größere *Raubfische* und Wasservögel wie den *Haubentaucher.* Sie werden als **Dritt-** oder **Endverbraucher** bezeichnet.
Die Lebewesen im See haben also fest miteinander verbundene Nahrungsbeziehungen. Sie bilden eine **Nahrungskette.** In Wirklichkeit sind diese Beziehungen noch viel verzweigter. Die einzelnen Nahrungsketten sind so miteinander verknüpft, dass ein **Nahrungsnetz** entsteht.

1 Nahrungskette.
A *Unterwasserpflanzen;*
B *Schlammschnecke;*
C *Plötze;*
D *Haubentaucher*

Zwischen den Lebewesen im See bestehen Nahrungsbeziehungen. Die einfachsten sind Nahrungsketten. An ihrem Anfang stehen grüne Pflanzen als Erzeuger. Danach können mehrere Glieder von Verbrauchern folgen. Miteinander verknüpfte Nahrungsketten bilden ein Nahrungsnetz.

1 Beschreibe mithilfe der Abbildung 2 drei weitere Nahrungsketten in einem See.

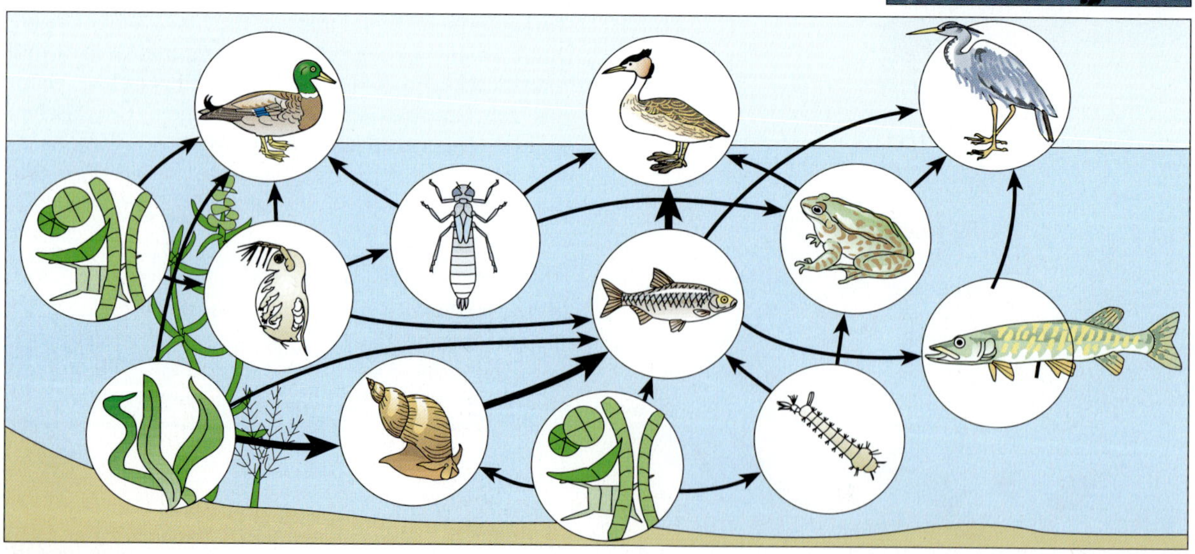

2 Nahrungsnetz im See

Fische – Wirbeltiere des Wassers

Vernetze dein Wissen

A1 In einem Fischgeschäft werden u. a. angeboten:
Hering, Makrele, Forelle, Scholle, Lachs, Karpfen, Hecht, Nordseekrabben, Schellfisch, Aal, Rotbarsch, Tunfisch.
Ordne die Fische nach Süßwasser- und Meeresfischen.

A2 Fische verhalten sich unterschiedlich. Ordne die folgend genannten Fische den entsprechenden Lebensweisen zu:
Bodenfisch, Hecht, Plötze, Friedfisch, Raubfisch, Karpfen, Schwarmfisch, Wels, Forelle, Barsch, Hering, Scholle.

A3 Finde die zutreffenden Antworten heraus:
Befinden sich Fische längere Zeit außerhalb des Wassers, ersticken sie, weil
a) ihre Lungen nicht mehr arbeiten können,
b) ihre Atmungsorgane keinen Sauerstoff aus der Luft aufnehmen können,
c) ihre Kiemenblättchen verkleben,
d) die Kiemen keinen Sauerstoff aufnehmen und kein Kohlenstoffdioxid abgeben können.

A4 Mithilfe von Sinnesorganen orientieren sich Fische im Wasser. Nenne drei Sinnesorgane.

A5 Die Fortbewegung der Fische im Wasser unterstützen bestimmte Körperbaumerkmale. Nenne wenigstens drei davon.

A6 Wenn bei Fischen die Eier „besamt" werden, so gibt es hierfür eine spezielle Bezeichnung. Wie heißt diese?

A7 Benenne die unten abgebildeten Fische.

A8 Europäische Flussaale und Lachse unternehmen weite Wanderungen zu ihren Laichgebieten.
a) Aufgrund dieses Verhaltens haben diese Fische eine bestimmte Bezeichnung. Nenne diese.
b) Wo liegt das Laichgebiet der Flussaale?
c) Wo liegen die Laichgebiete der Lachse?
d) Wodurch unterscheidet sich das Laichverhalten von Aal und Lachs?

A9 Fischarten bevorzugen in einem Flusslauf bestimmte Regionen. Ordne die folgend genannten Fischarten den Regionen Oberlauf, Mittellauf, Unterlauf und Flussmündung ins Meer zu:
Rotfeder, Blei, Flunder, Forelle, Dornhai, Zander, Karausche.

A10 Das Nahrungsmittel „Fisch" wird vielfältig genutzt. Nenne Speisefische und die Verwendungsmöglichkeiten.

A11 Nenne verschiedene Formen des Fischfangs in Binnengewässern und im Meer.

A12 Ordne den Ziffern die entsprechenden Begriffe zu.

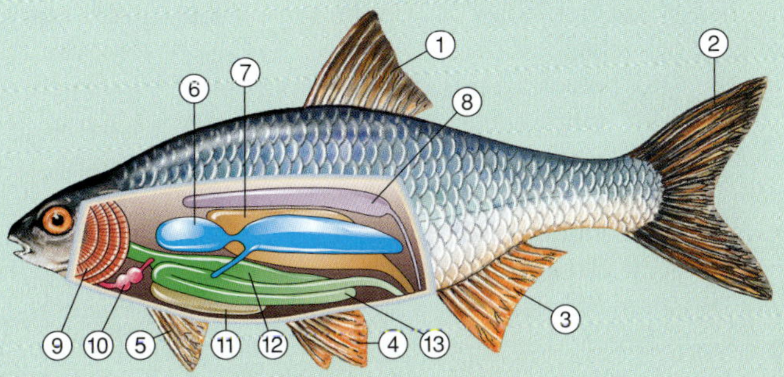

Lurche – Wirbeltiere zwischen Wasser und Land

1 ***Frösche leben in Feuchtgebieten.*** ***A*** *schwimmender Frosch;* ***B*** *springender Frosch;* ***C*** *quakender Wasserfrosch mit Schallblasen*

1 Lebensweise von Fröschen

Bei einem Spaziergang an einem Weiher oder durch ein *Feuchtgebiet* hört man oft das laute Quaken von Fröschen. An warmen Abenden im Frühsommer locken Männchen des Wasserfrosches damit die Weibchen an. Kaum nähert man sich ihnen, springen sie ins Wasser und sind nicht mehr zu sehen.

Frösche gehören wie Kröten, Unken, Salamander und Molche zu den **Lurchen** oder *Amphibien*. In der griechischen Sprache bedeutet dieses Wort „in beidem lebend“, das heißt, Lurche können sowohl im Wasser als auch auf dem Land leben.

Wasserfrösche sind hervorragend an ihre Umgebung angepasst. Wenn sie unbeweglich am Ufer eines dicht bewachsenen Tümpels sitzen und auf Beute lauern, erkennt man sie kaum. Ihre Körperoberseite mit der grün-schwarzen Zeichnung verschwimmt fast mit dem Untergrund. Wegen dieser *Tarnfärbung* werden Frösche häufig von ihren Feinden übersehen.

Die Frösche selbst bemerken allerdings jede Annäherung eines Feindes sofort. Sie können sehr gut hören und spüren sogar Erschütterungen des Bodens. Mit ihren großen Augen, die erhöht auf dem Kopf sitzen, haben sie einen guten Rundumblick und erkennen auch Feinde, die sich ihnen von hinten nähern.

An Land bewegen sich Frösche hüpfend oder springend vorwärts. Wenn du das Skelett betrachtest, siehst du ganz deutlich, dass die Vorderbeine eines Frosches wesentlich kürzer sind als die Hinterbeine. Dies kommt vor allem dem Sprungvermögen zugute. Bei Sprüngen drücken die Frösche die langen Hinterbeine kräftig gegen den Boden und strecken sie gleichzeitig. So können sie bis zu einem Meter weit springen. Bei der Landung fangen sie sich mit den Vorderbeinen wieder ab.

Der Sprung dient sowohl zur Flucht als auch zum Beutefang. Frösche sind „Ansitzjäger“. Sie schnappen nach allem, was sich bewegt und eine bestimmte Größe hat. Meist fangen sie Insekten und Würmer. Wenn die Beute nah genug ist, klappt die vorne im Maul angewachsene, klebrige Zunge blitzschnell heraus. Das Beutetier bleibt an der *Klappzunge* kleben. Danach wird die Zunge wieder zurückgezogen und die Beute unzerkaut verschluckt. Frösche haben keine Zähne.

2 Beutefang beim Frosch

Im Wasser können sich Frösche gewandt fortbewegen. Beim Schwimmen ziehen sie beide Hinterbeine gleichzeitig an und stoßen sie dann kräftig nach hinten. Zwischen den fünf Zehen spannen sich dabei die *Schwimmhäute*. Die kurzen Vorderbeine sind eng an den Körper angelegt. Der Froschkörper bekommt so eine *stromlinienförmige Gestalt*, die eine schnelle Fortbewegung im Wasser ermöglicht.

Frösche können minutenlang unter Wasser bleiben ohne aufzutauchen. Im Wasser gelangt der Sauerstoff direkt durch die dünne Haut in die Blutgefäße. Eine solche Atmung bezeichnet man als **Hautatmung.**

An Land atmen Frösche zusätzlich mit ihrer Lunge. Durch ständiges Heben und Senken der Kehlhaut saugen sie Luft über die Nasenlöcher in den Mundraum. Von dort pumpen sie die Luft mit einer Art Schluckbewegung in die Lungen. Frösche sind also auch **Lungenatmer.** Die Hautatmung ist für sie jedoch wichtiger. Während der Überwinterung im Bodenschlamm eines Teiches ist sie die einzige Art der Atmung.

Für die Hautatmung muss die Haut immer feucht sein. Schleimdrüsen verhindern deshalb das Austrocknen an Land. Außerhalb des Wassers halten sich Frösche meist dort auf, wo es feucht ist. Sie sind wie alle anderen Lurche **Feuchtlufttiere.**

Da sich ihre Körpertemperatur der Umgebungstemperatur anpasst, nennt man sie **wechselwarme Tiere.**

Frösche gehören zu den Lurchen. Sie atmen mit Haut und Lungen. Frösche brauchen feuchte Lebensräume. Sie werden deshalb Feuchtlufttiere genannt.

1 Beschreibe anhand der Abbildung 1 A und B die Fortbewegung des Frosches an Land und im Wasser.
2 Beschreibe das Beutefangverhalten anhand der Abbildung 2.
3 Vergleiche den Bau der Vorder- und Hintergliedmaßen eines Wasserfrosches. Erläutere.

Erschließungsfeld

Struktur und Funktion

Alle Wirbeltiere besitzen ein Innenskelett aus Knochen und eine Wirbelsäule. An der Form der Knochen kannst du erkennen, welche Funktion sie haben. So sind die langen Hinterbeine des Frosches hervorragend geeignet zum Springen. Die Vorderbeine sind kurz und ermöglichen so ein gutes Abfangen nach einem Sprung. Aber nicht nur die Knochen eines Tieres sind an die Art ihrer Nutzung angepasst, auch die anderen Körperteile. Die Zunge des Frosches ist besonders lang und klebrig, sodass er mit ihr sehr gut Beute fangen kann. Grundsätzlich besteht also zwischen dem Bau eines Organs und seiner Funktion ein enger Zusammenhang.

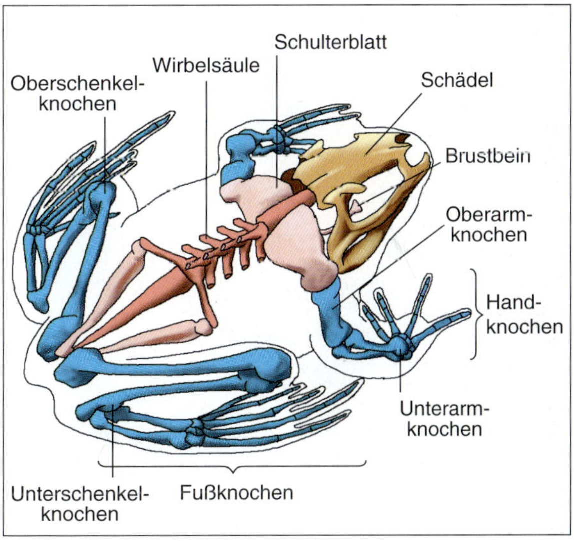

3 Skelett eines Frosches

1 Paarung und Entwicklung des Grasfrosches

2 Aus Kaulquappen werden Frösche

Wasserfrösche locken ihre Weibchen durch ein Froschkonzert an. **Grasfrösche** dagegen lassen nur ein leises Knurren hören, wenn sie im März für einige Tage in ihrem Laichgewässer um Weibchen werben. Wird ein Weibchen angelockt, so springt das Männchen auf dessen Rücken und umklammert es mit beiden Vorderbeinen. Kurz darauf beginnt das Weibchen mit der Eiablage.

Zur Befruchtung gibt das Männchen eine milchige Spermaflüssigkeit darüber. Jedes der etwa 3000 Eier besitzt eine Gallerthülle, die im Wasser sofort aufquillt. Alle Eier kleben daher in einem Laichklumpen zusammen, der an der Wasseroberfläche schwimmt. Die befruchteten Eizellen beginnen bald sich zu teilen. Nach zwei bis vier Wochen besitzt der schwarze **Embryo** eine längliche Form und schlüpft aus der Gallerthülle. Da sich das Jungtier stark von seinen Eltern unterscheidet, bezeichnet man es als Froschlarve oder **Kaulquappe.** Das beinlose Tier wird durch die Ausbildung eines Ruderschwanzes immer fischähnlicher. Außen am Kopf sitzen Kiemen, die langsam schrumpfen und drei Wochen nach dem Schlüpfen unter einer Hautfalte verschwinden. Die Kaulquappe ist jetzt ein guter Schwimmer und ständig auf Nahrungssuche. Scharfe Hornzähne erlauben ihr das Abraspeln von Pflanzenteilen. Schnell wächst sie heran. Im Alter von zehn Wochen sind die Beine ausgebildet. Die Kaulquappe wird nun einem erwachsenen Frosch immer ähnlicher. Regelmäßig kommt sie an die Wasseroberfläche, um Luft in die inzwischen ausgebildeten Lungen aufzunehmen. Die pflanzliche Nahrung wird durch Fleischnahrung ersetzt. Nach etwa zwölf Wochen hat sich die Kaulquappe in einen Frosch umgewandelt. Diesen Vorgang bezeichnet man als **Metamorphose.**

Grasfrösche entwickeln sich in etwa zwölf Wochen aus Kaulquappen. Diese Entwicklung heißt Metamorphose.

1 Der Alpensalamander bringt an Land zwei voll entwickelte Jungtiere zur Welt.
Vergleiche diese Entwicklung mit der Entwicklung eines Grasfrosches.

1 ***Feuersalamander in seinem Lebensraum. A*** *Gebirgsquellbach;* ***B*** *Feuersalamander;* ***C*** *Rotbuchenwald der Mittelgebirge*

3 Schwanzlurche – ein Leben zwischen Wasser und Land

Wir zelten im Gebirge. Anna ist früh aufgestanden und wandert durchs feuchte Gras am Bach entlang. Da, was war denn das? Etwas leuchtend Gelbes „rutscht" ins Wasser. Anna erkennt einen etwa 20 cm großen, eidechsenähnlichen Körper mit dottergelben Flecken auf schwarzer Haut. Es ist ein **Feuersalamander.** Mit dieser grellen Farbe warnt er Fressfeinde vor seiner giftigen Hautabsonderung.

Was tut er hier? Normalerweise verkriecht er sich tagsüber in feuchte Verstecke und schützt dadurch seine Haut vor Austrocknung. Erst nachts sucht er nach Nahrung, z.B. Schnecken, Würmer und Spinnen. Nur bei Regenwetter ist er auch tagaktiv. Der Feuersalamander ist an den Bergbach gekommen, um im kalten, klaren Wasser zu laichen. Es ist ein Weibchen. Schon lange vorher hat es von einem Männchen ein Samenpaket aufgenommen, durch das die Eizellen befruchtet wurden. Sie haben sich im Körper des Weibchens so weit entwickelt, dass sie, sobald sie mit Wasser in Kontakt kommen, aufplatzen und kleine Larven mit Außenkiemen freisetzen. Die Larven entwickeln sich drei bis fünf Monate im Wasser. In dieser Zeit bilden sich die Kiemen zurück und es entstehen Lungen. Bei der Umwandlung von der Larve zum erwachsenen Tier bleibt beim Feuersalamander der Schwanz erhalten. Deshalb gehört er zu den **Schwanzlurchen.** Er lebt hauptsächlich am Rand von Buchen- und Erlenwäldern. Dort verbringt er sein weiteres Leben. Nur die Weibchen wandern zum Laichen zurück zum Wasser.

Ein ähnliches Leben führen **Molche.** Zur Laichzeit bewohnen sie die Uferzonen von Gewässern. Den Sommer verbringen Molche im Laub, unter Steinen oder in Ritzen an Land. Dort ernähren sie sich von Insekten und Schnecken. Im Wasser dienen Insektenlarven oder Wasserflöhe als Nahrung. Schwanzlurche überwintern in frostfreien Verstecken an Land.

Feuersalamander und Molche gehören zu den Schwanzlurchen. Ihre Lebensräume sind feuchtes Land und Wasser.

1 Erkläre am Beispiel von Wasserfrosch und Feuersalamander den Unterschied zwischen Tarn- und Warnfärbung.

2 ***Molche und ihr Lebensraum. A*** *Weiher;* ***B*** *Teichmolch;* ***C*** *Kammmolch*

Methode

Tiere bestimmen

Um Tiere wie die Lurche zu bestimmen, kannst du einen **Bestimmungsschlüssel** benutzen. Von einem Startpunkt ausgehend entscheidest du dich immer wieder zwischen zwei Möglichkeiten. Erkennst du die Eigenschaften deines Tieres an jeder Verzweigung richtig, so gelangst du schließlich zum Namen der Tierart.
Beachte: Oft sehen Männchen und Weibchen einer Tierart unterschiedlich aus. Im Schlüssel sind Männchen mit dem Symbol ♂, Weibchen mit ♀ bezeichnet.

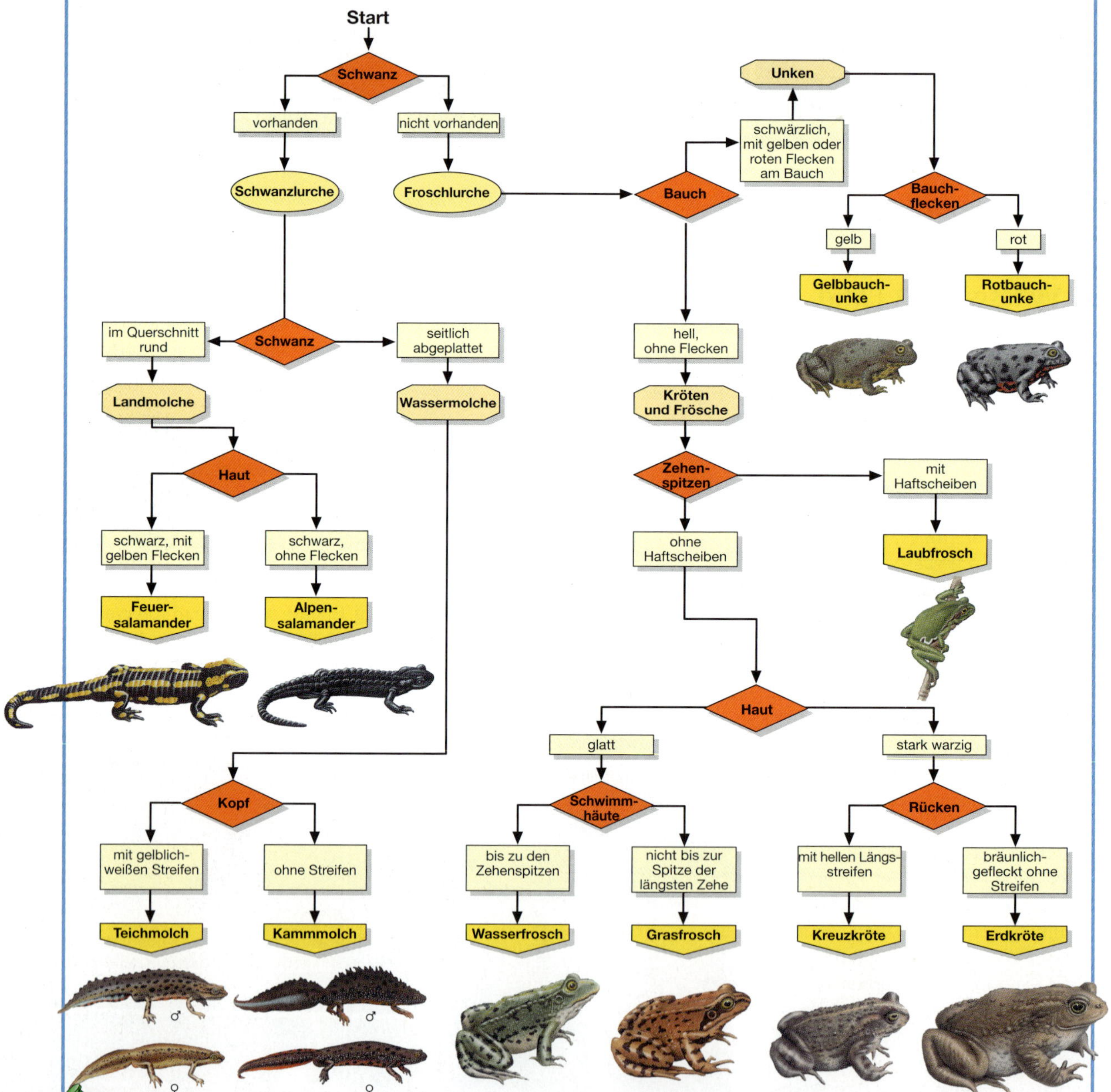

1 a) Bestimme mithilfe dieses Bestimmungsschlüssels die Artnamen der Lurche auf der folgenden Pinnwand.
b) Ordne die auf der Pinnwand Seite 31 abgebildeten Lurche den Schwanz- bzw. Froschlurchen zu.

EINHEIMISCHE LURCHE

Ⓐ

Aussehen: glatte Haut, heller Bauch; Schwimmhäute nicht ganz bis zu den Zehenspitzen; Länge ca. 10 cm.
Lebensraum: Feuchtwiesen, Wälder, Parkanlagen
Lebensweise: Überwinterung im Wasser oder an Land; noch relativ häufig

Ⓓ **Aussehen:** Schwanz seitlich abgeplattet; am Kopf gelblich-weiße Seitenstreifen; Länge ca. 11 cm
Lebensraum: während der Laichzeit im Wasser, sonst in gewässernahen Gärten oder Wäldern
Lebensweise: Überwinterung an Land und im Wasser; nachtaktiv

Ⓑ

Aussehen: glatte Haut, heller Bauch; Schwimmhäute bis zu den Zehenspitzen; Länge bis 15 cm
Lebensraum: lebt gesellig an Gewässern
Lebensweise: Überwinterung an Land und im Wasser; guter Schwimmer; im Sommer laute „Froschkonzerte"

Ⓔ

Aussehen: einfarbig blauschwarz; Länge ca. 16 cm
Lebensraum: höhere Lagen der Alpen
Lebensweise: ortstreu; nachtaktiv; tagsüber unter Holz und Steinen; Überwinterung im Boden

Ⓒ

Aussehen: trockene, warzige Haut; Rücken bräunlich gefleckt, Bauch schmutzig-weiß; Länge bis 13 cm
Lebensraum: Wälder, Gärten, Wiesen
Lebensweise: Überwinterung an Land; im Frühjahr oft lange Laichwanderungen; nachtaktiv

Ⓕ

Aussehen: Unterseite schwärzlich mit gelben Flecken; Länge bis 5 cm
Lebensraum: Teiche, Gräben, Pfützen im Bergland
Lebensweise: Überwinterung an Land; selten geworden

4 Lurche sind besonders gefährdet und müssen geschützt werden

Gerade bist du am Schild „Vorsicht Krötenwanderung" vorbeigeradelt. Plötzlich sitzt an diesem milden Märzabend eine Erdkröte mit hoch aufgerichtetem Kopf vor dir auf der Landstraße. Im Laub neben der Straße raschelt es. Weitere Tiere tauchen auf. Die Kröten haben ihre Winterquartiere verlassen. Temperaturen ab 4 °C und Regen lösen meist die **Krötenwanderung** aus. Von überall kommen sie her und wandern zu den Laichgewässern, in denen sie selbst aus dem Ei geschlüpft sind. Die Weibchen legen die Eier in bis zu 5 m langen Laichschnüren an Uferpflanzen im Flachwasserbereich ab. Über die Laichschnüre geben die Männchen ihre Spermien. Aus den befruchteten Eizellen entwickeln sich dann die Kaulquappen. Bereits wenig später verlassen die Erdkröten wieder das Wasser und wandern in Wälder, Gärten oder Wiesen, die als Jagdgebiet und **Sommerlebensraum** dienen. Am Tag suchen sie ein feuchtes, schützendes Versteck auf. Nachts jagen sie Insekten, Spinnen, Würmer und Nacktschnecken. Meist im Oktober ziehen sie zurück in die **Winterlebensräume,** wo sie die kalte Jahreszeit in tiefen, vor Frost geschützten Erdlöchern in **Winterstarre** überdauern.

Leider werden Kröten bei uns immer seltener. Woran liegt das? Bereits den Kaulquappen stellen Fische, Libellenlarven und Gelbrandkäfer nach. An Land werden junge Kröten von Störchen, Elstern und Krähen gefressen. So sind die meisten Tiere bereits nach wenigen Monaten nicht mehr am Leben.

Viele Kröten werden heute bei ihren Wanderungen von Autos überfahren oder sind durch Gifteinsatz bedroht. Hinzu kommen die Zerstörung der Laichgewässer und die Trennung der Teillebensräume durch großflächige Äcker oder Straßen. Was kann man zum Schutz der Kröten tun? Wenn auf einer

1 Teillebensräume der Erdkröte im Jahresverlauf

Straße häufig Kröten überfahren werden, könnte deine Klasse einen **Krötenfangzaun** betreuen. Auf der dem Laichgewässer abgewandten Straßenseite werden Anfang März im Abstand von 20 m Kunststoffeimer ebenerdig eingegraben. Direkt daneben zur Straße hin wird ein etwa 50 cm hoher Kunststoffzaun aufgestellt. Die Kröten treffen bei ihrer Laichplatzwanderung auf den Zaun, wandern an ihm entlang und fallen in die **Fangeimer.** Jeden Morgen werden die Kröten herausgenommen und zum Teich getragen. Datum, Lufttemperatur, Luftfeuchtigkeit und die Zahl der gefangenen Tiere werden protokolliert.
Viel befahrene Straßen sind heute an Krötenwanderstrecken untertunnelt, sodass Lurche durch diese **Krötentunnel** ihre Laichgewässer erreichen.

Man kann auch für engmaschige Abdeckungen auf Kellerlöchern und Gullys werben, sodass sie keine Fallen für Lurche darstellen. Weiterhin kann man Gartenbesitzer über die Gefahren des Gifteinsatzes für Lurche aufklären oder mit einer Naturschutzgruppe Lurchlaichplätze erfassen und neue Laichgewässer anlegen.

Lurche sind durch Straßenverkehr, Gifteinsatz, Gullys und Kellerlöcher sowie die Trockenlegung der Laichgewässer besonders gefährdet.

1 Begründe, warum heute die meisten Lurcharten gefährdet sind.
2 Nenne verschiedene Schutzmaßnahmen für Erdkröten.

2 Betreuung eines Krötenfangzaunes

3 Beseitigung von Lurchfallen

4 Vermeidung von Gifteinsatz

5 Erfassung von Lurchen

6 Anlage eines Schulteiches

Übung

Lurche

A1 Krötenwanderung

Wandernacht vom/bis	Wetter	Temperatur	gefangene Kröten
09./10.3.	schwacher Wind, Reifglätte	−3 °C	–
10./11.3.	schwacher Wind, Regen	2 °C	–
11./12.3.	schwacher Wind, etwas Regen	3 °C	–
12./13.3.	schwacher Wind, etwas Regen	4 °C	85
13./14.3.	schwacher Wind, stark bewölkt	5 °C	284
14./15.3.	schwacher Wind, bewölkt	5 °C	798
15./16.3.	etwas Regen, stark bewölkt	4 °C	476
16./17.3.	windig, Sprühregen, bewölkt	6 °C	416
17./18.3.	starker Wind, Regen	7 °C	343
18./19.3.	mäßiger Wind, Schauer	4 °C	243
19./20.3.	starker Wind, trocken	5 °C	–
20./21.3.	mäßiger Wind	5 °C	17
21./22.3.	mäßiger Wind, Schauer	4 °C	282
22./23.3.	mäßiger Wind, Regen	4 °C	422
23./24.3.	frischer Wind, schauerartige Regenfälle	5 °C	167
24./25.3.	Regen mit Schnee/Graupel, Frost, windig	0 °C	–
25./26.3.	frischer Wind, Schnee, leichter Frost	−1 °C	–

Die Tabelle zeigt Zählergebnisse an einem Erdkrötenfangzaun. Nenne Witterungsbedingungen, bei denen Erdkröten zu ihren Laichgewässern wandern und Bedingungen, die für die Wanderung ungünstig sind.

A2 Entwicklung

In einem See wurde die Entwicklung von Frosch- und Schwanzlurchen verfolgt und protokolliert. Leider ist der letzte Teil des Protokolls durch Wasserspritzer unleserlich geworden. Schreibe die Übersicht in deinen Hefter und ergänze den fehlenden Teil.

Protokoll: Entwicklungsverlauf

		Schwanzlurch	Froschlurch
①	Eiablage	einzeln an Blätter	als Klumpen in Gallerthülle
②	geschlüpfte Larven	an jeder Seite 3 Außenkiemen, Vordergliedmaßen, Schwanz	an jeder Seite 2 Außenkiemen, Schwanz
③	1. Veränderung		

A3 Froschatmung

Außer durch die Haut atmen Lurche auch durch Lungen.

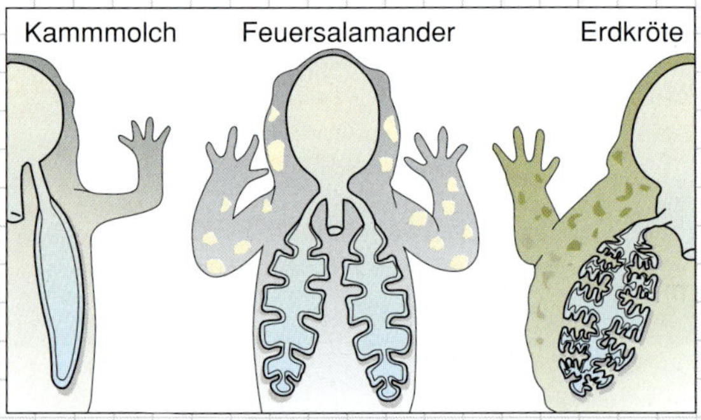

a) Beschreibe den Bau der Lungen in der oberen Abbildung. Erkläre die Unterschiede.
b) Welches der drei Lebewesen deckt seinen Sauerstoffbedarf hauptsächlich durch Lungenatmung und welches durch Hautatmung? Begründe.

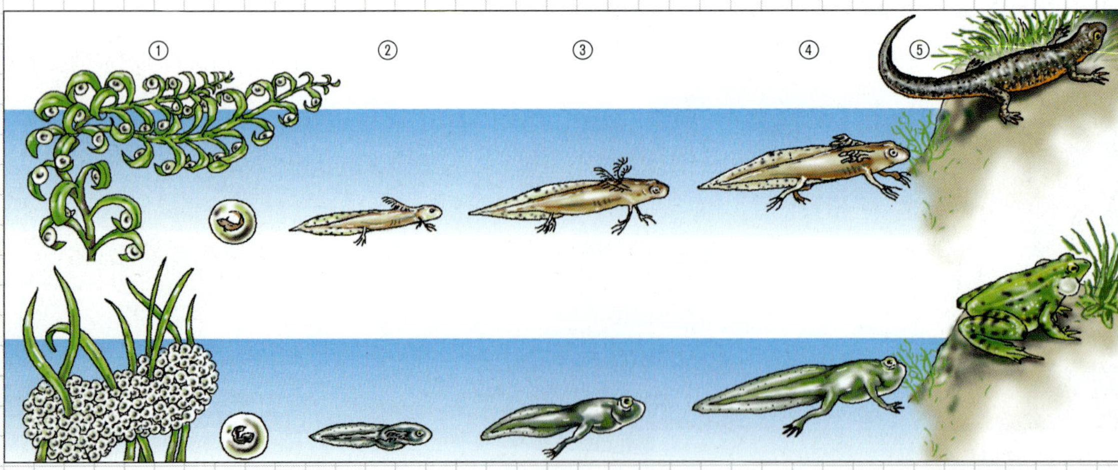

Lurche – Wirbeltiere zwischen Wasser und Land

Vernetze dein Wissen

A1 Nenne je ein Beispiel für
a) einen Landmolch;
b) einen Wassermolch;
c) eine Unke;
d) eine Kröte;
e) einen Frosch;
f) einen Schwanzlurch;
g) einen Froschlurch.

A2 Wie heißt die Entwicklung eines Lurches vom Ei bis zum ausgewachsenen Tier?
a) Generationswechsel;
b) Metamorphose;
c) Gestaltwandel;
d) Metaphasen.

A3 Ein Frosch springt ins Wasser und taucht erst nach 50 Minuten auf. Wie ist das möglich?
a) Er kann die Luft anhalten;
b) er atmet durch die Haut;
c) er atmet durch Kiemen;
d) er atmet durch Lunge und Haut;
e) er atmet durch Haut und Kiemen.

A4 Was trifft zu, wenn ein Frosch einen anderen trägt?
a) Sie pflanzen sich fort.
b) Ein Männchen besamt im Körper des Weibchens die Eier.
c) Der abgelegte Laich wird vom Männchen besamt.

A5 An Land gehen Frösche auf Nahrungssuche, indem sie
a) sich an Beutetiere heranschleichen und dann mit einem kräftigen Sprung überwältigen;
b) auf der Lauer sitzen und warten, bis sich ein geeignetes Beutetier vor ihnen bewegt;
c) mit ihrer spitzen Schleuderzunge Beutetiere aufspießen;
d) ihre Beutetiere mit einer Klappzunge fangen und unzerkaut verschlucken.
Welche Aussagen treffen zu?

A6 Mit Briefmarken gestaltet Vanessa Seiten zum Thema „Tiere am und im Wasser". Welche Namen muss sie den folgend abgebildeten Tieren geben?

a

b

c

d

e

A7 Benenne die mit Ziffern gekennzeichneten Teile des Skeletts eines Froschlurches.

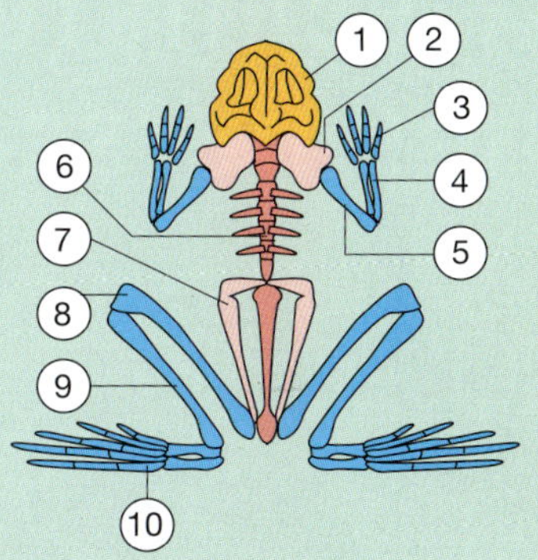

A8 Molche bleiben länger unter Wasser als Frösche, weil
a) sie zu den Schwanzlurchen gehören;
b) bei ihnen die Hautatmung eine größere Rolle spielt als die Lungenatmung;
c) sie länger vom Luftvorrat in ihren Lungen leben können;
d) sie nur im Wasser Nahrung finden.
Welche Aussagen sind zutreffend?

A9 Du siehst am Straßenrand das folgende Schild:

a) Welche Bedeutung hat das Schild?
b) Wie sollst du dich verhalten?

Kriechtiere – angepasst an unterschiedliche Lebensräume

1 Zauneidechse in ihrem Lebensraum

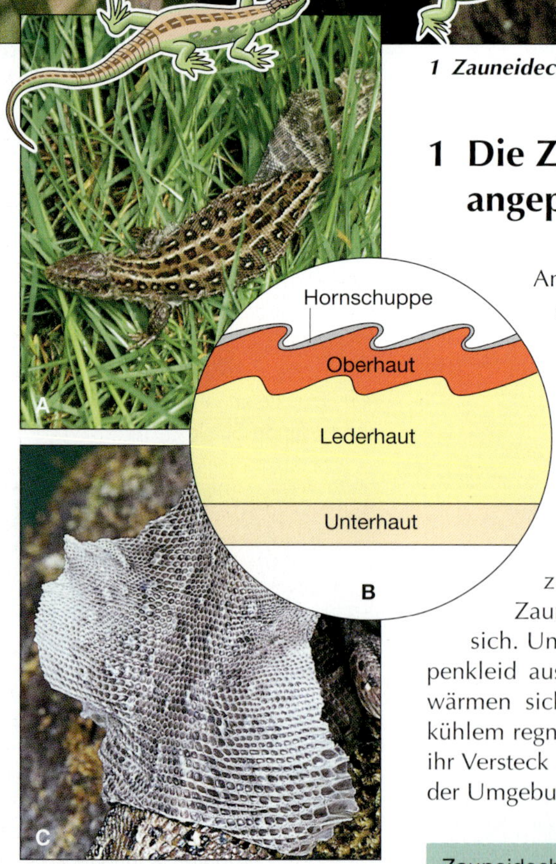

2 Haut der Zauneidechse.
A *Häutung;* ***B*** *Aufbau der Haut (Schema);* ***C*** *abgestreifte Haut*

1 Die Zauneidechse ist an sonnige Standorte angepasst

An warmen Sommertagen huschen an Wegböschungen, Bahndämmen oder in Heidelandschaften **Zauneidechsen** umher. Ihr Körper ist lang gestreckt. Die Beine sitzen seitlich am Rumpf und können den Körper kaum vom Boden abheben. Der Bauch berührt daher fast immer den Boden. Wegen dieses „Kriechens" nahe am Boden nennt man Tiere wie die Zauneidechse auch **Kriechtiere** oder **Reptilien.** Beim Laufen führt der gesamte Körper seitliche Schlängelbewegungen aus. Zauneidechsen haben eine trockene Haut aus *Hornschuppen.* Sie schützt vor Austrocknung und vor Verletzungen. Weil dieses *Schuppenkleid* nicht mitwächst, muss die Zauneidechse ihre Haut mehrmals im Jahr abstreifen. Sie *häutet* sich. Unter der alten Haut ist bereits ein neues, etwas größeres Schuppenkleid ausgebildet. Eidechsen sitzen morgens gern in der Sonne und wärmen sich auf, bis sie schnell und ausdauernd laufen können. Bei kühlem regnerischem Wetter bleiben sie kalt und steif. Dann verlassen sie ihr Versteck nicht. Die Körpertemperatur der Kriechtiere ist abhängig von der Umgebungstemperatur. Sie sind **wechselwarme Tiere.**

Zauneidechsen sind Kriechtiere und häuten sich mehrmals im Jahr. Die oberste Hautschicht besteht aus Hornschuppen. Eidechsen bevorzugen als wechselwarme Tiere sonnige und trockene Lebensräume.

2 Die meisten Kriechtiere legen Eier

Zauneidechsen verbringen den Winter regungslos in einem Versteck geschützt in **Winterstarre.** Ihr Herz schlägt sehr langsam und die Atmung ist stark herabgesetzt. Mit den ersten warmen Tagen im Frühjahr verlassen sie ihr Winterquartier. Nun beginnt die Fortpflanzungszeit.
Nach der ersten Frühjahrshäutung sind die Männchen an den Seiten auffällig grün gefärbt. Sie verteidigen nun ihr Revier gegen andere Männchen in heftigen Kämpfen. Dabei versuchen sich die Tiere am Hinterkopf des Gegners zu verbeißen und schütteln diesen dann heftig hin und her.
Hat ein Männchen ein fortpflanzungsbereites Weibchen gefunden, kommt es zur Paarung. Das Sperma wird über einen Penis in die entsprechende Körperöffnung des Weibchens übertragen. Im Gegensatz zu Fischen und Lurchen werden die Eizellen bei den Kriechtieren also im Körper des Weibchens befruchtet und nicht erst bei oder nach der Eiablage. Kriechtiere haben eine **innere Befruchtung.** Nach der Befruchtung im Eileiter bildet sich um das Ei eine derbe pergamentartige Schale aus.

Bereits kurz nach der Paarung vertreibt das Weibchen das Männchen. Für den Rest des Jahres leben die Eidechsen nun als Einzelgänger.
Etwa vier Wochen nach der Paarung, Ende Mai oder Anfang Juni, gräbt das Weibchen im lockeren Boden eine Vertiefung und legt dort 5 bis 15 Eier ab. Anschließend wird das Gelege verscharrt. Die Eier sind durch ihre Schale vor Austrocknung geschützt. Deshalb können Kriechtiere ihre Eier an Land ablegen. Sie sind nicht wie Fische und Lurche bei der Fortpflanzung auf das Wasser angewiesen.
Durch die Wärme des Bodens werden die Eier ausgebrütet. Die Entwicklung des Embryos dauert etwa acht Wochen. Während dieser Zeit ernährt er sich von den Dottervorräten im Ei. Eine Larve wie bei den Lurchen gibt es bei den Kriechtieren nicht. Aus dem Ei schlüpft bereits eine fertige kleine Eidechse, die etwa 5 cm lang ist. Die Jungtiere sind sofort selbstständig und können alleine nach Nahrung suchen. Im nächsten Frühjahr werden sie geschlechtsreif.
Ähnlich wie die Zauneidechse legen auch die meisten anderen Kriechtiere Eier im Boden ab. Bei einigen Arten erfolgt die Entwicklung der Eier allerdings bereits im Körper des Weibchens. Die Jungen schlüpfen dann beim Ablegen der Eier oder kurz danach aus. Dies ist beispielsweise bei der *Waldeidechse* der Fall. Auch *Blindschleichen,* die trotz ihres schlangenartigen Aussehens mit den Eidechsen verwandt sind, bringen lebende Junge zur Welt. Bei einer einheimischen Schlange, der *Kreuzotter,* schlüpfen die Jungen dagegen aus Eiern.

Kriechtiere entwickeln sich in Eiern, die meist im Boden abgelegt werden. Die Eier werden durch die Umgebungswärme ausgebrütet. Es schlüpfen vollständig entwickelte Jungtiere.

1 ***Zauneidechse. A*** *Männchen und Weibchen;* ***B bis D*** *Entwicklung*

1 Vergleiche das Aussehen von Männchen und Weibchen bei der Zauneidechse. Nenne die Unterschiede zwischen Männchen und Weibchen.
2 Beschreibe Fortpflanzung und Entwicklung der Zauneidechse anhand der Abbildung 1.
3 Welchen Vorteil hat die innere Befruchtung?

3 Schlangen jagen ihre Beute auf besondere Weise

Anke, Mark und Tim sammeln in einem verlassenen Steinbruch Pflanzen für eine Blättersammlung. „Still!", flüstert Tim plötzlich. „Eine Schlange!" Tatsächlich liegt an einem Busch eine zusammengerollte *Schlange* in der Sonne. „Eine Ringelnatter! Ich erkenne sie an den gelben Flecken seitlich am Kopf. Die ist harmlos", erklärt Anke. Obwohl sich die Schüler vorsichtig nähern, wird die Schlange aufmerksam. Mit seitlichen Schlängelbewegungen gleitet das etwa ein Meter lange Tier über den Boden und verschwindet bald im hohen Gras. Wie ist es möglich, dass sich ein Tier ohne Beine so elegant und mühelos fortbewegen kann?

Schlangen haben eine sehr biegsame Wirbelsäule. Beim Kriechen legen sie ihren lang gestreckten Körper in Windungen, mit denen sie sich an Unebenheiten des Bodens abstoßen. Unterstützt wird diese Bewegung durch die breiten *Bauchschuppen.* Diese sind über Muskeln mit den Rippen verbunden. Verkürzen sich die Muskeln, werden die Rippen nach vorn gezogen und die Bauchschuppen dabei aufgerichtet. Sie können sich nun in den Boden einstemmen. Werden die Schuppen anschließend wieder angelegt, schieben sie die Schlange ein kleines Stück nach vorn. Schlangen brauchen also eine raue Oberfläche zur Fortbewegung. Auf einer Glasplatte würden sie hin- und herrutschen, ohne vorwärts zu kommen.

Schlangen können nicht nur am Boden kriechen. Viele Arten klettern auch gut in Sträuchern und Bäumen. Die **Ringelnatter** kann auch ausgezeichnet schwimmen. Wie beim Kriechen an Land führt der Körper dabei seitliche Schlängelbewegungen aus.

Am Ufer eines Teiches ist eine Ringelnatter im Schilf auf Nahrungssuche. Lautlos gleitet sie durch das Pflanzendickicht. Die seitlich am Kopf sitzenden Augen sind unbeweglich und haben keine Lider. Ihre Beutetiere, meist Frösche, kann die Ringelnatter nur erkennen, wenn sie sich bewegen. Regelmäßig streckt die Schlange ihre gespaltene Zunge bei geschlossenem Mund durch eine Vertiefung im Oberkiefer vor. Durch dieses *Züngeln* werden Duftstoffe aufgenommen und an ein Riechorgan im Gaumen weitergegeben. Für die Orientierung ist der Geruchssinn sehr wichtig.

Jetzt hat die Ringelnatter einen Frosch wahrgenommen. Langsam nähert sie sich und stößt dann plötzlich mit dem Kopf zu. Die nach hinten gerichteten Zähne packen den Frosch und lassen ihn nicht mehr los. Die Beute wird unzerkaut verschlungen.

Ganz anders jagt die **Kreuzotter,** eine andere heimische Schlange. Sie kommt zum Beispiel in sonnigen Heidelandschaften oder in Moorgebieten vor, ist aber in den letzten Jahren immer seltener geworden. Man erkennt sie an einem dunklen Zickzackband auf dem Rücken.

Die nur 50 bis 60 cm lange Kreuzotter lauert meist unbeweglich auf Beute. Kommt ein Beutetier, etwa eine Maus, in ihre Reichweite, beißt die Kreuzotter blitzschnell zu. Die Maus läuft noch einige Schritte und bricht dann tot zusammen.

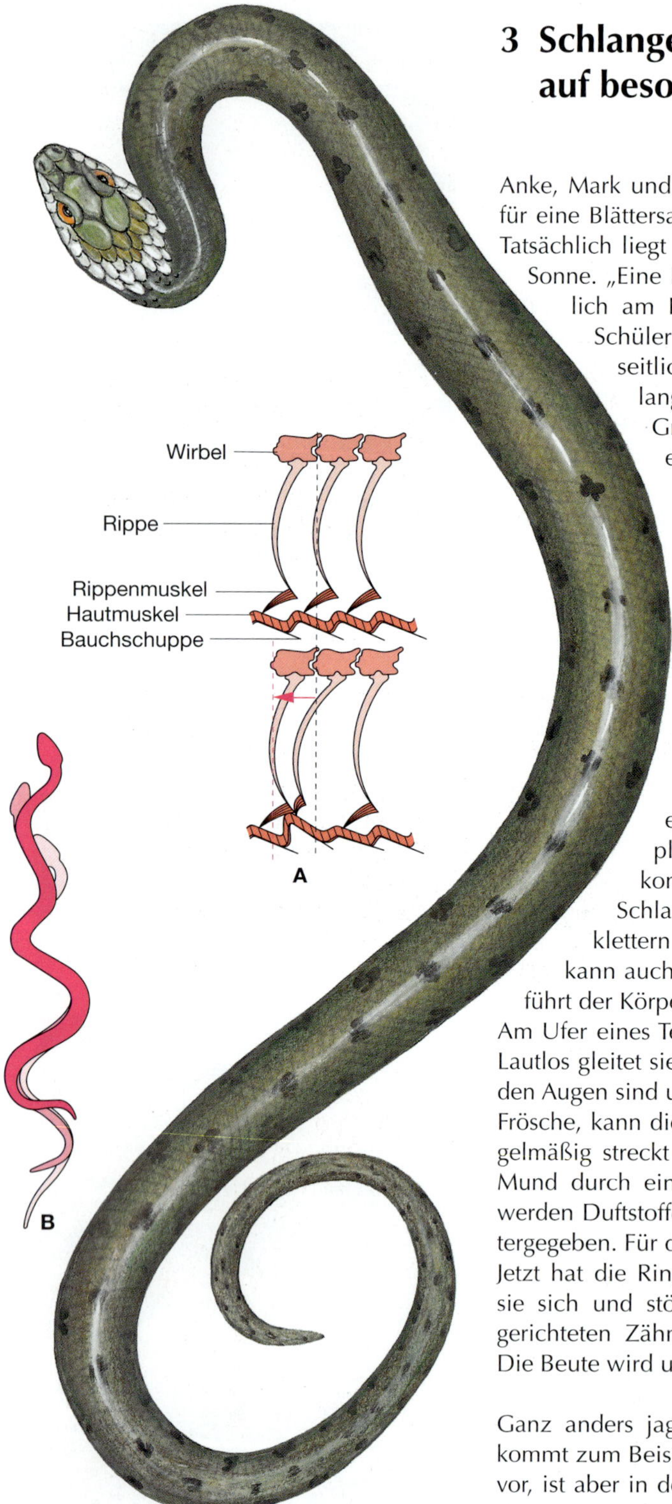

1 Ringelnatter.
***A** Bewegung der Rippen und der Bauchschuppen;*
***B** Schlängelbewegung des Körpers*

Die Kreuzotter ist eine *Giftschlange*. Bevor sie zubeißt, richten sich in ihrem Oberkiefer zwei nadelspitze *Giftzähne* auf, die sonst in einer Hautfalte verborgen sind. Beim Biss gelangt das Gift, das in Drüsen gebildet wird, über Giftkanäle in die Zähne und wird durch eine kleine Öffnung hinter der Spitze des Zahns in das Fleisch des Opfers gespritzt. Für kleine Säugetiere ist ein Kreuzotterbiss immer tödlich, in seltenen Fällen sind auch schon Menschen gestorben, die von dieser Schlange gebissen wurden. Solche Schlangenbisse kommen allerdings nur dann vor, wenn sich die Kreuzotter bedroht fühlt.

Hat die Kreuzotter ein Beutetier gebissen, spürt sie es anschließend durch Züngeln auf. Ähnlich wie die Ringelnatter kann auch die Kreuzotter Beutetiere verschlingen, die viel größer als ihr eigener Kopf sind. Dies ist nur aufgrund der Beweglichkeit der Knochen des Kopfskeletts möglich. Die beiden Hälften des Unterkiefers sind nicht miteinander verwachsen, sondern nur durch ein dehnbares Band verbunden. So können die Kieferhälften seitlich auseinander weichen und abwechselnd immer weiter über die Beute geschoben werden. Zwischen Schädeldach und Unterkiefer liegen die *Quadratbeine.* Wenn sich diese Knochen aufrichten, wird der Schlund stark verbreitert, sodass die Beute hindurchpasst.

Die Ringelnatter ist eine ungiftige Schlange. Ihre Beute verschlingt sie unzerkleinert.
Die Kreuzotter tötet ihre Beute vor dem Verschlingen durch einen Biss mit ihren spitzen Giftzähnen.

1 Beschreibe die Fortbewegung bei Schlangen.

2 Erläutere anhand der Abbildung 2 den Beutefang und die Nahrungsaufnahme bei der Kreuzotter.

3 Begründe, warum Blindschleichen keine Schlangen sind. Verwende auch die Pinnwand Seite 40.

A

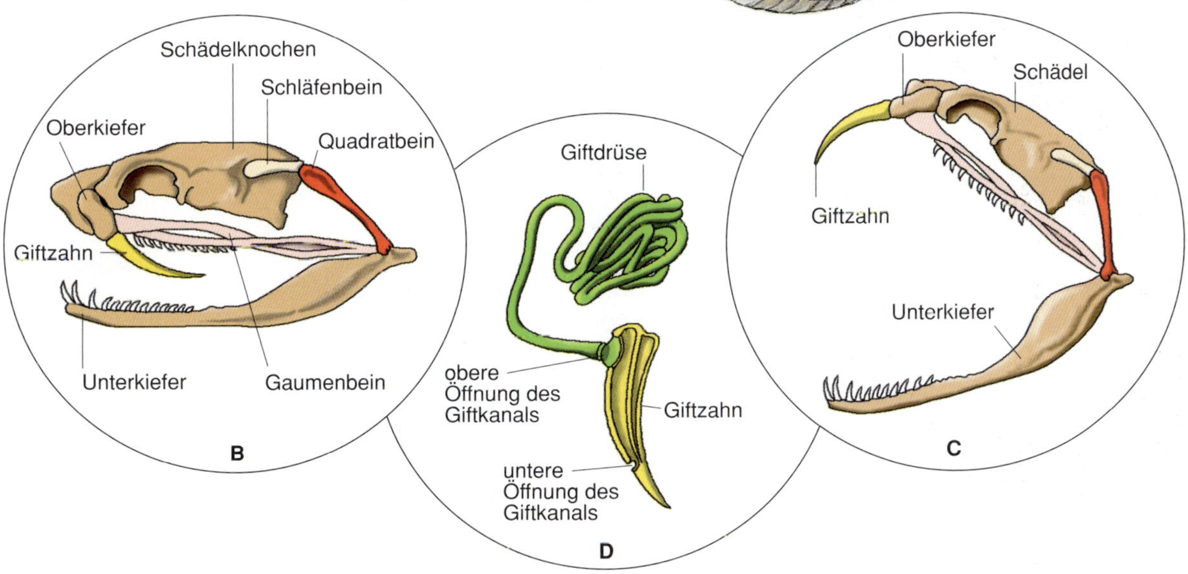

2* Kreuzotter. *A *Mund mit Giftzähnen;* ***B*** *und* ***C*** *Schädel bei geschlossenem und geöffnetem Mund;* ***D*** *Giftapparat (Zahn längs aufgeschnitten)*

EINHEIMISCHE KRIECHTIERE

Name: ***Europäische Sumpfschildkröte***
Vorkommen: in stehenden oder langsam fließenden Gewässern; Ostdeutschland (selten)
Aussehen: 25 cm lang; dunkler Panzer mit gelben Tupfen; Kopf und Beine können unter den Panzer zurück gezogen werden
Nahrung: Kleintiere

Name: ***Smaragdeidechse***
Vorkommen: sonnige Lebensräume mit vielen Steinen; vorwiegend Süddeutschland (selten)
Aussehen: größte einheimische Eidechse; bis 40 cm lang; Schuppenkleid überwiegend grünlich mit schwarzen Punkten
Nahrung: Kleintiere

Name: ***Mauereidechse***
Vorkommen: in trockenen, felsigen Gebieten des Rheintals und seinen Nebentälern
Aussehen: bis 20 cm lang; Schuppenkleid überwiegend bräunlich
Nahrung: Kleintiere

Name: ***Schlingnatter (Glattnatter)***
Vorkommen: Wälder, Gebüsche; stellenweise häufigste einheimische Schlange
Aussehen: bis 75 cm lang; Schuppenkleid braun oder grau mit mehreren Reihen dunkelbrauner Flecken
Nahrung: vorwiegend Eidechsen

Skelett der Zauneidechse

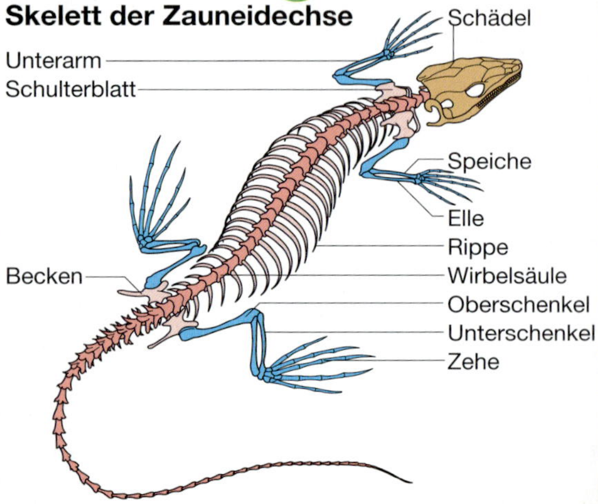

Name: ***Blindschleiche***
Vorkommen: Laubwälder, Wiesen, Böschungen
Aussehen: bis 50 cm lang; Schuppenkleid überwiegend bräunlich bis bläulich; schlangenartig, aber mit beweglichen Augenlidern; am Skelett noch Reste der Knochen des Schultergürtels und des Beckens
Nahrung: Kleintiere

Kriechtiere

Übung

A1 Skelette von Kriechtieren

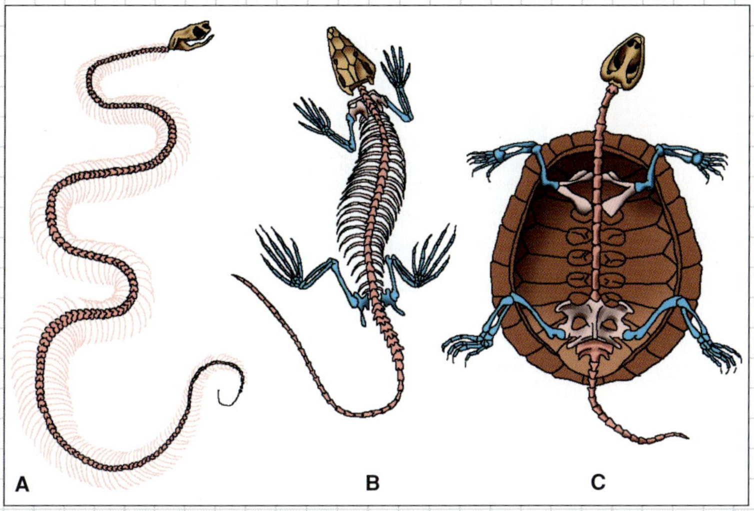

***Skelette von Kriechtieren. A** Schlange; **B** Eidechse; **C** Schildkröte (Ansicht von unten)*

a) Vergleiche den Aufbau des Skeletts bei Schlangen, Eidechsen und Schildkröten miteinander. Nenne Gemeinsamkeiten und Unterschiede.
b) Erkläre aus dem unterschiedlichen Skelettaufbau die verschiedenartige Fortbewegung bei Schlangen und Eidechsen. Verwende zur Bearbeitung auch Abbildung 1 auf Seite 36 und Abbildung 1 auf Seite 38.

A2 Ringelnatter und Kreuzotter im Vergleich

a) Welche Schlange ist in Abbildung A abgebildet? Begründe deine Antwort. Verwende auch die Abbildung 1 und den Text auf Seite 38.
b) Die Abbildungen B und C zeigen die Köpfe von Ringelnatter und Kreuzotter. Ordne die Abbildungen der jeweiligen Schlange zu. Begründe.
c) Vergleiche die Köpfe von Ringelnatter und Kreuzotter miteinander. Erstelle eine Tabelle, in der du die unterschiedlichen Merkmale gegenüberstellst.

A3 Unterscheidungsmerkmale der Kriechtier-Gruppen

Erstelle eine tabellarische Übersicht der Merkmale, an denen man die verschiedenen Kriechtiergruppen Eidechsen, Schlangen, Schildkröten und Krokodile erkennen kann. Verwende zur Bearbeitung geeignete Abbildungen dieser Tiergruppen auf den Seiten 36 bis 43.

1 Sandechse *2 Nil-Krokodil*

4 Kriechtiere in warmen Ländern

In den Sanddünen der Namib-Wüste in Namibia lebt die Sandechse. Kurz nach Sonnenaufgang liegt sie auf dem Bauch und streckt Gliedmaßen und Schwanz weit von sich. Einige Stunden später läuft die Eidechse auf der Suche nach Nahrung lebhaft hin und her. Dabei berührt sie den Boden nur noch mit den Zehenspitzen. Wenn sie stehen bleibt, hebt sie sogar abwechselnd ein Vorderbein und ein Hinterbein an und steht nur noch auf zwei Beinen. Um die Mittagszeit gräbt sich das Tier plötzlich in den Sand ein und bleibt für den Rest des Tages verschwunden. Die Sandechse ist an die extreme Tageshitze in der Wüste angepasst. Nach einer kühlen Nacht liegt sie morgens auf dem Sand, um möglichst schnell Wärme aufzunehmen und dadurch die nötige Beweglichkeit zum Beutefang zu erhalten. Im Laufe des Vormittags wird der Sand jedoch sehr heiß. Nun versucht die Sandechse ihren Körper möglichst vom Sand fern zu halten. Steigt die Bodentemperatur über 45 °C, gräbt sie sich in den Sand ein, wo es kühler ist.

Heiße Wüstengebiete sind Lebensraum für viele Eidechsen und Schlangen. Andere Kriechtiere sind an das Leben in den feuchten Tropen angepasst. Dort kommen auch **Krokodile** vor, z. B. das *Nil-Krokodil* in Afrika. Meist liegen diese bis zu sieben Meter langen Tiere regungslos im Schlamm oder im seichten Wasser und lauern auf Beute. Dabei ragen nur Augen, Ohren und Nase über die Oberfläche. Fische, Vögel und Säuger, die dem Krokodil zu nahe kommen, werden mit dem mächtigen Gebiss gefasst. Krokodile sind gut an das Leben im Wasser angepasst. Mit ihrem seitlich abgeplatteten Ruderschwanz und Schwimmhäuten an den Hinterbeinzehen können sie ausgezeichnet schwimmen und tauchen.

Die meisten Kriechtiere leben in warmen Ländern. Manche Eidechsen und Schlangen sind an trockenheiße Lebensräume angepasst. Krokodile leben in feuchtwarmen Gebieten.

1 Ordne die abgebildeten Tiere auf der Pinnwand Seite 43 den unterschiedlichen Kriechtiergruppen zu.

KRIECHTIERE WARMER LÄNDER

Pinnwand

Name: ***Mississippi-Alligator***
Vorkommen: Flüsse und Sümpfe im Südosten der USA
Aussehen: 4 bis 6 m lang; Zähne bei geschlossenem Mund nicht sichtbar
Nahrung: Fische, Wasservögel, Säugetiere

Name: ***Brillenschlange (Kobra)***
Vorkommen: südliches Asien
Aussehen: 150 bis 180 cm lang; kann sich aufrichten und den Nacken, der eine brillenartige Musterung hat, zu einer Scheibe spreizen
Nahrung: Lurche, Kriechtiere, Vögel und Kleinsäuger; giftig

Name: ***Netz-Python***
Vorkommen: Regenwald in Südost-Asien
Aussehen: 8 bis 10 m lang; oberseits gelblich-braun mit dunkler netzförmiger Zeichnung
Nahrung: Vögel, Säugetiere und Eidechsen; tötet die Beute durch Umschlingen; ungiftig

Name: ***Komodo-Waran***
Vorkommen: einige Inseln im östlichen Indischen Ozean
Aussehen: 2 bis 3 m lang; größte Echse der Welt; Schuppenkleid dunkel und sehr hart
Nahrung: Säugetiere bis zur Größe von Hirschen, Aas

Name: ***Gemeines Chamäleon***
Vorkommen: südliches Mittelmeergebiet und südliches Asien bis Indien
Aussehen: 30 cm lang; Augen können einzeln bewegt werden; Farbe kann sich von gelbbraun bis grün verändern
Nahrung: Insekten, die durch blitzschnelles Ausstoßen der langen klebrigen Zunge gefangen werden

Name: ***Seychellen-Riesenschildkröte***
Vorkommen: einige Inseln im westlichen Indischen Ozean
Aussehen: bis 157 cm lang und 100 cm hoch; bis 215 kg schwer; Beine säulenartig; wird 180 Jahre alt
Nahrung: Pflanzen

5 Kriechtiere brauchen unseren Schutz

Was empfindest du beim Anblick dieses Schlangenkopfes? Viele Menschen begegnen Schlangen respektvoll, manche ekeln oder fürchten sich sogar vor ihnen. Häufig werden Schlangen sogar verfolgt und getötet. Die hier abgebildete Ringelnatter ist jedoch völlig harmlos.

Bei uns findet man heute noch elf Kriechtierarten. Viele von ihnen sind selten geworden. Sie stehen unter **Naturschutz,** um sie vor dem Aussterben zu bewahren. Kriechtiere erfüllen eine wichtige Aufgabe in der Natur. Sie fressen zum Beispiel Kleintiere wie Mäuse, Würmer und Insekten. Sie selbst sind Nahrung von größeren Tieren wie Weißstorch, Igel und Greifvögeln. Damit sind sie wichtige Glieder in Nahrungsketten.

Kriechtiere haben es in unserer Umwelt nicht leicht. Ihr Hauptfeind bleibt der Mensch. Sie leiden vor allem unter der *Zerstörung ihres Lebensraumes.* Heute gibt es kaum noch geeignete ruhige Feuchtgebiete für Ringelnatter und Sumpfschildkröte. Andere Kriechtiere bevorzugen warme und sonnige Trockengebiete wie Sanddünen und Halbtrockenrasen. Durch Bewirtschaftung und verstärktem Einsatz von Dünger verändern sich diese Lebensräume. Häufig werden Insektenvernichtungsmittel eingesetzt. Sie vernichten vor allem die Nahrung von Eidechsen.

Zum Sonnen und Verstecken brauchen Kriechtiere Rückzugsmöglichkeiten. Bahndämme, Mauerreste, Steinhaufen und Hecken sind dafür ideal. Leider werden diese Lebensräume immer seltener. Als Ersatz kriechen Schlangen und Echsen zum Sonnenbaden auf den warmen Asphalt einer Straße. Hier werden sie dann häufig überfahren.

1 Die Trockenmauer – ein idealer Lebensraum für Mauereidechse (A) und Blindschleiche (B)

2 Ringelnatter

Da man weiß, wodurch Kriechtiere gefährdet sind, kann man verschiedene *Schutzmaßnahmen* ergreifen: Man erhält Feuchtgebiete und Trockenstandorte und stellt sie häufig unter Schutz. Zusätzlich kann man *Hecken,* alte *Steinmauern* und *Lesesteinhaufen* anlegen. Niemand darf wild lebende Kriechtiere in der Natur fangen und dann im Terrarium halten. Vielleicht können wir die Kriechtiere so vor der Ausrottung bewahren.

Kriechtiere sind durch die Zerstörung naturnaher Lebensräume und die Verfolgung durch den Menschen bedroht. Alle heimischen Arten stehen unter Naturschutz.

1 Nenne Ursachen für die Gefährdung von Kriechtieren.

2 Nenne und begründe vier Schutzmaßnahmen für Kriechtiere.

Erschließungsfeld

Wechselwirkung

Das Leben des Menschen hat auch vielfältige Auswirkungen auf die Natur. Durch Bewirtschaftung oder Bau von Siedlungen und Straßen verändert er Lebensräume von Tieren und Pflanzen. So sind viele Tier- und Pflanzenarten heute gefährdet, da der Mensch ihre Umwelt zerstört oder sie jagt und sammelt.

Zum Teil wurden durch den Menschen neue Rückzugsmöglichkeiten geschaffen. So bieten z.B. Bahndämme oder Mauerreste neue Lebensräume für Pflanzen und Tiere. Menschen, Tiere und Pflanzen stehen in einer ständigen Wechselwirkung miteinander und ihrer Umwelt.

Kriechtiere – angepasst an unterschiedliche Lebensräume

Vernetze dein Wissen

A1 Europäische Sumpfschildkröte, Kreuzotter, Klapperschlange, Riesenschildkröte, Krokodil, Schlingnatter, Blindschleiche, Smaragdeidechse, Mauereidechse.
Welche der aufgeführten Kriechtiere kommen in Deutschland vor?

A2 In Deutschland stehen alle Kriechtiere unter Naturschutz. Begründe diese Maßnahme. Nimm die Pinnwand Seite 40 zu Hilfe.

A3

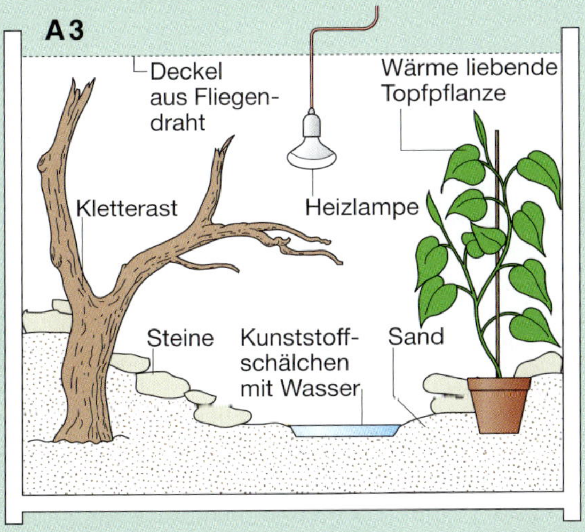

Die Abbildung zeigt ein Terrarium, in dem man für einige Zeit bestimmte einheimische Kriechtiere halten kann. Begründe, für welche Kriechtiere dieser künstliche Lebensraum geeignet ist.

A4

Zum abgebildeten Feuersalamander passt folgende Beschreibung:
Haut glatt und feucht; Lebensraum feuchte Wälder; setzt zur Fortpflanzungszeit in flachen Gewässern Larven mit bereits ausgebildeten Beinen ab.
Begründe, warum der Feuersalamander kein Kriechtier sein kann, obwohl er bei oberflächlicher Betrachtung einer Eidechse ähnlich sieht.

A5 Manche Kriechtiere können schwimmen, tauchen, flink laufen, kriechen oder auf Bäume klettern. Nenne jeweils ein Beispiel für die unterschiedlichen Fortbewegungsarten.

A6 Nenne Eigenschaften, die es manchen Kriechtieren ermöglichen, auch Wüstengebiete zu bewohnen. Nenne einige Arten, die in solchen Trockenräumen vorkommen.

A7 Beschreibe kurz Fortpflanzung und Entwicklung einer Zauneidechse.

A8 Kriechtiere besitzen wie Lurche Lungen. Die Lungen von Kriechtieren und Lurchen sind jedoch unterschiedlich leistungsfähig.

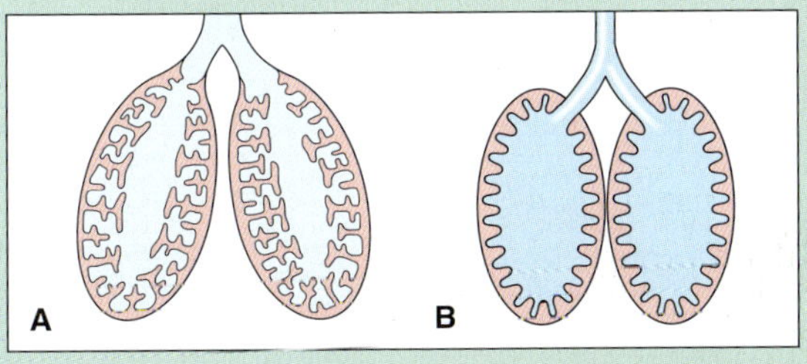

a) Beschreibe den Bau der abgebildeten Lungen.
b) Welche der abgebildeten Lungen gehört zu einem Lurch und welche zu einem Kriechtier? Begründe deine Zuordnung.
c) Welche Unterschiede ergeben sich hinsichtlich des Austausches von Sauerstoff?

A9 Kriechtiere, Lurche und Fische zählen zu den wechselwarmen Wirbeltieren. Begründe diese Aussage.

1 **Raubsaurier. *A*** *Fund und Freilegung;* ***B*** *Skelett im Museum;* ***C*** *Rekonstruktion (Lebensbild)*

2 Entstehung eines Fossils

1 Geschichte des Lebens auf der Erde

In der Wüste Gobi, im Grenzgebiet von China und Mongolei, fanden Forscher 1971 das versteinerte Skelett eines riesigen Raubsauriers, der vor 100 Millionen Jahren gelebt hatte. Damals herrschte dort tropisches Klima. Es gab viel Wasser und einen üppigen Pflanzenwuchs, sodass sowohl Pflanzenfresser als auch Fleischfresser genügend Nahrung fanden. Ein totes Tier wäre schnell von anderen Tieren gefressen worden. Wie konnte das Skelett des Sauriers erhalten bleiben?

Das Tier war am Ufer eines Gewässers gestorben. Sand und Schlick hatten den Körper schnell bedeckt. Die Weichteile zersetzten sich bald. Unter den immer mächtiger werdenden Sand- und Schlammschichten wandelten sich die Knochen des Skeletts langsam in Gestein um. Später wurde das ganze Gebiet durch Bewegungen der Erdkruste hochgehoben und durch Regen und Wind so weit abgetragen, dass die versteinerten Reste freigelegt wurden.

Derartige Überreste von Tieren und Pflanzen bezeichnet man als **Fossilien.** Dies können zum Beispiel Abdrücke von Muscheln im Gestein oder Knochen sein.

Die Fossilien zeigen, wie Lebewesen in vorgeschichtlicher Zeit ausgesehen haben. Bei der Untersuchung verschieden alter Gesteinsschichten kann man erkennen, dass jede Schicht unterschiedliche Fossilien enthält. In denselben Schichten findet man jedoch überall auf der Erde ähnliche Fossilien. Zu bestimmter Zeit gab es also überall auf der Erde ähnliche Lebensformen.

Man hat die bisherige Erdgeschichte in **Erdzeitalter** eingeteilt. Vor etwa fünf Milliarden Jahren, in der **Erdurzeit,** ist die Erde entstanden. Vor etwa 4,6 Milliarden Jahren begann die **Erdfrühzeit.** Sie dauerte etwa vier Milliarden Jahre. In dieser Zeit traten die ersten, sehr einfach gebauten und nur aus einzelnen Zellen bestehenden Lebewesen auf *(Einzeller).* Später waren dann auch *mehrzellige* Lebewesen zu finden. Zu Beginn des auf die Erdfrühzeit folgenden **Erdaltertums** traten viele, sehr unterschiedlich gebaute Tiergruppen auf. Auch grüne Pflanzen waren damals schon vertreten, nämlich in Form

von Algen. Aber nicht nur Zahl und Vielfalt der Lebewesen steigerte sich. Auch die Leistungsfähigkeit der Organe zeigte eine deutliche Zunahme. Bis zur Mitte des Erdaltertums gab es Lebewesen nur im Wasser. Später wurde auch das Land besiedelt. Hierzu waren ganz besondere Angepasstheiten notwendig wie zum Beispiel der Schutz gegen Austrocknung. Im **Erdmittelalter,** das etwa 180 Millionen Jahre dauerte, war die Vielfalt der Lebewesen sowohl im Wasser als auch auf dem Land riesig. Sogar der Luftraum wurde von Tieren erschlossen. Vor 65 Millionen Jahren begann schließlich die **Erdneuzeit.** Auch in dieser Zeit, die sich bis heute erstreckt, traten immer wieder neue Tier- und Pflanzengruppen auf. Wie lassen sich diese Veränderungen bei den Lebewesen erklären?
Alle Befunde deuten darauf hin, dass sich alles Leben auf der Erde aus einem gemeinsamen Ursprung, nämlich einfach gebauten Einzellern entwickelt hat. Im Lauf der Erdgeschichte entwickelten sich alle Lebewesen weiter. Diese Entwicklung wird als **Evolution** bezeichnet.

Die Vielfalt von Lebewesen auf der Erde ist im Lauf von vielen Millionen Jahren durch Evolution entstanden.

1 Beschreibe die Entstehung eines Fossils mithilfe der Abbildung 2.

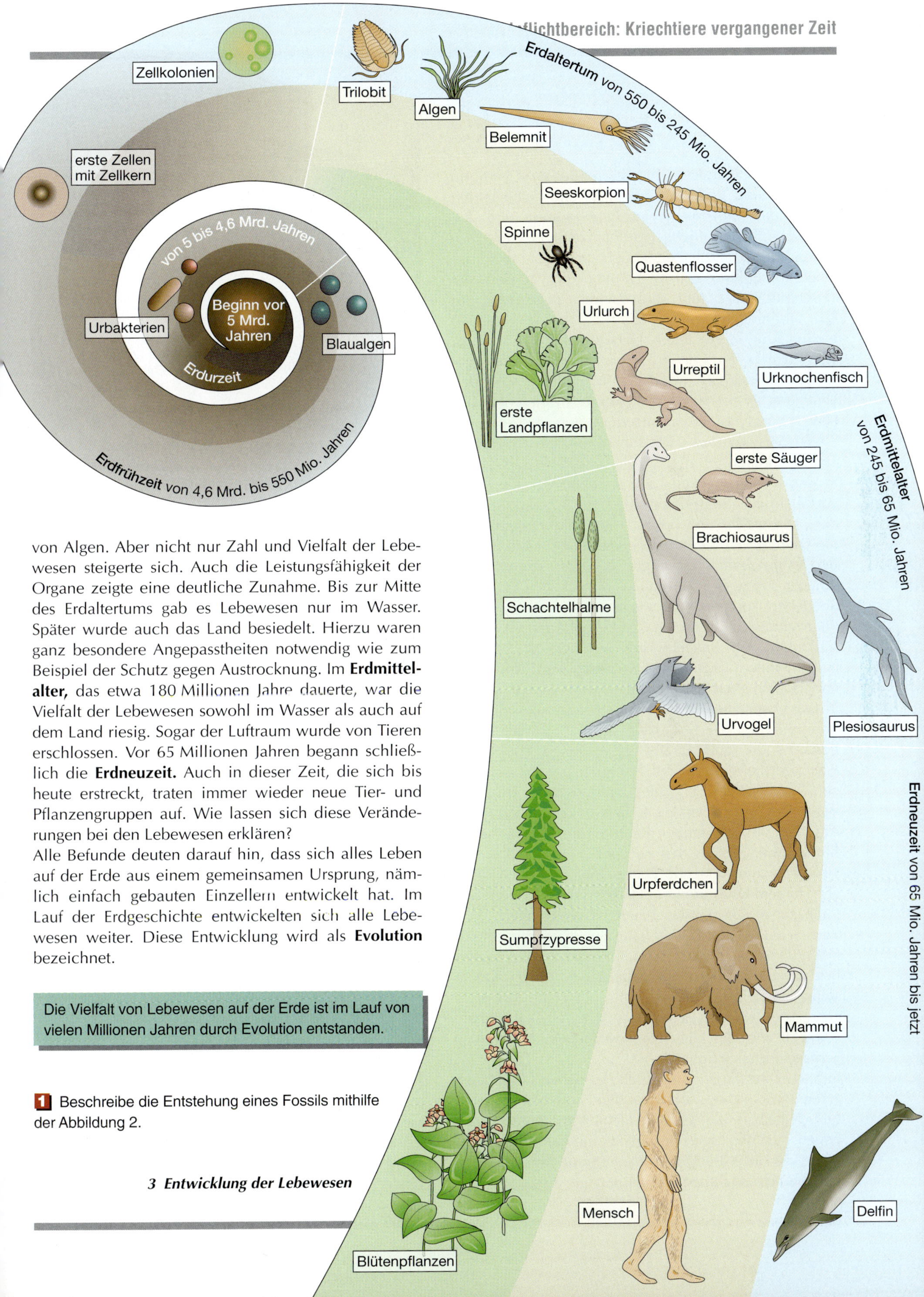

3 Entwicklung der Lebewesen

2 Saurier sind ausgestorbene Kriechtiere

Der Film „Jurassic Park“ hat sie in aller Welt berühmt gemacht: den kleinen, wendigen und intelligenten *Velociraptor,* den mächtigen *Tyrannosaurus* und den über 20 m langen friedlichen Pflanzenfresser *Brachiosaurus.* Diese Tiere haben tatsächlich gelebt, allerdings lange vor unserer Zeit im Erdmittelalter, zu dem die Abschnitte Trias, Jura und Kreidezeit gehören. Im 19. Jahrhundert wurden erstmals fossile Knochen großer **Saurier** gefunden. Dabei stellte sich heraus, dass manche Saurier viel größer und schwerer gewesen sein müssen als die größten heute lebenden Landtiere. Erst vor kurzem wurde in Amerika das Skelett eines fast 50 m langen Sauriers ausgegraben. Dieser *Seismosaurus* (Erdbebensaurier) gilt als größtes Tier aller Zeiten.

Saurier kamen in allen Lebensräumen vor, die heute vor allem von Säugetieren und Vögeln bewohnt werden. Die größte und bekannteste Sauriergruppe sind die **Dinosaurier,** die vorwiegend auf dem Land lebten. Ihre Körperoberfläche war gut gegen Wasserverlust geschützt, sodass die Tiere auch in trockenen Gebieten überleben konnten. Die meisten Dinosaurier waren Pflanzenfresser. Zu dieser Gruppe gehörten viele Riesenformen. Ein *Brachiosaurus* benötigte täglich eine halbe Tonne Nahrung, vorwiegend aus Farnwedeln und Nadelblättern. Kleiner als die riesigen Pflanzenfresser waren die meisten Fleisch fressenden Saurier. Von ihnen war der 14 m lange und 7 t schwere *Tyrannosaurus* der größte. Der 1,5 m lange Kopf hatte mächtige Kiefer mit bis zu 18 cm langen spitzen Zähnen. Wahrscheinlich jagte Tyrannosaurus Pflanzen fressende Saurier, vielleicht fraß er zusätzlich auch Aas. Ein anderer großer Raubsaurier war der *Allosaurus.* Aus versteinerten Fußspuren weiß man, dass viele Pflanzen fressende Dinosaurier und auch manche kleinere Raubsaurier in Herden lebten. Die großen Raubsaurier waren wahrscheinlich Einzelgänger.

Zum Schutz gegen Feinde hatten manche Dinosaurier einen Panzer aus Knochenplatten unter der Haut, ähnlich wie die heutigen Krokodile. Einige trugen zudem spitze Stacheln oder Dornen auf der Haut. Bei manchen Arten war das Schwanzende zu einer Art Keule verdickt, mit der die Tiere wahrscheinlich kräftige Schläge austeilen konnten.

In allen Dinosauriergruppen gab es neben vierfüßigen Arten auch solche, die nur auf den Hinterbeinen liefen und deshalb verhältnismäßig kleine Vordergliedmaßen hatten. Aus der Lage der Hinterbeine kann man ersehen, dass diese Tiere beim Laufen eine ähnliche Körperhaltung einnahmen wie die heutigen Vögel.

1 Lebensgroße Nachbildung eines Allosaurus

Wie alle Kriechtiere legten Dinosaurier zur Fortpflanzung Eier ab. Von einigen Arten weiß man, dass sie die Gelege bewachten und nach dem Schlüpfen die Jungtiere betreuten.

Saurier gab es auch in der Luft und im Meer. **Flugsaurier** und **Meeressaurier** waren nahe Verwandte der Dinosaurier.

Fast 150 Millionen Jahre lang waren die Saurier die beherrschenden Landwirbeltiere. Am Ende der Kreidezeit starben sie aus. Die Ursachen dieses Untergangs sind nicht genau bekannt. Es ist möglich, dass Klimaveränderungen durch lang andauernde Vulkanausbrüche und Nahrungsmangel eine Rolle spielten. Vielleicht verursachte auch der Einschlag eines mehrere Kilometer großen Meteoriten eine weltweite Katastrophe, der die letzten Saurier zum Opfer fielen.

Saurier lebten im Erdmittelalter in allen Lebensräumen. Am vielfältigsten war die Gruppe der Dinosaurier, die während dieser Zeit die häufigsten Landwirbeltiere waren. An der Wende von der Kreidezeit zur Tertiärzeit starben die Saurier aus.

1 Erstelle eigene Poster zum Thema Saurier. Schwerpunkte könnten sein: Lebensräume wie Wasser, Luft, Land, Ernährung, Verhalten, Aussterben usw.

2 Bestimme die Größe des Allosaurus in Abbildung 1. Verwende zum Größenvergleich die abgebildeten Kinder.

Ein Informationsplakat entsteht

Methode

Plakate begegnen uns ständig. Mit großen auffallenden Bildern oder Schriften werben viele für Produkte, Firmen, Vereine oder auch politische Parteien. Manche informieren auch nur zu bestimmten Themen. Alle haben etwas gemeinsam: Sie fallen sofort auf. Und wir erkennen schnell, worum es geht.

Hast du Informationen zu einem bestimmten Thema gesammelt, kannst du sie auf einem **Plakat** zeigen.

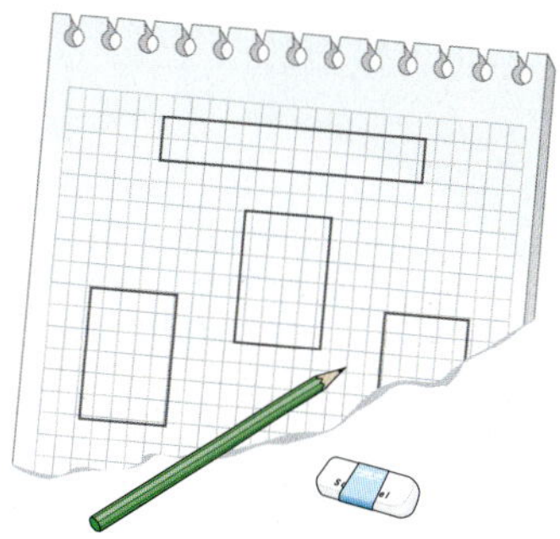

Was du beim Erstellen eines Plakates beachten musst und wie du vorgehst:

- Erstelle eine Skizze, die zeigt, wie dein Plakat gestaltet werden soll.
- Ordne die Inhalte, die du zeigen möchtest, nach der Wichtigkeit.
- Bedenke: Der Platz ist begrenzt!

Finde eine passende Überschrift. Schreibe diese groß und deutlich auf das Plakat. Sie sollte auch aus einem Abstand von drei bis vier Metern gut lesbar sein.

Verwende nur einige ausgewählte Bilder. Diese sollten einfach gestaltet sein.

Für den Hintergrund des Plakates eignen sich viele Farben. Die Schrift muss sich vom Hintergrund jedoch gut abheben.

Plane nur so viel Text ein, wie unbedingt nötig ist.

Schreibe den Text möglichst mit dem Computer oder handschriftlich ordentlich mit einem dickem Stift.

Verwende für die Beschriftung nicht zu viele unterschiedliche Farben.

Vögel in ihrem Lebensraum

1 Schwäne auf einem Teich

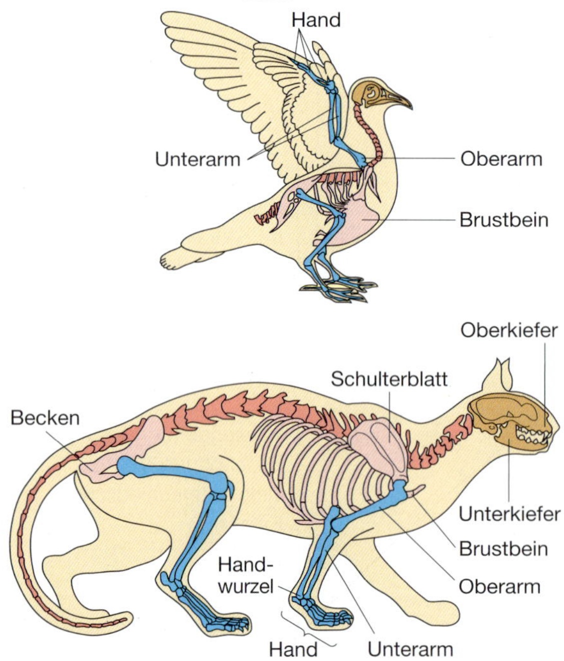

2 Vogelskelett und Katzenskelett

1 Vergleiche die beiden Skelette. Welche Gemeinsamkeiten und Unterschiede kannst du finden?

1 Der Vogelkörper ist an das Fliegen angepasst

Auf dem kleinen See im Stadtpark kann man viele Wasservögel beobachten. Besonders auffällig sind die ruhig dahinschwimmenden Schwäne. Einer dieser Vögel schlägt plötzlich heftig mit den Flügeln, läuft eine weite Strecke auf dem Wasser und erhebt sich in die Luft. Mit kräftigen Flügelschlägen entschwindet er in die Ferne. Wie kann dieser große, schwer erscheinende Vogel fliegen?

Ein Schwan hat etwa die gleiche Körpergröße wie z.B. ein Biber, ist aber wesentlich leichter. Im Vergleich mit Biberknochen sind seine Knochen sehr *dünnwandig* und mit *Luft* statt mit Knochenmark gefüllt. Besonders das Kopfskelett ist sehr leicht. Dadurch ist der Vogel beim Fliegen nicht kopflastig. Auch enthält der Schnabel des Schwans keine schweren Zähne, sondern er besteht aus leichtem Horn. Aus diesem Material sind auch die Federn aufgebaut.

Der innere Bau des Vogelkörpers zeigt ebenfalls die Leichtbauweise. Von den Lungen führen *Luftsäcke* zwischen die Eingeweide, in die Muskeln und sogar in die Knochen. Die Lungen können dadurch viel mehr Luft aufnehmen und sind besonders leistungsfähig.

3 Angepasstheiten des Vogelkörpers an das Fliegen

Die Wirbel der Wirbelsäule sind mit Ausnahme der Halswirbel untereinander verwachsen und bilden eine *starre Achse.* So kann sich der Rumpf beim Fliegen nicht verbiegen. Der Körper bleibt *stromlinienförmig* und erzeugt in der Luft nur geringen Widerstand.

Das *Brustbein* ist stark vergrößert. Besonders auffällig ist der große *Brustbeinkamm.* Hier sind die kräftigen *Flugmuskeln* angewachsen. Durch die Flugbewegungen wirken starke Kräfte auf den Brustkorb ein. Der Schultergürtel wird durch Knochen wie die beiden *Rabenschnabelbeine* und das *Gabelbein* besonders gestützt.

Die Leichtbauweise des Körpers zeigt sich auch in der Ernährungsweise. Da die Zähne fehlen, kann die Nahrung nicht gekaut werden. Sie wird in einer Erweiterung der Speiseröhre, dem *Kropf,* eingeweicht. Harte Körner werden im *Kaumagen* durch kleine Steinchen, die beim Fressen aufgenommen werden, zerrieben. Die Nahrungsreste werden schnell wieder ausgeschieden. Der Kot wird in kleinen Portionen abgesetzt. Sogar während des Auffliegens wird meist ein kleiner *Kotspritzer* fallen gelassen. So wird das Körpergewicht durch das Gewicht der Nahrung kaum verändert. Mit dem Kot wird auch weiße *Harnsäure* ausgeschieden, die in den Nieren gebildet wird. Eine Harnblase fehlt, sodass sich kein „schwerer" Harn ansammeln kann. Körperbau und Stoffwechsel der Vögel sind also an das Fliegen angepasst.

Vögel sind dem Fliegen durch die Leichtbauweise ihres Körpers angepasst. Dazu gehören die luftgefüllten Knochen, das Fehlen der Zähne und das Baumaterial Horn.
Weitere Angepasstheiten sind die Stromlinienform, die starre Körperachse, die leistungsfähige Atmung, die kräftige Flugmuskulatur und die Ernährungs- bzw. Verdauungsweise.

2 Wieso soll man einem Hund keine Vogelknochen zum Fressen geben?

3 An einem gebratenen Hähnchen kannst du den Bau des Skeletts und der Knochen eines Vogels betrachten:

a) Untersuche das Brustbein und den Brustbeinkamm.

b) Versuche einen Oberarmknochen des Hähnchens zu zerbrechen. Zerschneide dann diesen Knochen mit einer Geflügelschere. Erkläre den Unterschied zu einem Säugetierknochen.

c) Welche Teile des Hähnchens liefern das meiste Fleisch (= Muskeln)?

4 Zeige an einem Papierflieger, dass eine starre Achse für das Fliegen wichtig ist.

5 Vögel haben ein sehr großes Herz. Begründe dies.

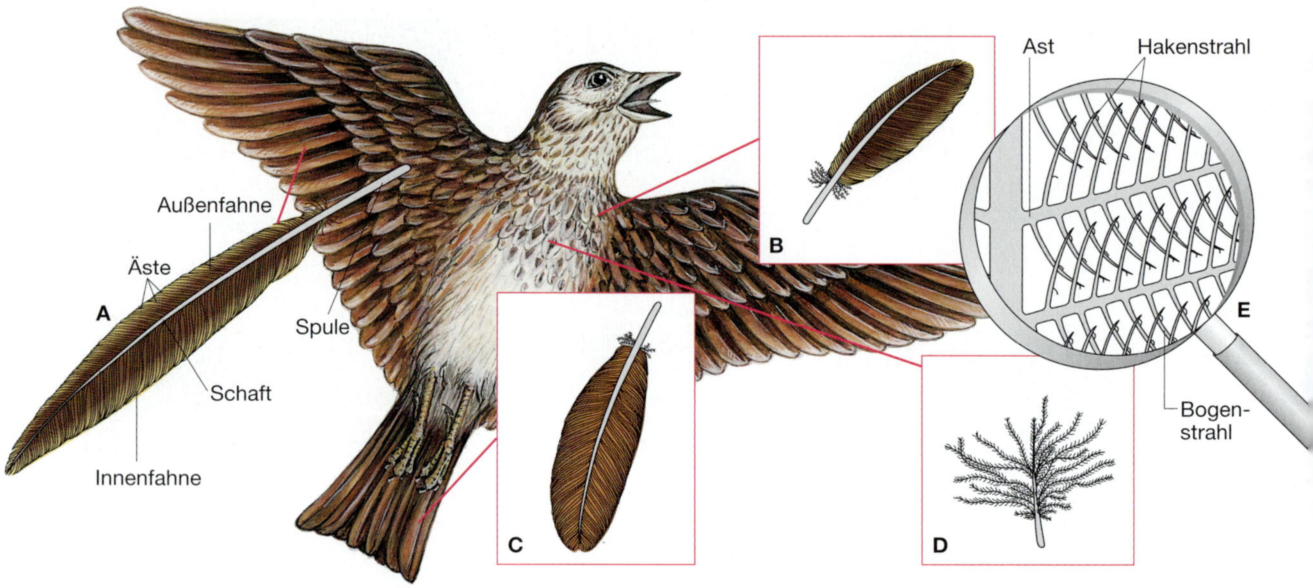

*1 **Vogelfedern (die Federn bestehen aus dem festen, biegsamen und sehr leichten Baumaterial Horn).***
***A** Schwungfeder; **B** Deckfeder; **C** Schwanzfeder; **D** Daunenfeder; **E** Feinbau der Federfahne*

Fachbegriff

Vogelfedern

Die Tragflächen der Flügel werden von den langen *Schwungfedern* gebildet. Man kann sie an den ungleichen Seiten der Fahne erkennen. Der nach außen gerichtete Teil ist wesentlich schmaler als der zum Körper gerichtete Teil. Die *Schwanzfedern* haben eine gleichmäßige Fahne. Sie werden beim Landeanflug gespreizt und bremsen den Flug. Auf der Haut liegen die „federleichten" *Daunenfedern*. Sie schützen den Vogelkörper vor Kälte. Wenn sie nass werden, können sie diese Aufgabe nicht mehr erfüllen. Sie werden deshalb von einer Schicht von *Deckfedern* geschützt.

1 Schneide mit einer Schere einen Federkiel quer. Erläutere deine Beobachtung.

2 Überlege, weshalb man früher z. B. mit Gänsefedern geschrieben hat.

3 Wieso findest du an der Spule keine Äste?

2 Vögel fliegen unterschiedlich

Hast du schon einmal eine Feldlerche über einem Feld oder einer Wiese beobachtet? Mit schnellen Flügelschlägen hebt sich der kleine Vogel in die Höhe und bleibt dann, kräftig zwitschernd, minutenlang in der Luft stehen. Wenn der Vogel landet, gleitet er – meist in einem großen Bogen – schräg nach unten.

Die Lerche kann also auf unterschiedliche Weise fliegen. Das schnelle Auf- und Abschlagen der Flügel erfordert sehr viel Kraft. Man nennt diese Flugart den *Ruderflug*. Beim **Abwärtsschlag** werden die Flügel nach unten und gleichzeitig nach hinten gedrückt. Die Schwungfedern bilden eine geschlossene Fläche. So wird der Vogel durch die Muskelkraft etwas nach oben und vorne bewegt. Beim **Aufwärtsschlag** werden die Flügel im Handgelenk abgeknickt. Gleichzeitig werden auch die Schwungfedern etwas gedreht. Man kann dies mit der Bewegung der Lamellen einer Jalousie vergleichen. Die Luft kann jetzt zwischen den Federn hindurchströmen. Dadurch verringert sich der Luftwiderstand.

Beim Landeanflug breitet ein Vogel seine Flügel aus, ohne zu schlagen. Wie ein Papierflieger gleitet er zu Boden. Dies nennt man den *Gleitflug*. Erst beim Landen werden die Flügel etwas gedreht und die Schwanzfedern gespreizt. So bremst die Luft den Flug ab.

Ein Mäusebussard oder ein Weißstorch kann lange Zeit in der Luft kreisen, ohne mit den Flügeln zu schlagen. Die Vögel lassen sich von aufsteigender Luft in die Höhe tragen. Die gleiche Technik verwendet man bei Segelflugzeugen. Daher spricht man bei dieser Vogelflugart von *Segelflug*.

Vögel bewegen sich in der Luft mit ihrer Muskelkraft oder sie lassen sich, wobei sie ihre Flügel nicht bewegen, von aufsteigender Luft tragen. Die wichtigsten Flugarten der Vögel sind Ruderflug, Gleitflug und Segelflug.

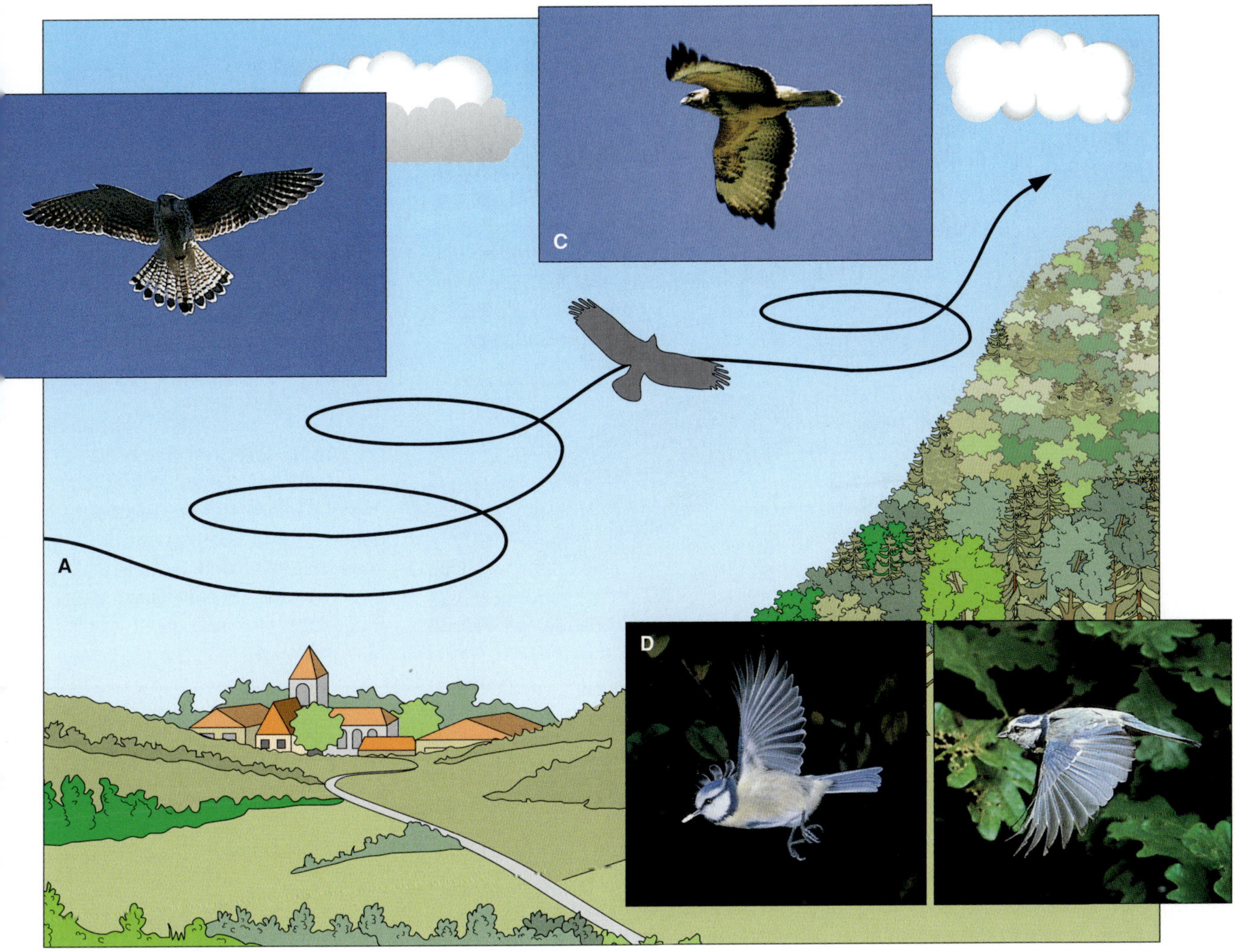

2 **Flugarten der Vögel. A** *Flugbahn eines Mäusebussards;* **B** *Rüttelflug beim Turmfalken;* **C** *Segelflug beim Mäusebussard;* **D** *Ruderflug bei der Blaumeise*

4 Beschreibe die Flugart einer Blaumeise mithilfe der Abbildung 2 D.

5 Nenne die Flugart des Mäusebussards in der abgebildeten Flugbahn.

6 Betrachte die Flügelform des Mäusebussards. Überlege, weshalb diese Flügelform für den Segelflug besonders günstig ist.

7 Ein Turmfalke kann in der Luft „stehen bleiben". Dies nennt man den *Rüttelflug*. Beschreibe die Flügelbewegungen bei dieser Flugart. Gib eine Erklärung. Erläutere die biologische Bedeutung dieser Flugart bei dem abgebildeten Turmfalken.

8 Kolibris können mehr als siebzigmal in der Sekunde mit den Flügeln schlagen. Man nennt dies den *Schwirrflug*. Überlege, weshalb diese Vögel den höchsten Energieverbrauch je Gramm Körpergewicht haben.

3 ***Schwirrflug beim Kolibri***

9 Weshalb kann eine Möwe lange Zeit über dem Meer kreisen, ohne mit den Flügeln zu schlagen?

10 Welche Feder eines Eichelhähers ist hier abgebildet? Begründe deine Antwort.

11 Betrachte den Klettverschluss, z. B. an einem Schuh, mit der Lupe. Erläutere, weshalb man den Bau einer Federfahne mit dem Klettverschluss vergleichen kann.

Streifzug durch die Geschichte

Der Traum vom Fliegen

Der Traum des Menschen, wie ein Vogel fliegen zu können, ist uralt. Der Mensch kann jedoch unmöglich seinen schweren Körper mit befiederten Armen in die Luft erheben. Man hat berechnet, dass der Brustmuskel für diese Leistung 1,5 Meter dick sein müsste. Trotzdem wurde immer wieder versucht, mit Muskelkraft zu fliegen. Leonardo DA VINCI entwarf um 1505 eine Flugmaschine, die mit beweglichen Flügeln fliegen sollte, aber nie gebaut wurde. 1811 wagte der „Schneider von Ulm“ mit selbst gebauten Flügeln einen Flug über die Donau. Er fiel ins Wasser und wurde zur Spottfigur.

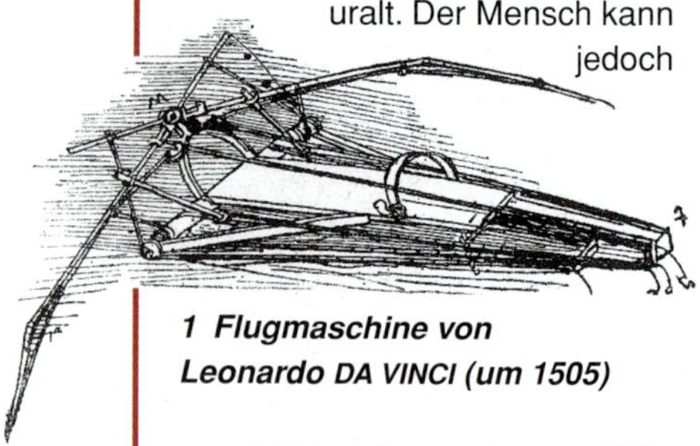

1 Flugmaschine von Leonardo DA VINCI (um 1505)

2 Flugapparat von LILIENTHAL (1891)

Da alle Versuche mit muskelbewegten Flügeln gescheitert waren, musste ein Motor eingesetzt werden. Die Vorarbeit leisteten die Brüder LILIENTHAL in Berlin. Der aus Bayern in die USA eingewanderte Gustav WHITEHEAD soll 1902 den ersten Motorflug durchgeführt haben.

Wesentlich berühmter wurden die Brüder WRIGHT. Sie begannen 1903 mit einem Motorflug von 50 Metern, der 12 Sekunden dauerte. 1909 überflog der Franzose BLÉRIOT den Ärmelkanal. Die weitere Entwicklung des Flugzeugs war nun nicht mehr aufzuhalten.

Methode

Umgang mit der Lupe

Nicht immer ist es möglich, mit dem bloßen Auge Strukturen von Gegenständen genau zu erkennen. Um beispielsweise die Zacken einer Briefmarke gut sehen zu können, benötigst du ein Vergrößerungsglas, eine **Lupe.** Auch kleine Teile von Steinen, Pflanzen und Tieren lassen sich mit einer Lupe besser erkennen. Mit einer guten Lupe kannst du bis zu 10fach vergrößern.

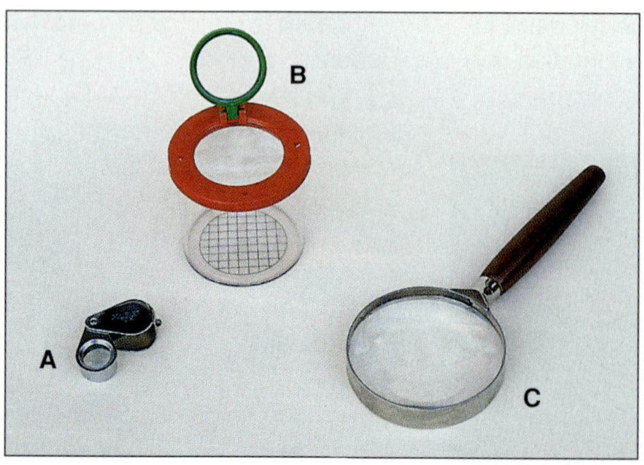

***1 Lupentypen. A** Einschlaglupe; **B** Becherlupe; **C** Stiellupe*

Regeln für den Umgang mit der Lupe:
1. Halte die Lupe zwischen ein Auge und das Objekt, das du betrachtest.
2. Schließe beim Betrachten des Objektes das andere Auge und sieh mit dem offenen Auge durch die Lupe hindurch.
3. Verändere langsam den Abstand zwischen Lupe und Objekt, bis du das Objekt gut erkennen kannst.

Zur stärkeren Vergrößerung eines Objektes kannst du eine **Stereolupe** benutzen. Mit diesem Gerät lässt sich ein Objekt gleichzeitig mit beiden Augen betrachten. So entsteht ein räumliches Bild, das noch feinere Strukturen sichtbar macht. Stereolupen werden auch als Stereomikroskope bezeichnet und weisen meist eine Gesamtvergrößerung von 20fach bis 40fach auf.

1 Betrachte verschiedene Federarten, Fellproben, Sand, Laubblätter, kleine Blüten oder ähnliche Dinge mit der Lupe und mit der Stereolupe, möglichst bei gleicher Vergrößerung. Vergleiche deine jeweiligen Bildeindrücke. Berichte.

1 ***Stockenten.*** ***A*** *Siebschnabel;* ***B*** *Ente auftauchend, Schwimmbeine;* ***C*** *gründelnde Ente*

3 Vögel – angepasst in Körperbau und Verhalten

3.1 Enten sind Schwimmvögel

In der Nähe eines Gewässers kannst du mit etwas Glück viele verschiedene Wasservögel beobachten, zum Beispiel Teichhühner, Blesshühner, Schwäne; Gänse und Enten. Am häufigsten und daher am bekanntesten unter diesen *Schwimmvögeln* ist die **Stockente.** Sehen wir sie uns einmal näher an.

Ein Stockentenpärchen watschelt unbeholfen zum Ufer. Bei jedem Schritt schwanken ihre Körper hin und her. Jetzt springen sie ins Wasser und von nun an gleiten ihre *kahnförmigen* Körper mühelos durchs Wasser. Der Körper wird durch die beiden Beine angetrieben. Zwischen den Zehen der Stockente befinden sich *Schwimmhäute.* Sie wirken wie ein Paddel und ermöglichen es dem Tier, sich schnell fortzubewegen. Ziehen sie ihre Beine nach vorn, legen sich die Zehen zusammen. Stoßen sie die Beine nach hinten, spreizen sich die Zehen mit den Schwimmhäuten und drücken so den Körper nach vorn.

Von Zeit zu Zeit „stellen" sich die Enten im Wasser auf den Kopf. Sie tauchen dabei mit dem Vorderkörper und halten mit ihren Füßen das Gleichgewicht. Sie *gründeln.* Dabei suchen sie mit ihrem *Seih-* oder *Siebschnabel* nach Wasser- und Uferpflanzen, Schnecken, Würmern, Kaulquappen und manchmal auch kleinen Fröschen. Stockenten sind Allesfresser. Nach dem Auftauchen drückt die dicke und fleischige Zunge das aufgenommene nahrungsreiche Wasser seitlich durch die Hornleisten der Schnabelränder. So bleiben die festen Nahrungsteilchen zurück und werden anschließend verschluckt. Wieder an Land, pflegen die Enten sorgfältig ihr Gefieder. Dazu entnehmen sie mit ihrem Schnabel Fett aus der Bürzeldrüse unter der Schwanzwurzel. Dann ziehen sie Feder für Feder des Deckgefieders durch den Schnabel. Auf diese Weise wird das Gefieder Wasser abstoßend und der Körper bleibt trocken. Unter den Deckfedern befinden sich die Daunenfedern. Sie speichern Luft und wirken damit wie ein „Luftkissen". Eine dicke Fettschicht unter dem Gefieder sorgt für zusätzlichen Kälteschutz.

Schwimmvögel sind durch den Bau ihres Körpers an ihren Lebensraum angepasst.

1 An welchen Merkmalen kannst du erkennen, dass die Stockente ein Schwimmvogel ist?

2 Beschreibe den Nahrungserwerb einer Stockente.

1 **Mäusebussard. A** *Auf dem Ansitz;* **B** *Hakenschnabel;* **C** *Beuteanflug*

3.2 Der Mäusebussard – ein geschickter Jäger

Auf einem Zaunpfahl am Wiesenrand sitzt bewegungslos ein Mäusebussard. Er hält Ausschau nach Beute. Seinen scharfen Augen entgeht nicht die geringste Bewegung. Plötzlich breitet er die Flügel aus und streicht ab. Mit ausgebreiteten Schwanzfedern bremst er den Flug kurz über dem Boden. Die Fänge sind mit gespreizten Zehen weit vorgestreckt. Zielsicher greifen sie eine Maus, die durch die dolchartigen Krallen dieser *Greiffüße* sofort getötet wird. Mit der Beute fliegt der **Greifvogel** zu seinem Kröpfplatz, zum Beispiel einem Baumstumpf. Hier reißt er mit seinem *Hakenschnabel,* dessen Ränder wie Scheren arbeiten, große Stücke aus der Beute heraus und verschlingt sie mit Haut und Haaren. Die Nahrung wird im Magen von Verdauungssäften zersetzt. Unverdauliche Reste wie Federn, Haare und Knochen werden zusammengepresst als *Gewölle* wieder herausgewürgt.

Das Jagdrevier des Bussards sind Felder und Wiesen in Waldnähe. Neben Mäusen jagt er auch junge oder kranke Tiere, Käfer, Schnecken und Eidechsen.

In der Nähe ihres Jagdreviers bauen Bussardpaare in hohen Bäumen ihr Nest, den **Horst.** In diesem Horstrevier befindet sich auch der Schlafbaum des Bussards. Das Weibchen legt im Frühjahr zwei bis drei Eier. Die Jungen sind Nesthocker. Sie werden von den Eltern bis zum Herbst betreut.

3 **Kröpfplatz**

2 **Mäusebussard. A** *Mit Beute;* **B** *Greiffuß*

Greifvögel haben einen starken, scherenartigen Hakenschnabel, Greiffüße mit dolchartigen Krallen und scharfe Augen.

1 Landwirte und Förster stellen Sitzwarten für Bussarde auf. Begründe.

2 Auf der Pinnwand Seite 57 sind die Flugsilhouetten von fünf einheimischen Greifvögeln abgebildet. Welche sind es?

Name: *Sperber*
Spannweite: ♀ 72 cm; ♂ 62 cm
Lebensraum: Wald mit Lichtungen
Nahrung: Kleinvögel bis Drosselgröße
wichtige Merkmale: kleiner Kopf, kurze, runde Flügel, langer Schwanz; kann leicht mit dem größeren Habicht verwechselt werden

Name: ***Habicht***
Spannweite: ♀ 114 cm; ♂ 97 cm
Lebensraum: Wald- und Parklandschaften
Nahrung: Vögel bis Taubengröße, kleinere Säugetiere
wichtige Merkmale: vom etwas kleineren Sperber nicht leicht zu unterscheiden

Name: ***Turmfalke***
Spannweite: 70 cm
Lebensraum: Äcker, Wiesen, Parks
Nahrung: Mäuse und Insekten
wichtige Merkmale: spitze Flügel; langer, abgerundeter Schwanz; Rüttelflug

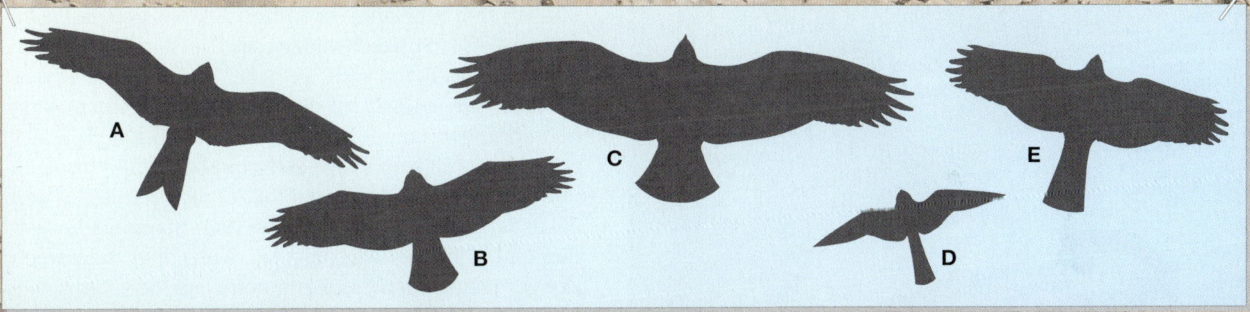

Name: ***Roter Milan***
Spannweite: 155 cm
Lebensraum: Wald mit großen Lichtungen
Nahrung: kleine Wirbeltiere, auch Aas
wichtige Merkmale: tief gegabelter Schwanz; leicht gewinkelte Flügel

Name: ***Mäusebussard***
Spannweite: 130 cm
Lebensraum: offene Landschaften mit Waldstücken
Nahrung: meist Kleinsäuger, auch Aas
wichtige Merkmale: kräftiger Körper; kurzer und breiter Schwanz; breite Flügel

Name: ***Steinadler***
Spannweite: 210 cm
Lebensraum: Gebirge, weite Ebenen
Nahrung: kleine Säuger, Vögel, Aas
wichtige Merkmale: große, breite Flügel

1 ***Buntspecht. A*** *vor der Höhle;* ***B*** *Meißelschnabel;* ***C*** *Kletterfuß;* ***D*** *Stützschwanz;* ***E*** *Einsatz der Schleuderzunge bei der Nahrungssuche*

3.3 Spechte – Kletterer unter den Vögeln

Im Frühjahr kannst du in Laub- und Mischwäldern ein weithin schallendes Hämmern hören. Wenn du diesen „Trommelwirbeln" nachgehst, findest du einen **Buntspecht,** der in schneller Folge mit seinem Schnabel auf einen Ast hämmert. Da er nicht singen kann, grenzt er auf diese Weise sein Revier gegen Rivalen ab und lockt gleichzeitig paarungsbereite Weibchen an.
Hat sich ein Spechtpaar gefunden, meißelt es eine **Nisthöhle** in einen Baumstamm. In der Nisthöhle werden 4 bis 7 Eier gelegt und ausgebrütet. Die Jungen sind Nesthocker. Sie kommen nackt und blind zur Welt. Von den Eltern gefüttert und betreut sind sie nach 3 bis 4 Wochen flügge.

Der Specht ist in besonderer Weise an das Leben auf Bäumen angepasst. Die **Kletterfüße** verankern den Körper fest in der rauen Borke eines Baumstammes. Die Zehen haben scharfe, gebogene Krallen. Zwei Zehen sind nach vorn gerichtet. Sie wirken wie Aufhängehaken. Die beiden anderen Zehen stehen nach hinten und stützen den Specht ab. Beim Sitzen wird zusätzlich der Schwanz gegen den Stamm gepresst. Die Federn dieses **Stützschwanzes** sind verstärkt. Sie geben dem Vogel sicheren Halt.
Bei der Nahrungssuche hüpft der Buntspecht in kleinen Sprüngen einen Baumstamm hinauf. Durch kräftige Schläge mit seinem **Meißelschnabel** legt er Insekten und Larven unter der Borke frei. Dabei benutzt er den etwas längeren, in einer senkrechten Schneide endenden Oberschnabel wie eine Axt. Mit seiner biegsamen Zunge, die er mehrere Zentimeter aus dem Schnabel herausstrecken kann, erreicht er auch tiefer im Holz liegende Beutetiere. Die Zungenspitze trägt harpunenartige Widerhaken. Mit ihr werden größere Beutetiere aufgespießt. Kleinere Tiere bleiben an der klebrigen **Schleuderzunge** hängen.

Spechte sind mit Meißelschnabel, Kletterfüßen, Stützschwanz und Schleuderzunge besonders gut für das Leben auf Bäumen ausgerüstet.

1 Förster lassen häufig alte oder morsche Bäume als „Spechtbäume" im Wald stehen. Begründe.

2 Beschreibe mithilfe der Abbildungen 1 A bis E Anpassungen des Spechtes an ein Leben auf Bäumen.

3 Erstelle zwei Steckbriefe zu weiteren Klettervögeln. Arbeite dazu z. B. mit einem Tierlexikon.
Trage Informationen zu Größe, Lebensraum, Nahrung und Fortpflanzung zusammen.

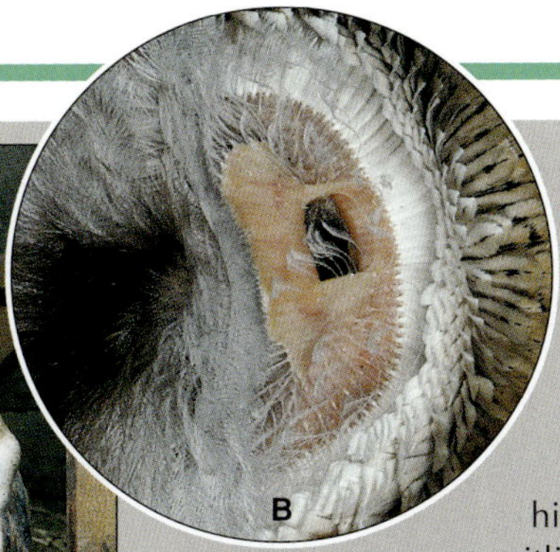

1 Schleiereulen.
***A** Paar; **B** Ohr;*
***C** im Beuteanflug;*
***D** Greiffüße*

3.4 Eulen sind lautlose Nachtjäger

Es ist Nacht. Im fahlen Mondlicht fliegt mit ruhigem Flügelschlag ein etwa krähengroßer Vogel völlig lautlos dahin. Es ist eine Schleiereule. Plötzlich macht sie eine Kehrtwende, um dann mit hochgestellten Flügeln und vorgestreckten Fängen, den *Greiffüßen,* auf den Boden herabzugleiten. Als sie sich wieder erhebt, hält sie eine Maus in ihrem kurzen *Hakenschnabel.* Sie hat sie durch einen Biss ins Genick getötet und fliegt damit zu ihrem *Kröpfplatz,* wo sie die Maus unzerteilt verschluckt.

Eulen sind *nachtaktiv.* Sie meiden die Helligkeit und verbringen den Tag in ihren Verstecken. Als ursprünglicher Felsbewohner ist die Schleiereule zum Kulturfolger geworden. Sie findet in dem vom Menschen geprägten Lebensraum Unterschlupf in Scheunen und Kirchtürmen und ein reichliches Nahrungsangebot.

Eulen haben ein seidenweiches Gefieder und besitzen feine Fransen an den Rändern ihrer äußersten Schwungfedern. Sie fliegen dadurch so leise, dass die Mäuse sie nicht hören können. Eulen besitzen besonders *lichtempfindliche* Augen. Mit ihnen können sie sich in einer wolkenverhangenen Nacht noch gut orientieren. Der Mäusefang gelingt ihnen ausschließlich mithilfe ihres *äußerst feinen Gehörs.* Die Ohren liegen seitlich neben den Augen in dem für Eulen typischen Gesichtsschleier. Dieser wird von zwei die Augen umgebenden Federtrichtern gebildet. Sie wirken wie Hörrohre und leiten die Geräusche in das Ohr hinein. Die bei Uhus und Waldohreulen oben auf dem Kopf sichtbaren „Ohren" sind dagegen Federgebilde, die mit dem Hören nichts zu tun haben.

Zum Verdauen suchen Eulen einen bestimmten Platz auf. Weiße Kotspritzer an Kirchtürmen oder Scheunenwänden weisen oft auf solche Plätze hin. Da die Verdauungssäfte der Eulen nicht so stark sind, dass Knochen, Haare und Federreste aufgelöst werden, würgen sie die unverdaulichen Nahrungsreste als Speiballen oder **Gewölle** wieder aus.

Die Schleiereule brütet in Ruinen, in Kirchtürmen, in Scheunen und auf Dachböden. Auf Nistmaterial verzichtet sie. Die Eier werden in 30 bis 34 Tagen vom Weibchen ausgebrütet. In dieser Zeit wird es vom Männchen mit Nahrung versorgt. Die Jungen sind *Nesthocker.* Sie werden mit Wühlmäusen und Feldmäusen gefüttert. Nach etwa 60 Tagen verlassen sie das Nest. Schleiereulen bleiben auch im Winter bei uns. In besonders schneereichen Wintern, wenn die Schneedecke die Mäuse verbirgt, sterben viele an Hunger.
Neben der Schleiereule kommen bei uns auch noch andere Eulenarten vor. Gar nicht so selten sind *Waldohreule, Waldkauz* und *Steinkauz.* Sie leben in lichten Wäldern, Parks und offenen Landschaften.

Eulen sind Nachtjäger. Sie sind durch große Augen, ein feines Gehör und einen lautlosen Flug für die nächtliche Mäusejagd gut ausgestattet.

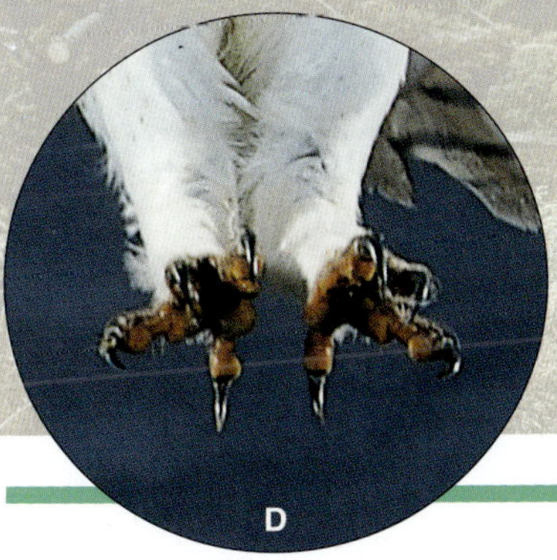

1 ***Afrikanischer Strauß. A*** *weiblicher und männlicher Strauß in der Steppe;* ***B*** *Lauffuß*

3.5 Vögel, die nicht fliegen

Die Vögel besitzen Flügel und Federn. Trotzdem können nicht alle fliegen. Zu diesen flugunfähigen Vögeln gehören zum Beispiel der Strauß und der Kaiserpinguin.
Der Lebensraum des **Straußes** ist die flache afrikanische Steppe. Wie ist der 2,60 m große und bis 160 kg schwere Laufvogel an diese Umwelt angepasst? Der Kopf mit den scharfen Augen sitzt auf einen langen, sehr beweglichen Hals. Damit kann der Strauß seine Feinde wie Löwen und Geparden schon von weitem erkennen und rechtzeitig flüchten. Seine langen Beine besitzen muskulöse Oberschenkel. So kann er bei einer Schrittlänge von vier Metern Geschwindigkeiten bis zu 70 Stundenkilometern erreichen. Werden Strauße angegriffen, können sie sich mit kräftigen Tritten sehr gut verteidigen.
Jeder Fuß besitzt eine Hauptzehe und eine nach außen gerichtete Nebenzehe. Dicke Schwielen verhindern ein Einsinken im Boden. Derbe Hornhäute und Hornschilder schützen die Zehen gegen Hitze und scharfkantige Steine.

In ganz anderer Umgebung, der Antarktis, finden wir den **Kaiserpinguin.** Er wird bis 100 cm groß und kann 40 kg wiegen. Alle Pinguinarten sind ausgezeichnete Schwimmer und Taucher. Ihr Körper ist spindelförmig und die Flügel sind zu Schwimmflossen umgebildet. Die kurzen Beine und der Schwanz helfen beim Steuern während des Schwimmens. Bei der Jagd nach Fischen kann der Kaiserpinguin mehrere Minuten lang tauchen. Dabei erreicht er Tiefen bis zu 50 m. Mit dem leicht gekrümmten Schnabel wird die Beute gepackt und bereits unter Wasser verschlungen.
Wenn die Pinguine genügend Nahrung erbeutet haben, schießen sie mit einem kräftigen Sprung aus dem Meer an Land.

Wie trotzen die Pinguine dem eiskalten Wasser und dem stürmischen Wind? Ihr Körper ist mit drei Schichten Federn gleichmäßig bedeckt. Diese liegen dachziegelartig übereinander und sind wasserundurchlässig sowie winddicht. Darunter befindet sich zusätzlich noch eine sehr dicke Fettschicht als Kälteschutz.
An Land bewegen sich Pinguine im für sie typischen Watschelgang. Aber beim Tauchen im Meer sind die kleinen, zu Flossen umgebildeten Flügel vorteilhaft.

Strauß und Pinguin sind flugunfähige Vögel. Sie sind durch ihren Körperbau und ihr Verhalten hervorragend an ihren jeweiligen Lebensraum angepasst.

1 Erkläre, wie der Strauß an seinen Lebensraum angepasst ist.
2 Beschreibe die Fortbewegung des Pinguins anhand der Abbildung 2 A.

2 ***Kaiserpinguin. A*** *schwimmend und tauchend;* ***B*** *Kolonie*

Übung

Anpassungen bei Vögeln

A1 Schnäbel – „Werkzeuge“ der Vögel

a) Benenne die folgenden Vogelarten und berichte über deren Nahrung.

b) Ordne den einzelnen Schnäbeln die entsprechenden Werkzeuge zu. Erläutere anhand dieser Beispiele den jeweiligen Nahrungserwerb und die Nahrungsbearbeitung.

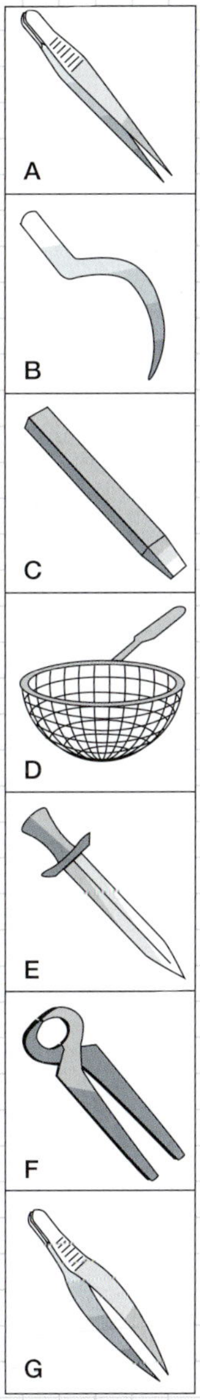

A2 Vogelfüße

a) Benennne die einzelnen Vogelarten und ordne ihnen die entsprechenden Füße zu.

b) Begründe deine Entscheidung mit der Anpassung an die jeweilige Lebensweise.

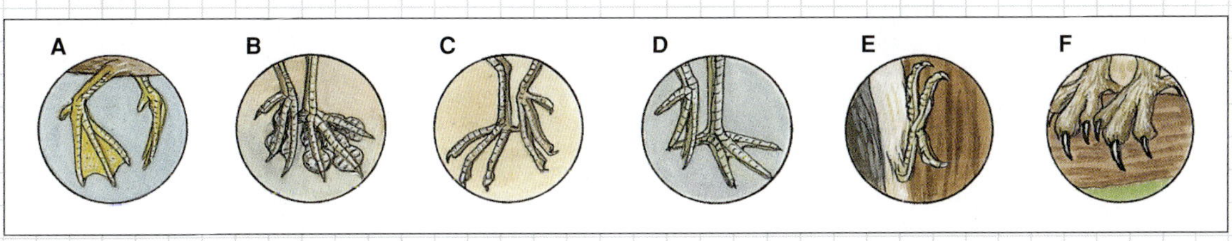

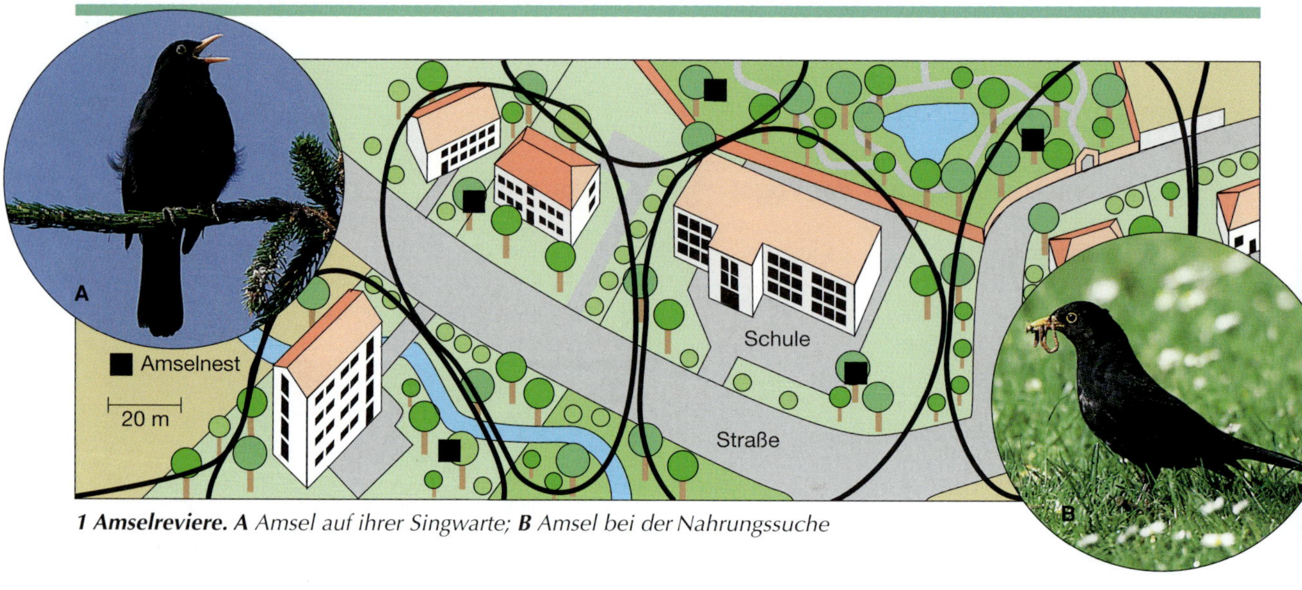

1 ***Amselreviere. A*** *Amsel auf ihrer Singwarte;* ***B*** *Amsel bei der Nahrungssuche*

4 Fortpflanzung und Entwicklung bei Vögeln

4.1 Im Revier der Amsel

a

Amseln kannst du das ganze Jahr über beobachten. Du triffst sie in Gärten, auf dem Schulgelände, auf Wiesen, in Parkanlagen und auf Friedhöfen. Woran erkennst du Amseln auf Anhieb? Männchen und Weibchen unterscheiden sich im **Aussehen.** Amselmännchen besitzen ein glänzend schwarzes Gefieder und einen orangegelben Schnabel. Die Weibchen haben ein dunkelbraunes Federkleid und eine gefleckte Brust.

Schon im zeitigen Frühjahr machen die Männchen durch *Gesang* auf sich aufmerksam. Hoch oben von einer Baumspitze, einem Dachfirst oder einem Laternenpfahl, tragen sie ihr „Lied" vor. Mit ihrem Gesang teilen sie mit, dass hier ihr Gebiet liegt, in dem sie kein anderes Amselmännchen dulden. Es ist ihr **Revier,** das ihnen Möglichkeiten zum Nisten, zur Nahrungssuche und zur Aufzucht ihrer Jungen bietet. Es wird heftig gegenüber Rivalen verteidigt. Nähert sich ein Amselmännchen der Reviergrenze des benachbarten Artgenossen, wird dieses vom Revierinhaber vertrieben. Dabei läuft es dem Rivalen *imponierend* in geduckter Haltung, mit gesenktem Schwanz und in kleinen Schritten entgegen. Drohend umkreisen sich die beiden Rivalen. Kommen sie sich weiter näher, heben sie den Kopf, strecken den Schnabel nach oben und spreizen den Schwanz zu einem Fächer. Nun wird es ernst! Wenn der Eindringling jetzt nicht flieht, kommt es zum „Luftkampf" an der Reviergrenze. Der Unterlegene gibt schließlich auf und flieht. Der Gesang dient aber auch zum Anlocken eines Weibchens. Gewöhnlich erscheinen mehrere Weibchen im Revier, um die das Männchen nun mit bestimmten Bewegungen und Körperhaltungen wirbt. Ein solches Verhalten bezeichnet man als **Balz.**

Meistens suchen sich die Weibchen den „passenden" Partner, der ein für sie geeignetes Revier besitzt. Haben sich ein Amselmännchen und ein Amselweibchen gefunden, paaren sie sich und verteidigen nun gemeinsam das Revier gegenüber Artgenossen.

Sofort nach der Paarung suchen die Amseln nach einem geeigneten Nistplatz, zum Beispiel in einer Hecke, an einer bewachsenen Hauswand, in einem Nadelbaum oder in einem offenen Holzschuppen. Das Weibchen baut dort aus kleinen Zweigabschnitten, Grashalmen, Moos und feuchter Erde ein napfförmiges Nest.

b

c

d

e

f

g

2 Amsel beim Nestbau

3 Brütende Amsel

Erschließungsfeld

Information

Verhalten ist die Fähigkeit eines Tieres in seiner Umwelt bestimmte Bewegungsweisen, Körperhaltungen, Lautäußerungen und Gebärden zu zeigen.
Tiere und Menschen tauschen dabei auf vielfältige Weise Informationen aus. Dabei wird ein Signal von einem Sender zum Empfänger übertragen. Solche Signale wie Laute, andere Verhaltensweisen aber auch Farben oder Gerüche müssen vom Empfänger richtig entschlüsselt werden.

Sobald das Nest fertig ist, legt das Weibchen 3 bis 5 braun gefleckte, grünlich blaue Eier und bebrütet diese anschließend. Nach 13 Tagen schlüpfen aus den Eiern die Jungvögel. Sie sind zunächst noch nackt, blind und hilflos und müssen von den Eltern im Nest gefüttert und gewärmt werden. Man bezeichnet sie daher auch als **Nesthocker.** Von morgens bis abends fliegen die beiden Altvögel mit Regenwürmern, Insekten und Spinnen im Schnabel zum Nest. Sobald sich eine Amsel auf den Nestrand gesetzt hat, nehmen die noch blinden Jungen die Erschütterung wahr, recken ihre Hälse nach oben und sperren ihre Schnäbel weit auf. In diese orangegelben Sperrrachen stopfen die Eltern das Futter. Das *Sperren* der Jungen veranlasst die Amseln, immer weiter zu füttern. Sobald die Jungvögel sehen können, genügt schon das Erscheinen der Altvögel in unmittelbarer Nähe des Nestes, um das Sperren auszulösen. Nach ungefähr 13 Tagen verlassen die Jungvögel das Nest, werden aber noch etwa 8 Tage von den Eltern weitergefüttert. Danach sind sie selbstständig. Amseln betreiben also eine intensive **Brutpflege.**

h

Das *Brutpflegeverhalten* ist den Amseln **angeboren.** Sie haben es nicht erlernt. Auch das Aufsperren der Schnäbel im Nest ist den Jungvögeln angeboren. Zeigt man ihnen eine Attrappe aus Pappe, die bestimmte Merkmale einer Amsel aufweist, sperren sie ihre Schnäbel ebenfalls auf. Sie erkennen ihre Eltern also nicht.

i

Amseln besitzen Reviere. Sie markieren ihre Reviere durch Gesang und verteidigen sie gegenüber Artgenossen. Amseln betreiben Brutpflege. Das Brutpflegeverhalten ist angeboren.

1 Beobachte Amseln bei der Futtersuche. Beschreibe ihr Verhalten. Siehe auch Abbildung 1B.

2 Die Abfolge der Abbildungen a–i zeigt Ausschnitte aus dem Verhalten von Amseln. Beschreibe die einzelnen Abbildungen.

3 Die Attrappenversuche in Abbildung 4 zeigen, was Amseljungen angeboren ist und was sie noch lernen müssen. Erläutere dazu die Teilabbildungen.

4 Brutpflege bei den Amseln.
***A** Fütterung; **B** Attrappenversuche*

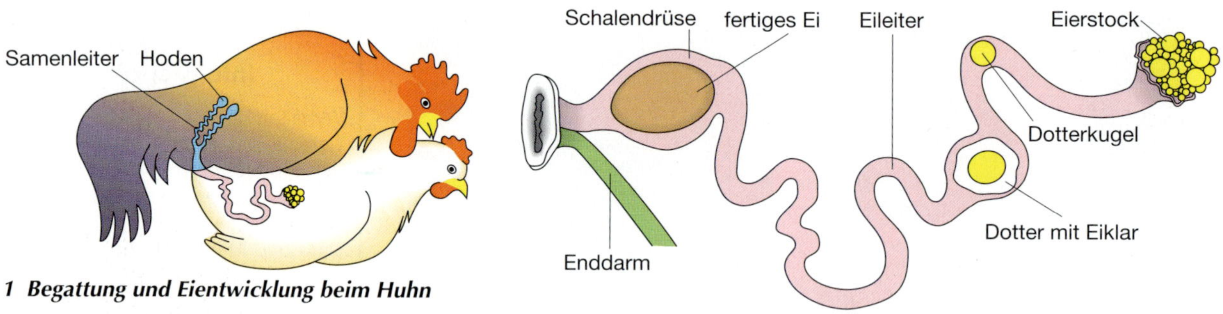

1 Begattung und Eientwicklung beim Huhn

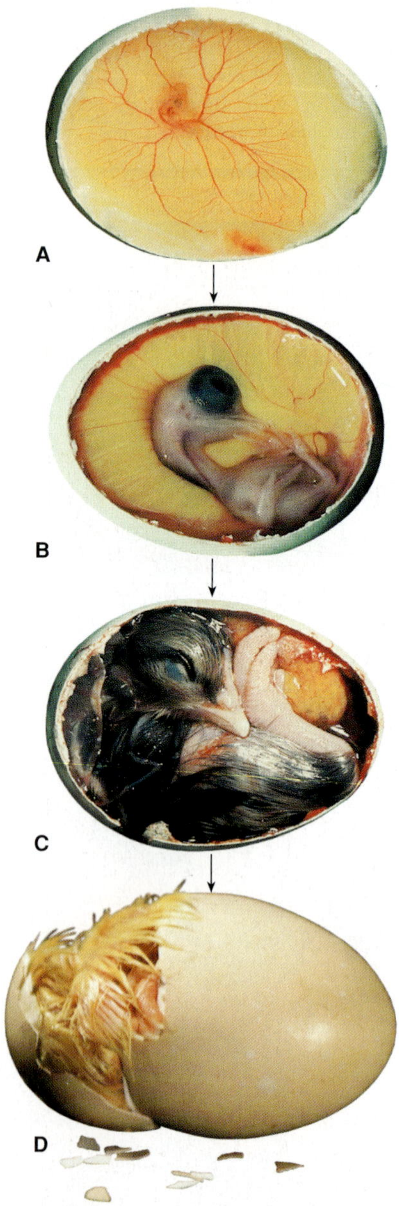

3 Entwicklung des Hühnerkükens.
***A** 6. Bruttag; **B** 14. Bruttag;*
***C** 20. Bruttag; **D** schlüpfendes Küken*

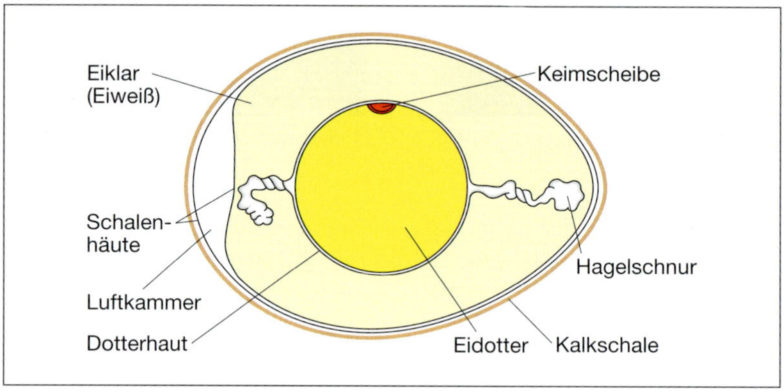

2 Aufbau eines Hühnereies

4.2 Vögel entwickeln sich in Eiern

Max betrachtet sein Frühstücksei. Er weiß, dass sich normalerweise in einem Hühnerei ein Küken entwickelt. Aber wie geschieht das?

Die Entwicklung eines Eies beginnt im Eierstock der Henne. Dort wachsen mit Nährstoffen angereicherte Eizellen, die als *Dotterkugeln* bezeichnet werden, heran. An ihrer Oberfläche liegt die **Keimscheibe** mit dem Eizellkern. Die Dotterkugeln wandern einzeln durch den Eileiter. Wenn ein Hahn eine Henne begattet, dringen Spermazellen in den Eileiter ein. Hier kann das Ei befruchtet werden.

Auf dem weiteren Weg durch den Eileiter werden das *Eiklar* und die beiden *Schalenhäute* beigefügt. Von der Schalendrüse wird die *Kalkschale* gebildet. Etwa 24 Stunden nach der Befruchtung wird das Ei von der Henne gelegt. Zur weiteren Entwicklung braucht das Ei beständige Wärme. Es muss *bebrütet* werden. Die Glucke – so nennt man die Mutterhenne – sitzt ohne Unterbrechung auf dem Gelege, das aus etwa 12 bis 15 Eiern besteht. Die Eier werden von der Henne öfter mit dem Schnabel gewendet. Hierdurch werden sie gleichmäßig durchwärmt. Die Keimscheibe liegt immer oben, also direkt unter der Wärmequelle. Beim Drehen des Eies werden nämlich die *Hagelschnüre,* die den Dotter in Schwebe halten, so verdrillt, dass sie den Dotter wieder in die Ausgangslage bringen. In 21 Tagen entwickelt sich aus der Keimscheibe das Hühnchen. Bereits am zweiten Tag sind die Blutgefäße zu erkennen, die von der Keimscheibe ausgehen und den Dotter überziehen. Sie versorgen den heranwachsenden Embryo mit den Nährstoffen, die im Dotter und im Eiklar gespeichert sind. Nach zwei Wochen sind Schnabel, Augen und erste Federn deutlich zu erkennen.

Kurz vor dem Schlüpfen durchstößt das Küken mit seinem Schnabel die Haut zu der Luftkammer und beginnt mit den Lungen zu atmen. Am 21. Tag bricht es mit dem Eizahn, einer harten Spitze auf dem Oberschnabel, durch die Kalkschale. Zuerst entsteht ein kleines Loch, das vergrößert wird. Dann drückt das Küken gegen die Schalenwände und die Eischale zerbricht.
Das Küken schlüpft jetzt aus dem Ei heraus. Die nassen Daunenfedern müssen trocknen. Nach wenigen Stunden läuft das Küken bereits lebhaft hinter der Henne her, pickt, scharrt und sucht Futter. Hühnerküken verlassen also das Nest sofort nach dem Schlüpfen. Sie sind **Nestflüchter.**

Junge Amseln dagegen sind in den ersten Lebenstagen völlig hilflos. Ihre Augen sind noch geschlossen, das Federkleid fehlt und sie müssen von den Eltern gefüttert werden. Solche Jungtiere nennt man **Nesthocker.**

Vogeleier werden durch eine Kalkschale geschützt und enthalten Nährmaterial für den Embryo. Je nach Entwicklungszustand der frisch geschlüpften Vogeljungen unterscheidet man Nestflüchter und Nesthocker.

1 Warum wendet die Glucke während des Brütens regelmäßig die Eier?
2 Verhindert die Kalkschale die Befruchtung des Eies? Erläutere deine Antwort.
3 Beschreibe die Entwicklung des Hühnerkükens anhand der Fotos.
4 Wie atmet der Embryo?

Hühnereier

Übung

V1 Ein Ei ist keine Kugel

Material: 1 rohes Hühnerei; Tablett; Holzkugel oder Tennisball
Durchführung: Lege Kugel und Ei auf das leicht geneigte Tablett und lass sie rollen.
Aufgabe: Erläutere deine Beobachtungen.

V2 Wir öffnen ein Hühnerei

Material: 1 rohes Hühnerei; Pinzette; Teller; Essig; 2 Glasbecher; etwas Kalk; z. B. vom Wasserhahn
Durchführung: a) Brich mit der Pinzette stückchenweise die Eischale weg. Beginne in der Eimitte, damit du von oben durch das Loch auf den Dotter sehen kannst.
b) Vergrößere jetzt das Loch bis zu den Eipolen. Versuche den Dotter mit der Pinzette zu drehen.
c) Halte ein Stück der Eischale mit der Pinzette gegen das Licht.
d) Gib etwas Essig in beide Glasbecher. Wirf in den ersten Becher ein Stück der Eischale und in den anderen Becher etwas Kalk.
Aufgabe: Beschreibe und erläutere deine Beobachtungen. Ziehe aus den Versuchen Schlussfolgerungen.

Geöffnetes Hühnerei

V3 Wir braten ein Spiegelei

Aufgeschlagenes Hühnerei

Material: 1 rohes Hühnerei; 1 Bratpfanne; etwas Pflanzenöl
Durchführung: Erwärme etwas Pflanzenöl in der Pfanne. Schlage das Ei vorsichtig am Pfannenrand auf und lass den Inhalt in die Pfanne fließen.
Aufgabe: Beobachte, wie sich das Ei beim weiteren Erhitzen verändert.

A4 Eiklar wird erhitzt

Eiklar wird erhitzt

Etwas Eiklar wird auf zwei Reagenzgläser verteilt. In das erste Reagenzglas wird etwas Wasser gegeben und geschüttelt. Es entsteht eine farblose Lösung. Im zweiten Reagenzglas wird das Eiklar erhitzt. Es wird weiß und fest. Man gibt auch hier etwas Wasser dazu und schüttelt. Der feste Klumpen löst sich nicht auf. Erläutere diese Beobachtungen.

5 Der Mensch zerstört den Lebensraum vieler Vögel

1 Gefährdete Vogelarten. ***A*** *Auerhuhn;* ***B*** *Graureiher;* ***C*** *Eisvogel;* ***D*** *Feldlerche*

Viele Menschen kennen aus Büchern oder Filmen das Auerhuhn. In freier Wildbahn ist es aber sehr selten. Wie kommt es, dass ein so bekannter Vogel bei uns fast ausgestorben ist?

Das **Auerhuhn** lebt in vielen Teilen Nord- und Osteuropas sowie den deutschen Mittel- und Hochgebirgen. Betrachten wir seinen Lebensraum einmal näher. Auerhühner bevorzugen Mischwälder mit sumpfigen oder moorigen Stellen. Sie ernähren sich von den Nadeln der Tannen, Fichten und Kiefern. Küken und junge Hühnchen dagegen fressen überwiegend Insekten, insbesondere Rote Waldameisen. Daneben suchen die Auerhühner auch frische Knospen und verschiedene Beeren. Durch die Einführung der Forstwirtschaft veränderte sich der Lebensraum der Auerhühner. Der Mensch pflanzte Wälder an, die überwiegend nur aus einer Baumart bestehen. Feuchte Stellen wurden trockengelegt und die Wälder wurden durch Wege und Straßen erschlossen. Dieser Wandel der Waldlandschaft veränderte den Lebensraum der Auerhühner so stark, dass sie sich immer mehr aus diesen Bereichen zurückzogen. Die *intensive Nutzung der Wälder* ist auch für andere Vogelarten nachteilig. Das Schlagen kranker Bäume führte dazu, dass den Höhlenbrütern vielfach die Nistmöglichkeiten fehlen.

Neben den Wäldern hat der Mensch besonders die Feuchtgebiete und die Flussläufe nach seinen Vorstellungen verändert. Moore oder Wiesen wurden trockengelegt, um sie landwirtschaftlich nutzen zu können. Dadurch verloren Vögel wie der *Weißstorch* oder der **Graureiher** einen Großteil ihres Lebensraumes. Graureiher kamen früher in großen Gebieten Süd- und Westeuropas vor. Sie ernähren sich von Fischen, aber auch von Insekten und Mäusen. Aufgrund der vom Menschen verursachten Nahrungsknappheit werden Graureiher inzwischen oft in Gärten gesehen. In den Elbauen Sachsens und in der Lausitz kann man Graureiher dagegen häufig beobachten.

Der **Eisvogel** lebt an sauberen, fischreichen Gewässern, deren Ufer aus Sand oder Löß bestehen. Dort hinein gräbt er seine Nisthöhlen. Sein Verbreitungsgebiet erstreckte sich ursprünglich über Mittel- und Südeuropa. Durch die *Begradigung der Flussläufe* und die *Befestigung der Ufer* verlor der Eisvogel viele Nistplätze. Ferner wurde durch die *Verschmutzung der Gewässer* der Fischbestand verringert. Dadurch sank die Zahl der Eisvögel in Deutschland beträchtlich.

Eine weitere Ursache für das Vogelsterben sind Veränderungen in der modernen Landwirtschaft. Die Landwirte verwenden in viel stärkerem Maße als früher Mineraldünger sowie Insekten- und Pflanzenvertilgungsmittel. Zur Arbeitserleichterung werden Maschinen eingesetzt, die die menschliche Arbeitskraft ersetzen. Bei der maschinellen Mahd der Wiesen werden viele Jungvögel der Bodenbrüter von den drehenden Messern der Kreiselmäher erfasst und getötet. Oft werden auch ihre Gelege durch die Räder der Traktoren zerstört. Dadurch ist beispielsweise die **Feldlerche** in ihrem Bestand stark gefährdet; denn diese Vogelart brütet bevorzugt auf Feldern und Wiesen. Außerdem fehlen durch den Einsatz von Pflanzenvertilgungsmitteln viele Wildkräuter, die einen Teil der Nahrung der Feldlerche darstellen.

Fachleute sind sich darüber einig, dass nur die Einrichtung von **Naturschutzgebieten** den bedrohten Vogelarten eine wirkliche Überlebenschance bieten kann. Diese Schutzzonen müssen allerdings zusätzlich in den Überwinterungsgebieten Südeuropas geschaffen werden, um auch dort das Überleben der Zugvögel sicherzustellen.

Durch Eingriffe in den Naturhaushalt hat der Mensch viele Lebensräume von Vögeln vernichtet. Naturschutzgebiete können helfen, das Überleben gefährdeter Arten zu sichern.

1 Stelle eine Liste der Eingriffe des Menschen in den Naturhaushalt zusammen.

2 Beschreibe die in der Abbildung 2 dargestellte Veränderung der Landschaft durch den Menschen. Wie hat sich diese auf die Vogelwelt ausgewirkt?

2 Der Mensch verändert die Landschaft

Methode

Einen Steckbrief erstellen

Kranich

Größe: 1,20 m
Vorkommen: brütet in Nord- und Osteuropa; bevorzugt Seen und Sumpfgebiete
gefährdet durch: Lebensraumverlust; fehlende Überwinterungsgebiete in Europa

Großtrappe

Größe: bis zu 1 m
Gewicht: ♂ bis 16 kg, ♀ bis 8 kg
Vorkommen: in einigen Teilen Mittel- und Osteuropas; bevorzugt offenes Gelände; es gibt ein Schutzgebiet in Brandenburg
gefährdet durch: Landwirtschaft (viele Gelege werden zerstört); Hochspannungsleitungen; früher Jagd

Schwarzstorch

Größe: bis zu 1 m
Vorkommen: in Osteuropa, selten in Westeuropa; überwintert in Afrika; bevorzugt abgelegene Wälder und Wiesen; im Osten Deutschlands brüten noch etwa 70 Paare
gefährdet durch: geeignete Brutreviere fehlen; sehr empfindlich bei Störungen

Steckbrieflich gesucht wurden früher Räuber und Verbrecher. Ein Plakat wurde an Polizeistationen und Rathäusern ausgehängt und zeigte ein Bild und wichtige Merkmale des Verdächtigen. So konnte er oft mithilfe der Bevölkerung erkannt und gefasst werden. Auch heute werden Personen über das Fernsehen oder Zeitungen gesucht, indem ihre Kennzeichen durch Fotos, Computerzeichnungen und Beschreibungen möglichst genau dargestellt werden.

Steckbriefe in der Biologie kennzeichnen eine Tier- oder Pflanzenart möglichst knapp und genau. Dabei können verschiedene Gesichtspunkte eine Rolle spielen. Bei **Tieren** können das zum Beispiel Kennzeichen wie Größe, Gewicht und Aussehen sein. Auch der Lebensraum oder das Vorkommen werden häufig in Steckbriefen angegeben. Weitere Vergleichspunkte sind häufig Nahrung, Fortpflanzung und Verhalten. Bei den vorgestellten gefährdeten Vögeln darf natürlich die Ursache ihrer Gefährdung nicht fehlen.
Bei **Pflanzen** enthält ein Steckbrief meist neben dem Artnamen die Größe, die Zugehörigkeit zu einer bestimmten Pflanzenfamilie, die Blütenfarbe und die Blütezeit. Zusätzlich kann ein solcher Steckbrief Informationen zu Früchten oder Zapfen, zur Gefährdung oder zum Schutz enthalten. Bei Giftpflanzen wird außerdem der Hinweis zur Giftigkeit der Pflanze gegeben.

1 Erstelle einen Steckbrief zu einer weiteren gefährdeten Vogelart wie Auerhuhn, Wiedehopf, Weißstorch, Eisvogel oder Uhu.
a) Suche zu der von dir gewählten Tierart Informationen. Verwende dein Lehrbuch, ein Tierlexikon, Fachbücher oder das Internet. Nutze dabei die Stichwörter, die du auf dem Steckbrief des Schwarzstorches findest.
b) Schreibe den Steckbrief zu der Tierart. Vervollständige ihn durch eine möglichst genaue Zeichnung oder ein Foto des Tieres.
c) Hänge den Steckbrief im Klassenraum aus, zum Beispiel auf einer Pinnwand.

1 Fossilfund im Steinbruch

6 Der Urvogel – eine wichtige Entdeckung

Im Jahre 1861 geht im Steinbruch von Solnhofen in Bayern ein Arbeitstag zu Ende. In einer Ecke, am Lagerplatz der Kalksteinplatten, entsteht plötzlich Unruhe. Was hat die Arbeiter so in Aufregung versetzt? Ein ganz besonderes **Fossil** wurde zufällig im Kalkstein entdeckt.

Dieser Tierabdruck wies typische Merkmale eines Vogels auf. Aber er besaß ebenso eindeutige Kennzeichen, die wir nur bei Kriechtieren finden. Wissenschaftler nannten dieses Tier später *Archaeopteryx* („Uralter Flügel") oder einfach **Urvogel.** Seine Kiefer mit Zähnen und die drei freien Finger mit Krallen sind eindeutige Merkmale der Kriechtiere. Aber das Federkleid des Urvogels sowie die hohlen und damit auch sehr leichten Knochen finden wir nur bei den Vögeln. Auch das Armskelett und das Beinskelett sind vogelähnlich.

Die Urvögel lebten vor etwa 150 Millionen Jahren auf unserer Erde. Viele Wissenschaftler nehmen an, dass die Urvögel gut laufen und auf Bäume klettern konnten. Aber sehr gute Flieger waren sie wahrscheinlich nicht. Eher flatternd und gleitend als elegant und ausdauernd fliegend stellen wir uns ihre Fortbewegung in der Luft vor. Archaeopteryx war etwa taubengroß und hat sich wahrscheinlich räuberisch ernährt.

Worin liegt nun die große wissenschaftliche Bedeutung des Urvogelfundes? Die Wissenschaftler erkannten beim Archaeopteryx Merkmale von zwei verschiedenen Wirbeltierklassen, nämlich von den Kriechtieren und von den Vögeln. Damit hatten sie eine **Übergangsform** von den damals lebenden Sauriern zu den bis dahin nicht vorkommenden Vögeln entdeckt. Wir sagen statt Übergangsform manchmal auch *„Brückentier"*, denn der Urvogel hilft uns zu verstehen, wie sich die Tiere in Millionen von Jahren zu den heute vorkommenden Lebewesen entwickelt haben.

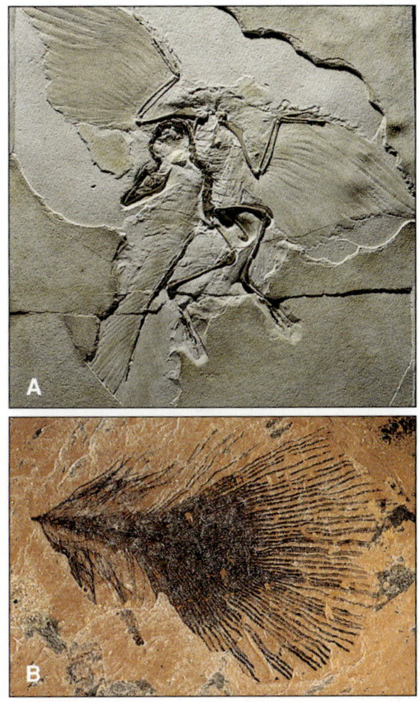

2 Urvogel. A *Gesamtabdruck;*
B *Federabdruck*

Der Urvogel besitzt Merkmale von Kriechtieren und Vögeln. Er ist eine Übergangsform.

1 Stelle in einer Tabelle Kriechtiermerkmale und Vogelmerkmale beim Urvogel gegenüber.

2 Finde ein Körperbaumerkmal, das sowohl bei Kriechtieren als auch bei Vögeln vorhanden ist.

Vernetze dein Wissen

Vögel in ihrem Lebensraum

A 1

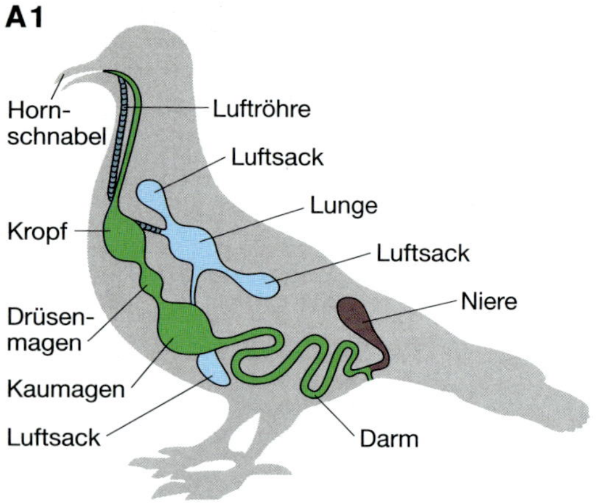

a) Welche Angepasstheiten an das Fliegen sind in der Abbildung dargestellt?
b) Nenne weitere Anpassungen an das Fliegen.

A 2 In einem Biologielehrbuch steht: *„Die Bürzeldrüse ist bei der Ente besonders gut ausgebildet. Sie liegt auf der Körperoberseite über dem letzten Schwanzwirbel. Das in ihr gebildete Fett wird mit dem Schnabel herausgedrückt und mit diesem über das ganze Gefieder verteilt. Dieses Verhalten ist für die Ente lebensnotwendig."*
Erläutere, weshalb die Bürzeldrüse für die Ente so wichtig ist.

A 3 In einer Versuchsreihe hat man gemessen, wie weit Vögel gleiten können. In der Tabelle sind diese Gleitstrecken und dazu das Körpergewicht und die Flügelfläche eingetragen.

	Gewicht [kg]	Flügelfläche [cm²]	Gleitstrecke [m]
Taube	0,3	700	90
Adler	4,2	5900	120
Bussard	0,9	2000	170

Erläutere aufgrund der Tabelle die unterschiedlichen Gleitstrecken von Taube, Adler und Bussard.

A 4

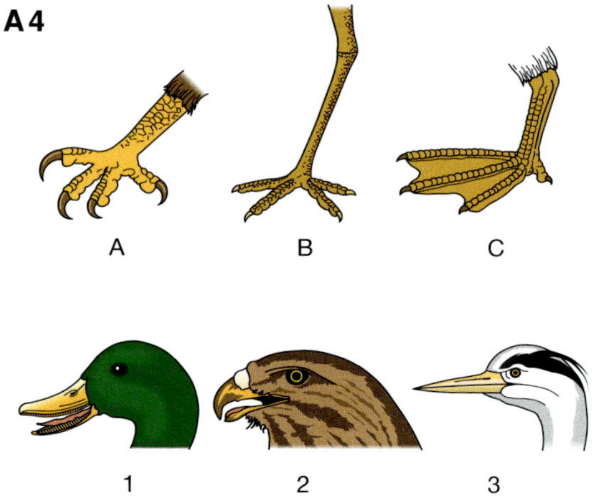

a) Welcher Schnabel gehört zu welchem Vogelfuß? Ordne den Buchstaben die Ziffern zu.
b) Erläutere anhand der abgebildeten Schnabel- bzw. Fußformen, warum Angepasstheiten an den Lebensraum vorliegen.
c) Nenne und erläutere ein weiteres Beispiel für Vögel, deren Schnabel und Fuß speziell an den Lebensraum angepasst sind.

A 5 Geier können hervorragend segeln und gleiten. Mit weit ausgebreiteten Flügeln (A) kreisen sie oft stundenlang ohne eine einzige Flügelbewegung am Himmel. Wenn sie ein sterbendes oder totes Tier am Boden erblicken, winkeln sie die Flügel an (B) und gleiten nun schnell nach unten.

a) In welchem Gelenk wird der Flügel angewinkelt? Nimm die Abbildung auf Seite 50 zu Hilfe.
b) Wieso geht beim Anwinkeln der Flügel das Segeln in ein schnelles Gleiten über? Erläutere. Verwende dabei die physikalischen Fachbegriffe.

A 6 Vergleiche Vögel und Kriechtiere hinsichtlich Körperbau, Körperbedeckung, Atmung, Ernährung und Fortpflanzung. Fertige dazu eine Tabelle an. Kennzeichne mit roter Farbe die Gemeinsamkeiten.

A 7 Pinguin und Strauß haben annähernd die gleiche Körpertemperatur.

Ordne diesen Vögeln den Lebensraum zu. Wie muss das Gefieder der beiden aufgebaut sein? Begründe.

A 8 Zeichne folgendes Gedankennetz in deinen Biologiehefter und ergänze weitere Verhaltensweisen einer Amsel (zehn Begriffe).

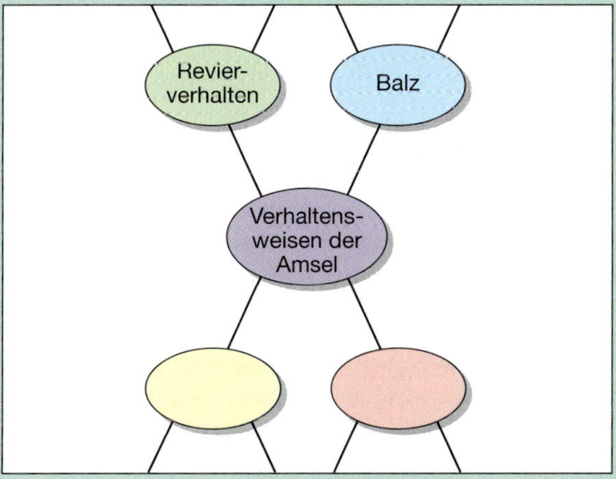

A 9 Welche der folgenden Aussagen sind zutreffend?
a) Der Gesang des Amselmännchens erfolgt aus Lebensfreude.
b) Das Amselmännchen grenzt mit seinem Gesang sein Revier ab.
c) Das Männchen lockt ein Weibchen an.

A 10 Welche Aussage stimmt?
a) Jungvögel sperren nur dann ihre Schnäbel auf, wenn die Altvögel mit Futter erscheinen.
b) Jungvögel sperren ihre Schnäbel bei jeder Nestberührung auf.

A 11 Welche Vögel sind hier abgebildet?

A 12 Im folgenden Silbenrätsel geht es um die Aufzucht von Jungvögeln. Finde die richtigen Begriffe.
In-leuch-hilf-ge-sek-Sper-tend-ten-gelb-ren-los
a) In diesem Zustand befinden sich viele Jungvögel nach dem Schlüpfen.
b) Es ist ein großer Bestandteil der Nahrung, mit der Elternvögel ihre Jungen füttern.
c) Dieses Verhalten zeigen Jungvögel bei jeder Erschütterung des Nestes.
d) So sieht die Innenseite der Schnäbel von Jungvögeln aus.

Körperbau, Lebensweise und Verwandtschaft bei Säugetieren

1 Stute mit Fohlen

1 Merkmale von Säugetieren

Ein Fohlen saugt bei seiner Mutter. Hilke und Tina haben die Geburt miterlebt. Sie verbringen ihre Ferien auf einem Reiterhof. Dabei hatten sie vom Tierarzt, Dr. Jansen, erfahren, dass das Muttertier, die *Stute,* nach einer Tragzeit von über 300 Tagen ein Junges zur Welt bringt. Diese jungen Pferde heißen Füllen oder *Fohlen.*

Das Fell des Fohlens war nach der Geburt noch nass. Sorgfältig leckte es die Mutter trocken. Schon bald stellte sich das Fohlen auf seine noch recht wackligen Beine und versuchte die ersten noch unsicheren Schritte. Tina fürchtete, es könnte wieder umfallen. Aber nach wenigen Stunden war es so sicher, dass es der Mutter folgen konnte.

Immer wieder schiebt das Fohlen suchend den Kopf unter ihren Bauch zum *Euter.* Es findet die beiden Saugwarzen, die *Zitzen,* und saugt. Die Milch ist sehr nahrhaft und wird von *Milchdrüsen* im Euter gebildet.

„Ihr werdet sehen", sagt Dr. Jansen, „schon nach wenigen Wochen galoppiert das Fohlen umher und kann schnell laufen und springen."

Tiere, die wie das Pferd lebende Junge gebären und sie säugen, bezeichnet man als **Säugetiere.** Sie haben Haare, die ein dichtes Fell bilden können und sie so vor Kälte und Nässe schützen. Säugetiere atmen mit Lungen. Ihre Körpertemperatur liegt bei 37 °C bis 39 °C. Sie sind gleichwarm. Die meisten Säugetiere sind *Wildtiere.* Einige von ihnen hält der Mensch als *Haustiere,* z. B. Rinder, Hunde, Katzen und auch Kaninchen.

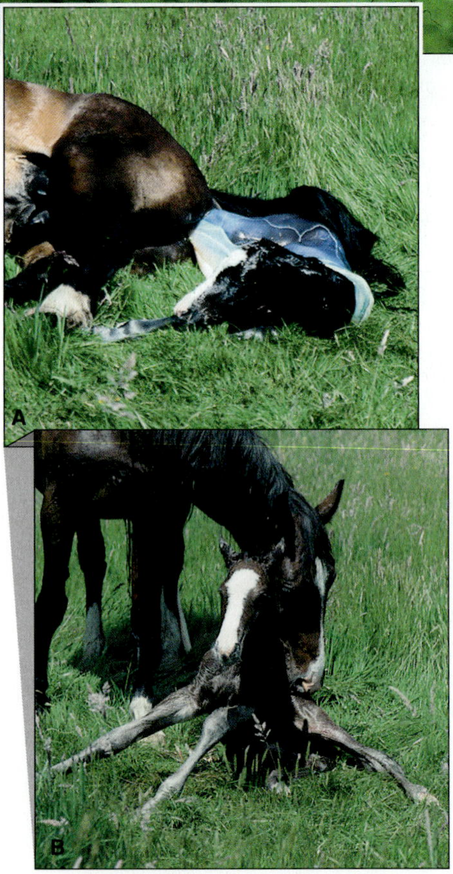

2 Das Pferd – ein Nestflüchter.
***A** neugeborenes Fohlen; **B** nach wenigen Stunden kann es stehen*

Ein Kaninchenweibchen bringt nach einer Tragzeit von etwa 30 Tagen seine Jungen zur Welt. Ein „Wurf" besteht aus vier bis zwölf Jungen. Im

3 ***Brutpflege bei Säugetieren.***
A *neugeborene Kaninchen;* ***B*** *Kaninchen werden gesäugt;*
C *Kaninchen im Nest*

Gegensatz zu den Fohlen werden sie nackt, zahnlos und blind geboren. Erst nach zehn Tagen können sie sehen. Sie sind viel hilfloser als das Fohlen und sie werden von der Mutter in einem Nest gewärmt, das sie mit ihren Brusthaaren ausgepolstert hat. Man nennt Tiere, die im Nest von der Mutter gepflegt werden, **Nesthocker.** Die Jungen werden bis zu zehn Wochen gesäugt. Dieses **Brutpflegeverhalten** ist dem Kaninchen angeboren.

Jungtiere, die wie das Fohlen bei der Geburt weitgehend selbstständig sind, heißen **Nestflüchter.** Einige Säugetiermütter tragen ihre Jungen. Pavianjunge z. B. krallen sich im Fell fest, sodass sie nicht hinunterfallen. Zur Unterscheidung von Nesthockern und Nestflüchtern nennt man sie **Traglinge.**

Tiere, die lebende Junge gebären und sie säugen, nennt man Säugetiere. Ihre Jungen sind bei der Geburt unterschiedlich weit entwickelt. Ein wichtiges Kennzeichen ist die trockene, drüsenreiche Haut mit Haaren.

1 Nenne verschiedene Säugetiere. Ordne sie in einer Tabelle nach Wildtieren und Haustieren.

4 ***Brutpflege bei Säugetieren***

2 Hunde

2.1 Der Hund – das älteste Haustier des Menschen

Sicher hast du schon einmal beobachtet, wie ein Blinder von seinem Hund auf der Straße geführt wird. Das Tier leitet seinen Herrn und bleibt vor Hindernissen rechtzeitig stehen. Für seine Aufgaben wird der *Blindenhund* in besonderen Schulen sorgfältig ausgebildet. Das Training dauert mehrere Monate.

Der Mensch richtet Hunde für viele verschiedene Aufgaben ab. So hält der *Hütehund* die Schafe als Herde zusammen, damit keine Tiere verloren gehen. Hunde bewachen das Haus. Vielleicht hast du dich schon einmal erschrocken, als ein solcher *Wachhund* hinter dem Zaun eines Grundstücks hochsprang und laut bellte. Der *Jagdhund* spürt das Wild auf und stellt es. Der *Spürhund* hilft der Polizei und dem Zoll z. B. beim Aufspüren von Drogen. Wie ist es möglich, dass er in Koffern oder Autoreifen verborgenes Rauschgift findet, obwohl äußerlich nichts zu sehen ist?

Der Hund sucht ständig schnüffelnd mit der Nase am Boden. Sein Geruchssinn ist feiner als der des Menschen. Er reagiert schon auf geringe Duftspuren, die der Mensch nicht wahrnehmen kann. Der Hund ist ein **Nasentier.**

Hunde können nicht nur besser riechen als der Mensch, sie können auch besser hören. Kommt jemand nach Hause, spitzt der Hund die Ohren und „schlägt an". Dabei hört er den Heimkehrenden schon, längst bevor wir ihn wahrnehmen können. Der Hund hat also ein viel feineres Gehör als der Mensch. Der Hund ist deshalb auch ein **Ohrentier.**

Hat der Hund z. B. ein Kaninchen aufgespürt, hetzt er in großen Sprüngen seinem Beutetier hinterher, bis es in seinem Bau verschwindet. Der Hund ist ein **Hetzjäger.** Er hat kräftige Laufbeine. Während der Mensch beim Gehen mit der ganzen Fußsohle den Boden berührt, tritt der Hund nur mit den Zehen auf. Solche Tiere sind **Zehengänger.** Für diese energieintensive

1 Aufgaben des Hundes. ***A*** *Blindenhund;* ***B*** *Hütehund*

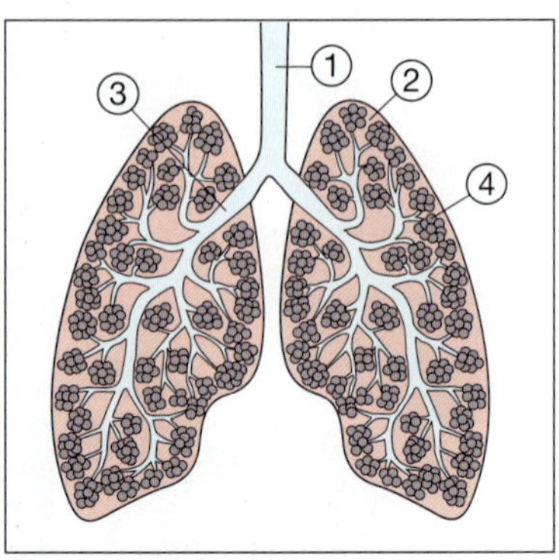

2 Aufbau der Lunge. *① Luftröhre; ② Lungenflügel; ③ Hauptbronchien; ④ Lungenbläschen*

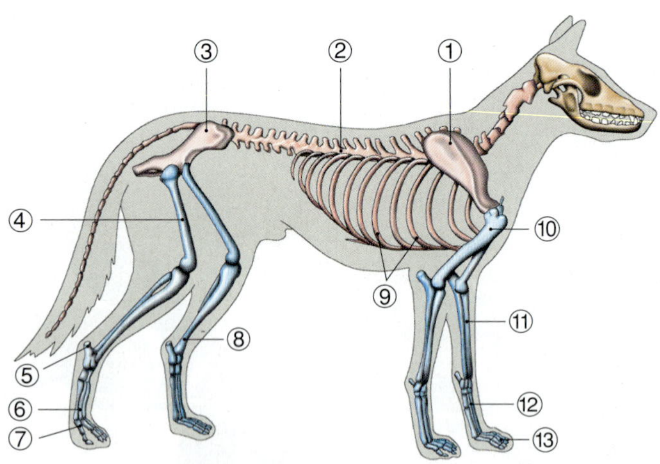

3 Skelett des Hundes. *① Schulterblatt; ② Wirbelsäule; ③ Beckenknochen; ④ Oberschenkelknochen; ⑤ Fersenbein; ⑥ Mittelfußknochen; ⑦ Zehenknochen; ⑧ Unterschenkelknochen (Schienbein, Wadenbein); ⑨ Rippen; ⑩ Oberarmknochen; ⑪ Unterarmknochen (Elle, Speiche); ⑫ Mittelhandknochen; ⑬ Fingerknochen*

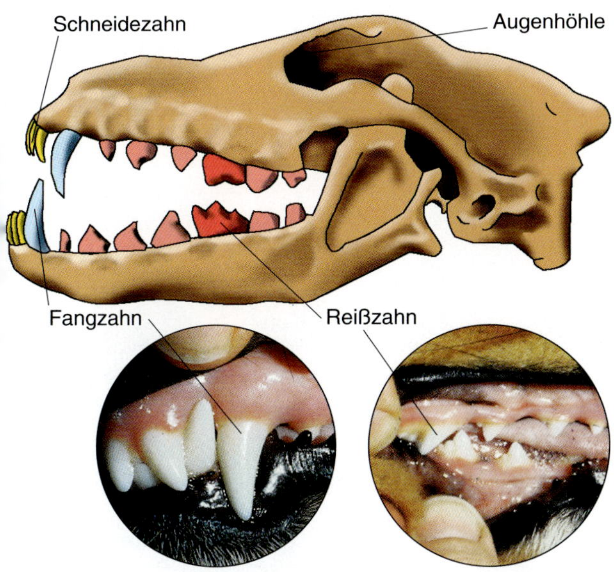

4 Schädel eines Schäferhundes

Jagd hat der Hund eine leistungsfähige **Lunge.** Sie besteht aus zwei Lungenflügeln. Im Inneren befinden sich tausende Lungenbläschen. Hier wird der Sauerstoff der eingeatmeten Luft an das Blut abgegeben.

Fängt der Hund seine Beute, so hält er sie mit seinen langen Eckzähnen, den *Fangzähnen,* fest. Die stärksten Backenzähne sind scharf gezackt. Mit ihnen zerreißt und zerkleinert er das Fleisch, wie du es gut beim Fressen des Hundes beobachten kannst. Diese Backenzähne heißen deshalb auch *Reißzähne.* Wegen dieses Raubtiergebisses gehört der Hund zu den **Raubtieren.**

Der Hund ist ein **Haustier** des Menschen. *Haustiere* entstehen, wenn der Mensch junge *Wildtiere* aufzieht und von diesen nur Tiere zur Fortpflanzung auswählt, die besondere Eigenschaften aufweisen. Durch solche Zucht sind dabei vom Hund über 300 sehr unterschiedliche *Hunderassen* entstanden.

Der Mensch nutzt den Hund für viele Aufgaben.
Der Hund ist ein Nasen- und Ohrentier sowie ein Hetzjäger und Raubtier mit einem Raubtiergebiss.

1 Nenne Aufgaben, für die der Mensch den Hund abgerichtet hat. Nenne auch solche, die im Text nicht aufgeführt sind.

2 Der Hund ist ein Zehengänger. Begründe diese Aussage mithilfe der Abbildung 3.

Streifzug durch die Erdkunde

Wildhunde in Australien

In Australien leben Wildhunde, die *Dingos.* Australien ist der kleinste Erdteil und liegt auf der Südhalbkugel der Erde, ringsum vom Wasser umgeben, 8000 km von Afrika entfernt. Das Klima ist sehr warm. Trockenzeiten wechseln mit Regenzeiten. Im nordöstlichen Küstenbereich gibt es tropische Regenwälder. Im Inneren Australiens liegen ausgedehnte Trockengebiete mit Halbwüsten und Grasland. Australien hat eine eigene Tierwelt, die Beuteltiere, zu denen das Känguru gehört. Auch der Dingo lebt hier seit mindestens 6000 Jahren. Er hat die Größe eines kleinen Schäferhundes mit rötlichem bis gelbbraunem Fell. Dingos sind jedoch keine echten Wildhunde, sondern verwilderte Haushunde. Die aus Südostasien eingewanderten Ureinwohner Australiens brachten den Dingo als Haushund mit. Er verwilderte und ernährte sich von Kängurus und kleinen Beuteltieren. Später schätzte man ihn, weil er die zur Massenplage gewordenen Kaninchen jagte, die die Europäer mitgebracht hatten. Da er auch Schafe riss, wurde er von den Schaffarmern stark verfolgt. Er ist heute selten geworden.

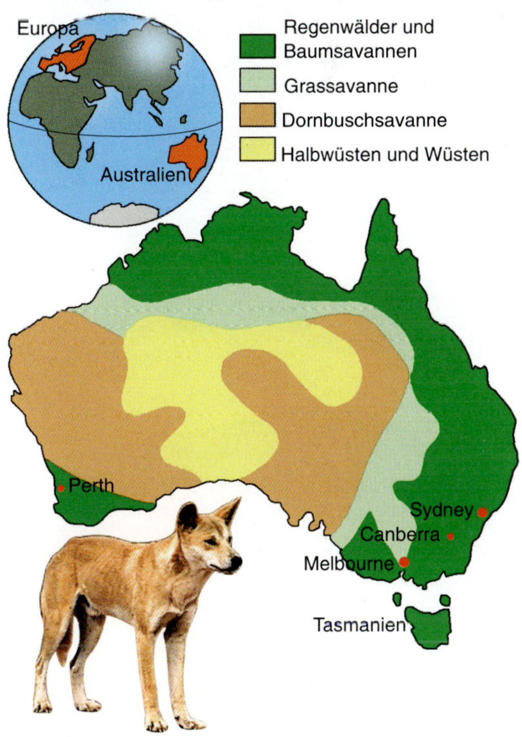

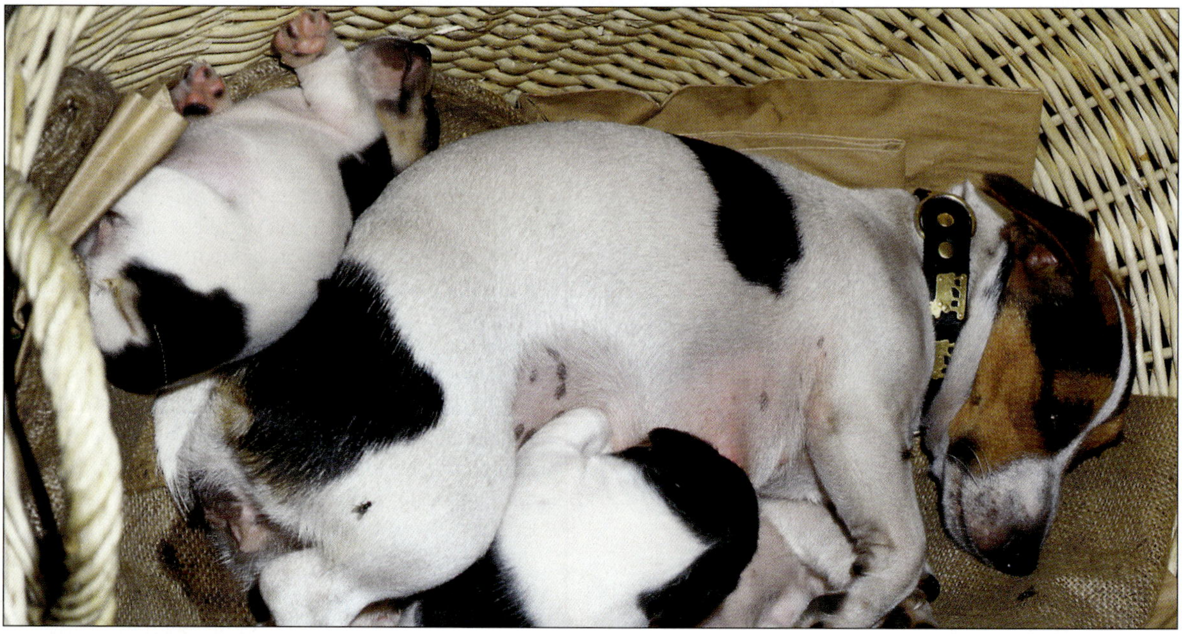

1 Säugende Hündin

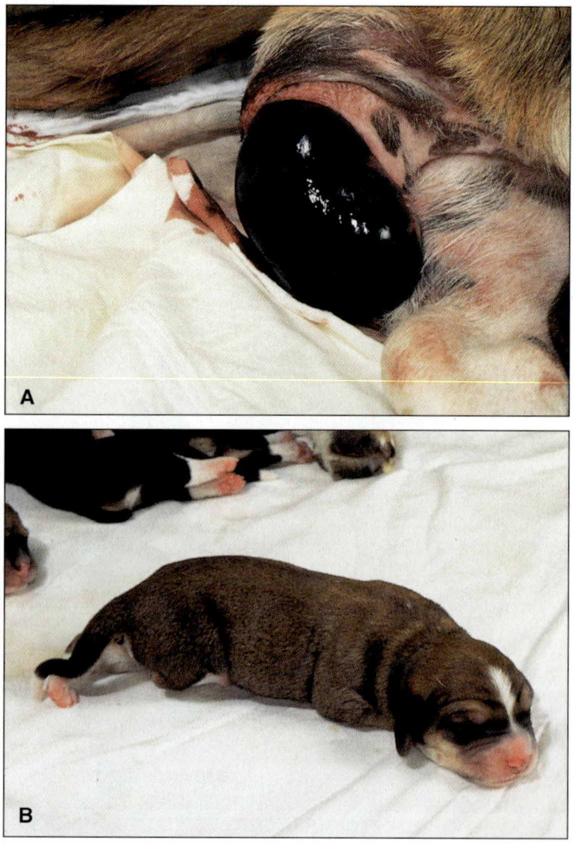

*2 **Ein Welpe wird geboren. A** eingehüllt in der Fruchtblase; **B** einige Minuten alter Welpe*

2.2 Eine Hündin bekommt Junge

Unsere Hündin bekommt Junge. Unmittelbar vor der Geburt wird sie nervös, schnüffelt in allen Ecken und versucht, ein „Nest" zusammenzuscharren. Dann wird der erste Welpe „geworfen". Zunächst sieht man nur eine Blase, die Fruchtblase. Sie umhüllt den Welpen. Nach der Geburt zerreißt sie. Die Hündin leckt nun die Haut des Welpen ab und beißt die Nabelschnur durch. Durch die Leckbewegungen wird der Welpe gleichzeitig angeregt, die ersten Atemzüge zu tun. Zwischen der Geburt der einzelnen Welpen muss sich

Erschließungsfeld

Fortpflanzung

Unter Fortpflanzung versteht man in der Biologie die Erzeugung von Nachkommen. Wenn diese aus Geschlechtszellen entstehen, spricht man von **geschlechtlicher** oder **sexueller Fortpflanzung.**

Die meisten Tiere und Pflanzen, auch der Mensch, pflanzen sich geschlechtlich fort. In den Nachkommen treten oft Merkmale und Eigenschaften der Eltern gemischt nebeneinander auf. So entstehen Nachkommen, die unterschiedliche Merkmalskombinationen aufweisen. Dies wird als **Variabilität** (lateinisch „varius" = verschieden) bezeichnet. Manche Nachkommen weisen eine besonders vorteilhafte Kombination von Eigenschaften auf. Sie haben damit in ihrer Umwelt gesteigerte Überlebenschancen.

die Hündin ausruhen. Die Ankunft jedes Welpen ist mit einem schmerzhaften Zusammenziehen von Muskeln der Gebärmutter, den *Wehen* verbunden.

Junge Hunde sind völlig hilflos. Ihre Augen sind noch geschlossen. Sie können nicht hören und nur unbeholfen kriechen. Man bezeichnet sie daher als **Nesthocker.** In der ersten Woche ihres Lebens schlafen und saugen die Welpen nur. Während des Saugens treten sie mit ihren Vorderpfoten gegen das Gesäuge der Hündin. Dadurch werden die Milchdrüsen angeregt, Milch zu bilden. Die Muttermilch liefert den Welpen für die ersten sechs bis zehn Lebenswochen nicht nur Nahrung, sondern auch genügend Abwehrstoffe gegen die meisten Krankheiten. Die Suche nach den Zitzen, das Saugen und der so genannte „Milchtritt" sind angeborene Verhaltensweisen der jungen Hunde.

Im Alter von 14 Tagen beginnt ein Welpe zu hören und seine Augen sind geöffnet. Genau sehen kann er aber erst eine Woche später. Nun wird er auch aktiver und versucht die ersten Schritte.

Mit 30 Tagen fängt der Welpe an, mit seinen Geschwistern zu spielen. Im Alter von etwa sechs Wochen sind die Milchzähne des Welpen vollständig. Nun kann er feste Nahrung fressen und wird langsam unabhängig von der Hündin. Er erkundet seine Umgebung und lernt im Spiel und in der Begegnung mit anderen Tieren und Menschen wichtige Verhaltensweisen.

Das Aufzuchtverhalten gegenüber ihren Welpen, auch **Brutpflegeverhalten** genannt, ist einer Hündin angeboren. Sie muss es nicht erlernen. Nach dem Säugen leckt die Hündin das Gesicht eines jeden Welpen und entfernt seine Kothaufen. Sie wärmt die Welpen und verteidigt sie bei Gefahr.

Haushündinnen werden zwischen dem 8. und 12. Lebensmonat geschlechtsreif. Danach sind sie zweimal im Jahr zur Paarung mit einem *Rüden* bereit. Sie sind läufig. In dieser Zeit reift in den *Eierstöcken* der Hündin eine unterschiedliche Anzahl von *Eizellen* heran. Rüden dagegen produzieren in ihren *Hoden* viele bewegliche *Samenzellen.* Eine Läufigkeit dauert etwa drei Wochen. Kommt es während dieser Zeit zur **Paarung,** kann die Hündin trächtig werden und Nachwuchs bekommen. Bei der Paarung führt der Rüde seinen Penis in die Scheide der Hündin ein. Er überträgt dabei seine Samenzellen. Verschmelzen Ei- und Samenzelle miteinander, kommt es zur **inneren Befruchtung.** Im Durchschnitt dauert die *Tragzeit* 63 Tage.

Hunde sind Säugetiere. Das männliche Tier heißt Rüde. Nach einer Tragzeit von etwa 63 Tagen wirft eine Hündin bis zu zehn Junge. Die neugeborenen Welpen sind Nesthocker.

1 Hunde sind Säugetiere. Begründe, warum der Hund zu den Säugetieren gehört.

2 Welche Handlungen der Hündin zählen zum angeborenen Aufzuchtverhalten?

3 Neugeborene Welpen werden als Nesthocker bezeichnet. Erkläre den Begriff und nenne weitere Beispiele.

4 Beschreibe die Entwicklung eines Welpen anhand Abbildung 3.

3 Entwicklung eines Welpen.
A *eine Woche;* ***B*** *zwei Wochen;* ***C*** *drei Wochen;* ***D*** *vier Wochen;* ***E*** *sechs Wochen;* ***F*** *acht Wochen*

1 Wolfsrudel und Hunderassen. *A* *Wölfe;* ***B*** *Bedlington-Terrier;* ***C*** *Mops;* ***D*** *English Setter*

2 Lebensbild aus der Steinzeit

2.3 Die Abstammung des Haushundes

Kannst du dir vorstellen, dass Terrier, Mops und Setter vom Wolf abstammen? Sicherlich würdest du aber im Aussehen eine Ähnlichkeit des Schäferhundes mit dem Wolf erkennen. Tatsächlich stammen jedoch alle *Hunderassen* vom Wolf ab. Was haben Hunde mit Wölfen gemeinsam? Die Abbildung zeigt eine Gruppe Wölfe, ein Rudel. Ein **Wolfsrudel** grenzt ein gemeinsames **Jagdrevier** mit Urin und Kot ab. Gegen fremde Wölfe wird das Revier verteidigt. Wölfe wittern die Beute mit ihrem ausgezeichneten Geruchssinn. Sie hetzen hinter dem Wild her, bis es aufgibt. Sie sind *Hetzjäger*. Bei der Jagd können sie unterschiedliche Aufgaben übernehmen. Während ein Teil der Tiere das Wild verfolgt, können ihm andere den Weg abschneiden. Dann töten sie das Beutetier mit ihren Raubtiergebissen. Die Führung beim Jagen hat das stärkste Tier, der *Leitwolf*. Ihm sind die anderen untergeordnet. Es gibt also eine **Rangordnung,** in der jedes Rudelmitglied einen bestimmten Platz einnimmt. Das erkennt man z. B. bei der Begegnung von zwei Wölfen: Der Ranghöhere hebt Kopf und Schwanz, der Rangniedere hält den Schwanz gesenkt. Bei Kämpfen zwischen zwei Rudelangehörigen kann die Rangordnung neu festgelegt werden. Wölfe verständigen sich auch durch Heulen. Sie können so über mehrere hundert Meter hinweg Informationen übermitteln. Dabei *sendet* der heulende Wolf eine Nachricht, die der andere Wolf *empfängt*.

Ähnliche Verhaltensweisen wie der Wolf zeigt auch der Hund. Er ist ebenfalls kein Einzelgänger und sucht die Gemeinschaft. So reagieren Hunde auf das nächtliche Heulen oder Bellen eines anderen

Fachbegriff

Rassen und Arten

Alle Hunderassen stammen vom Wolf ab. Dackel und Pudel sehen sehr unterschiedlich aus; sie können sich jedoch untereinander fortpflanzen. Sie gehören zu unterschiedlichen Rassen. Arten wie Wolf und Fuchs können keine fruchtbaren Nachkommen zeugen.

A sicheres Drohen *– Der Schwanz ist senkrecht gestellt, durch gesträubte Haare buschig.*

B schwaches Drohen *– Unsicherheit; der rangniedere Wolf hält den Schwanz bei Kontakten gesenkt.*

C Abwehr *– Als Zeichen der Unterwerfung wird der Schwanz zwischen die Beine gepresst.*

D *Der überlegene Rüde packt die Schnauze eines rangniederen Rüden.*

3 Verhalten des Wolfs gegenüber anderen Wölfen

Hundes, indem sie mitheulen oder mitbellen. Für den Hund stellen die Menschen, mit denen er zusammenlebt, sein „Rudel“ dar. Seinem Herrn folgt er willig. Er unterwirft sich also einer Rangordnung. Sicher hast du schon *Rüden,* also männliche Hunde, beobachtet, wie sie an Bäumen und Zäunen das Bein heben und etwas Urin verspritzen. Sie setzen Duftmarken wie der Wolf.

Wie kam der Wolf zum Menschen? Man nimmt an, dass die Haustierwerdung des Hundes vor etwa 15 000 Jahren, also in der Steinzeit, begann. Wie das geschah, lässt sich nur vermuten: Vielleicht haben die mit einfachen Waffen jagenden Steinzeitmenschen von Beuteresten der Wölfe gelebt. Während Wolf und Mensch sich zunächst um die Jagdbeute stritten, könnte der Wolf später Jagdbegleiter des Menschen geworden sein. Genauso ist denkbar, dass der Wolf Beute des jagenden Menschen war und ihm Nahrung und Felle geliefert hat. Möglicherweise hat der Mensch die Jungen erlegter Wölfe aufgezogen und weitergezüchtet. Dies war möglich, weil der Wolf ein Rudeltier ist und den Menschen in der Rangordnung als Leittier anerkannt hat.

Wolf und Hund zeigen viele Übereinstimmungen:
Beide haben ein Raubtiergebiss, beide sind Hetzjäger. Sie markieren ihr Revier und verteidigen es. Beide verständigen sich mit ihren Artgenossen durch Bellen oder Heulen.
Der Mensch begann während der Steinzeit Wölfe als Haustiere zu halten.

1 Betrachte die Abbildungen auf dieser Seite. Notiere Gemeinsamkeiten zwischen Hund und Wolf.

A Markieren *eines Reviers*

B Demutshaltung
(Haltung des Unterlegenen)

C Beißdrohstellung

D Imponierhaltung
(Haltung des Überlegenen)

4 Körpersprache des Hundes

3 Die Katze – ein Schleichjäger

Was macht die Katze von Bauer Gerke auf der Wiese? Beobachten wir ihr Verhalten. Geduckt und lautlos schleicht sie durch das Gras. Dann hält sie inne und drückt sich mit ihrem Körper flach an den Erdboden. Sie hat eine Maus entdeckt und lauert. In dieser Stellung kann sie lange verharren.
Plötzlich drückt sie sich mit ihren kräftigen Hinterbeinen ab. Der gestreckte Körper fliegt im Bogen durch die Luft. An den ausgestreckten Vorderpfoten sind nun die Krallen „ausgefahren". Mit ihren Vorderpfoten fängt sie beim Aufkommen die Maus und hält sie mit den Krallen fest.
Meist wird die Beute durch einen Biss in den Nacken schnell getötet. Manchmal lässt die Katze allerdings die Beute frei und fängt sie sofort wieder ein. Sie spielt mit ihr. Dieses Verhalten zeigt die Katze, wenn sie nicht sehr hungrig ist.
Beutetiere der Katze sind Mäuse, Ratten, junge Kaninchen, Eidechsen oder Frösche. Sie sind die natürliche Nahrung für die Katze.

Die Katze hat *Fang-* und *Reißzähne.* Sie ist ein **Raubtier** wie der Hund. Im Gegensatz zu diesem hetzt sie aber nicht hinter ihrer Beute her, sondern schleicht sich an. Da sie ihre Krallen in Hautfalten einziehen kann, macht sie beim Anschleichen keine Geräusche. Sie ist ein **Schleichjäger.**

Die Verhaltensweisen beim Jagen, wie Anschleichen, Lauern, Anspringen und die Beute greifen, üben junge Katzen im Spiel. Spielen ist also wichtig für die Katze.

1 Katze. A *auf der Wiese schleichend;* **B** *Kopf*

2 Verhalten der Katze beim Beutefang.
A *Anschleichen, Körper flach am Boden;* ***B*** *Vorbereitung zum Absprung;* ***C*** *Absprung;*

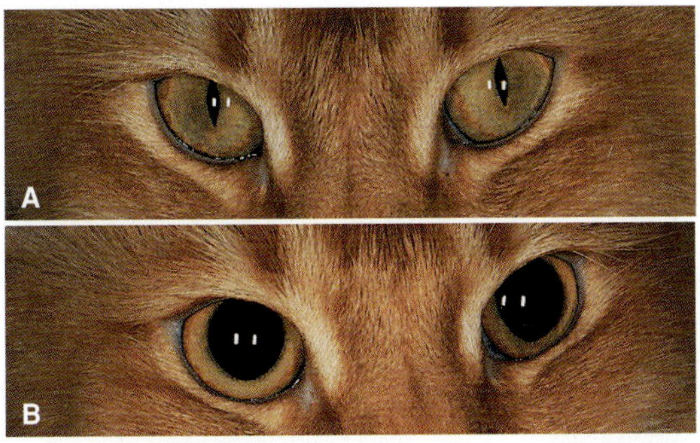

3* Katzenaugen.** ***A *bei Tageslicht;* ***B*** *in der Dämmerung*

4* Katze mit Jungen. A** *Junge Katzen spielen mit der Mutter; etwa neun Tage nach der Geburt öffnen junge Katzen die Augen. Wenn sie ungefähr 14 Tage alt sind, spielen sie mit allem, was sich bewegt. Sie schleichen sich an und fangen ihre „Beute", z. B. den Schwanz des Muttertiers;* ***B *Die Katze betreibt Brutpflege. Sie säugt die Jungen, leckt sie sauber und trägt sie bei Gefahr einzeln im Maul an einen sicheren Ort.*

Katzen können auch in der Dämmerung jagen. Das Auge ist ihr schärfstes Sinnesorgan. Die Pupillen sind im Tageslicht zu einem schmalen Spalt verengt. In der Dämmerung hingegen öffnen sie sich kreisförmig und weit. So kann viel Licht ins Auge gelangen. Die Katze kann deshalb auch bei schwachem Licht sehen. Sie ist ein **Nachtjäger.** Bei völliger Dunkelheit sieht auch die Katze nichts. Mit ihrem feinen *Gehör* hört sie aber die geringsten Geräusche. Sie stellt dann ihre *Ohrmuscheln* auf und bewegt sie abwechselnd nach rechts und links. So peilt sie die Stelle an, aus der die Geräusche kommen. So kann sie auch das leise Piepsen einer Maus warnehmen. Mithilfe der *Schnurr-* und *Tasthaare* an Oberlippe, Wangen, Kinn und über den Augen kann die Katze selbst im Dunkeln jedem Hindernis ausweichen. Berührt man diese Haare vorsichtig, reagiert die Katze sofort. Ihr *Tastsinn* ist also ebenfalls gut entwickelt.

Die Katze ist als Raubtier ein Schleich- und Nachtjäger. Mit ihren Augen kann sie auch nachts gut sehen. Das feine Gehör und die Tasthaare erlauben ihr, sich auch im Dunkeln zu orientieren.

1 Beschreibe das Verhalten der Katze beim Beutefang anhand der Abbildung 2. Welche Aufgabe hat dabei der Schwanz?

2 Welche Bedeutung hat das Spielen junger Katzen?

D

E

F

D *im Bogen zurück auf den Erdboden;* ***E*** *Landung, Fang der Beute mit Vorderpfoten und Krallen;* ***F*** *Katze mit Maus*

Übung

Katze

A1 Bau der Katzenzunge

Die Zunge der Katze hat nach hinten gerichtete harte Stacheln. Sie wirken wie eine Raspel und wie eine Bürste. Berichte, wozu die Katze eine derartige Zunge benötigt.

A2 Orientierung der Katze

Auch bei völliger Dunkelheit können Katzen feststellen, ob sie mit ihrem Körper durch enge Spalten passen. Beschreibe, wie das möglich ist.

A3 Extratür für Katzen

Erkläre, warum Katzenhalter in ihrem Haus oder ihrer Wohnung eine Öffnung nach draußen für ihre Katze vorsehen sollten.

A4 Gebissuntersuchung

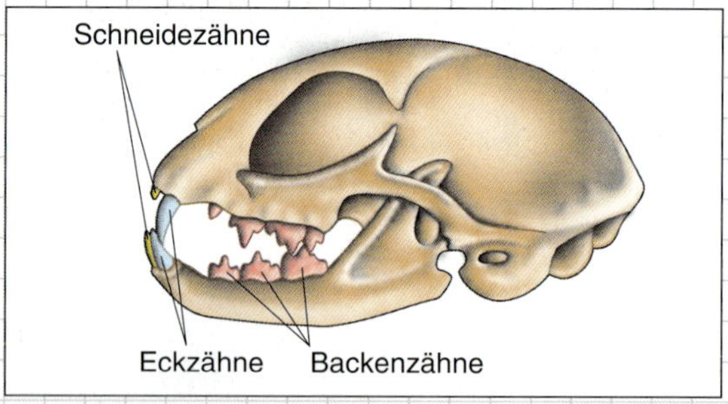

a) Weise anhand des Gebisses nach, dass Katzen Raubtiere sind.
b) Vergleiche das Katzengebiss mit dem Gebiss des Hundes in Abbildung 4 auf Seite 75.

A5 Katzen haben einziehbare Krallen

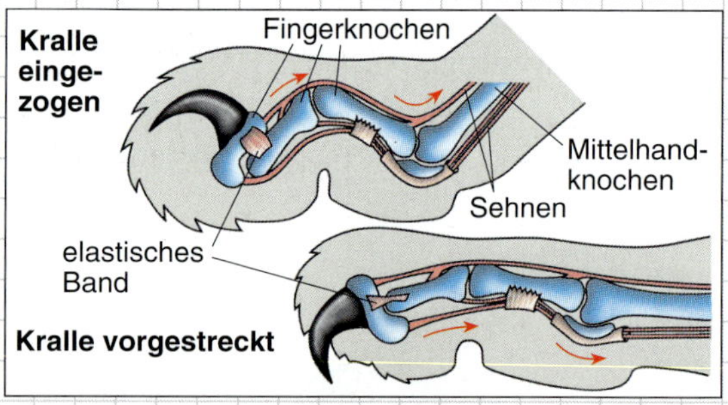

a) Beschreibe anhand der Zeichnungen, wie Katzen ihre Krallen einziehen oder ausstrecken.
b) Erkläre, welche Vorteile einziehbare Krallen für Katzen haben.

A6 Katzenpfoten

Katzenpfoten sind zum Schleichen, Klettern, Festhalten und Töten von Beutetieren geeignet.
a) Beschreibe, wie Katzenpfoten für diese Aufgaben gebaut sind.
b) Erkläre, warum man am Trittsiegel (Spur) von Katzen keine Krallen erkennt.

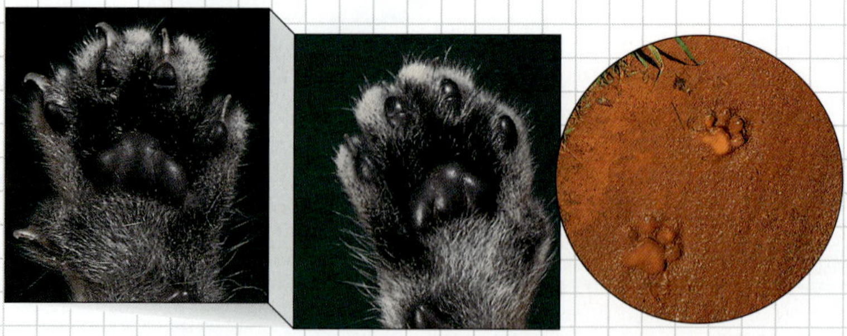

Das Verhalten von Katze und Hund

Übung

A1 Wir beobachten Verhaltensweisen von Katze und Hund

Beobachte eine Katze und einen Hund beim Spiel mit einem Ball, beim Verhalten mit anderen Tieren und bei der Körperpflege. Lege in deinem Hefter eine Tabelle an und notiere die Gemeinsamkeiten und Unterschiede. Wie erklärst du dir die unterschiedlichen Verhaltensweisen?

a) Wie nähern sie sich dem Ball und wie fangen sie ihn?

b) Wie orientieren sie sich?

c) Zu welcher Tageszeit sind sie besonders aktiv?

d) Wie verhalten sie sich, wenn sie auf andere Tiere treffen?

e) Beobachte im Zoo das Verhalten eines Wolfes oder einer Großkatze wie Tiger oder Löwe. Berichte.

A2 Verhalten von Hund und Katze bei Begegnung

Vielleicht hast du schon einmal folgende Situation beobachtet: Eine Katze und ein Hund begegnen sich. Der Hund rennt auf die Katze zu, fletscht die Zähne, stellt seine Rute aufrecht und bellt. Die Katze duckt sich zuerst, macht dann einen Buckel und schlägt mit einer Pfote nach dem Hund. Dabei faucht sie. Wenn möglich, klettert sie blitzschnell auf einen Baum.

a) Erläutere, weshalb sich Katze und Hund so unterschiedlich verhalten.

b) Welches Verhalten der beiden Tiere erwartest du, wenn die Katze nicht auf einen Baum fliehen kann? Erläutere.

A3 So fallen Katzen

a) Beschreibe das Fallen einer Katze.

b) Erläutere, warum die Bewegungen der Katze ihrer Rolle als Jäger entsprechen.

c) Welche Bedeutung hat der Schwanz beim Fallen?

d) Warum hört man das Laufen eines Hundes auf einem harten Boden, nicht aber das Laufen einer Katze?

4 Das Rind – ein Pflanzenfresser

Rinder liegen ruhig auf der Weide und kauen. Dabei zerkleinern sie Gras, das sie vorher mit ihrer rauen Zunge abgerissen und fast unzerkaut geschluckt haben.

Rinder ernähren sich nur von Pflanzen, daher nennen wir sie **Pflanzenfresser.** Ihr Gebiss ist für diese Ernährungsweise gut geeignet. Die breiten, dicht aneinander stehenden Backenzähne „zermahlen" mit ihren *Schmelzfalten* wie Mühlsteine die harten Pflanzenteile. Solche breiten *Mahlzähne* sind typisch für ein **Pflanzenfressergebiss.**

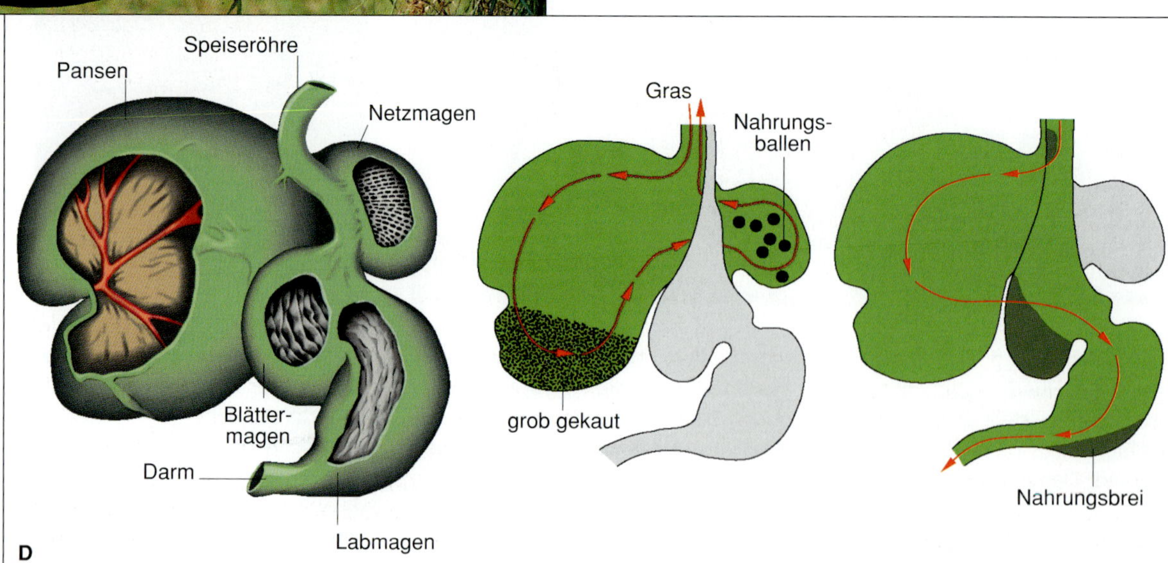

1 ***Nahrungsaufnahme und Weg der Nahrung beim Rind. A*** *Wiederkäuendes Rind auf der Weide;* ***B, C*** *Rind bei der Nahrungsaufnahme;* ***D*** *Der Weg der Nahrung durch die Rindermägen (Schema)*

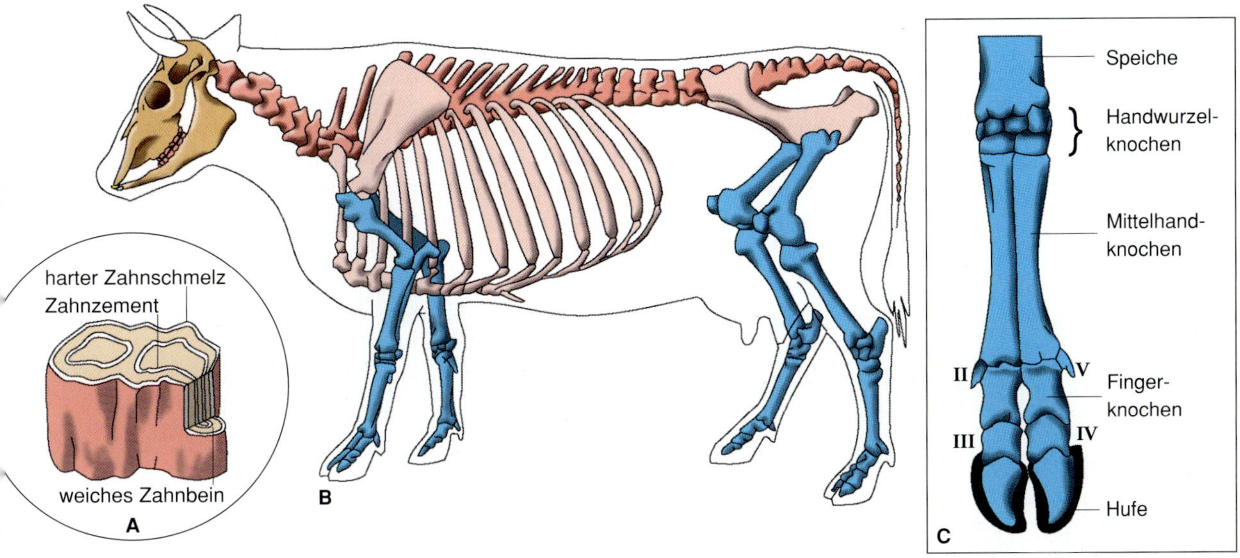

2 ***Das Rind. A*** *Mahlzahn;* ***B*** *Rinderskelett;* ***C*** *Rinderfuß (vorn)*

Pflanzliche Nahrung ist schwer verdaulich. Nach längerem Weiden legt sich das Rind daher nieder und beginnt die Nahrung gründlich zu zerkauen: Dazu werden Futterballen aus dem Magen wieder in das Maul aufgestoßen und anschließend mit den Mahlzähnen sorgfältig zerrieben. Rinder kauen ihr Futter also zweimal. Deshalb heißen sie auch **Wiederkäuer.**
Der **Wiederkäuermagen** ist vierfach geteilt und kann große Nahrungsmengen aufnehmen. Dies ist nötig, weil pflanzliche Kost verhältnismäßig nährstoffarm ist. Das fast unzerkaute Futter gelangt beim ersten Schlucken in den *Pansen,* der etwa 160 Liter fasst. Hier wird die Nahrung eingeweicht und von Kleinstlebewesen wie Bakterien vorverdaut. Aus dem Pansen gelangt die Nahrung dann in den *Netzmagen.* Dort werden etwa zwei Stunden nach dem ersten Schlucken Futterballen geformt und in das Maul zurückgestoßen. Nach dem Wiederkäuen rutscht der Speisebrei in den Pansen und von da aus in den *Blättermagen.* Hier wird dem Nahrungsbrei das überschüssige Wasser entzogen. Im *Labmagen* setzt durch Zugabe von Verdauungssäften die eigentliche Verdauung ein. Die Nahrung gelangt anschließend in den 50 bis 60 m langen Darm. Dort werden alle verdaulichen Nahrungsbestandteile vom Blut des Rindes aufgenommen.

Zum Fressen erhebt sich das Rind. Dabei steht es mit seinen kräftigen Beinen auf den Zehenspitzen. Solche Tiere nennt man **Zehenspitzengänger.** Die Zehen haben an ihren Enden Hornüberzüge, die *Hufe.* Rinder gehören daher zu den **Huftieren.** Da die Rinder mit zwei Hufen auftreten, heißen sie auch **Paarhufer.**

Rinder sind Pflanzenfresser. Sie haben ein mit Mahlzähnen versehenes Pflanzenfressergebiss. Rinder gehören zu den Wiederkäuern. Ihr Magen ist vierfach geteilt, der Darm ist 50 bis 60 m lang. Rinder sind Zehenspitzengänger und gehören zu den Paarhufern.

1 Beschreibe den Weg der Nahrung durch den Rindermagen.

2 Fertige eine zweispaltige Tabelle an, in der du die Teile des Rindermagens ihren Aufgaben zuordnest.

3 Erläutere, warum man das Rind einen Wiederkäuer nennt.

4 Erkundige dich nach der Zusammensetzung des Futters für Rinder im Winter und im Sommer.

5 Der Darm des Menschen hat eine Länge von etwa sechs bis sieben Metern. Warum muss der Darm des Rindes im Verhältnis so viel länger sein?

6 Wenn ein Rind Wasser trinkt, gelangt dieses beim Schlucken nicht in den Pansen. So wird der Nahrungsbrei nicht übermäßig verdünnt. Beschreibe den Weg, den das Wasser beim Schlucken nimmt.

7 Nenne die wesentlichen Kennzeichen eines Pflanzenfressergebisses.

8 Vergleiche das Gebiss des Rindes mit dem des Hundes auf Seite 75. Beschreibe die Angepasstheit der beiden Gebissformen an die jeweilige Lebensweise der Tiere.

9 Beschreibe den Rinderfuß. Verwende dazu die Abbildung 2C. Welche Besonderheiten stellst du fest?

5 Das Hausschwein – ein Allesfresser

Oliver macht Ferien auf einem Bauernhof. Von allen Tieren interessieren ihn am meisten die Schweine. Sie dürfen tagsüber frei auf einer Wiese herumlaufen. Der hintere Teil der Wiese gleicht dabei eher einem tiefen Morast. Doch hier halten sich die **Hausschweine** am liebsten auf und wühlen mit ihrer kräftigen Schnauze die Erde nach etwas Fressbarem durch. Mit der Nasenscheibe können sie dabei die Nahrung im Boden gut ertasten.

1 ***Hausschweine. A*** *Kopf mit abgeplatteter Nasenscheibe;* ***B*** *Nahrungssuche;* ***C*** *Schädel mit Allesfressergebiss*

Früher wurden die Schweine zur Nahrungssuche in den Wald getrieben. Dort fraßen sie Gräser, Kräuter, Pilze, Kastanien und Bucheckern oder wühlten saftige Wurzeln und Knollen aus dem Boden. Auch Kleingetier wie Schnecken, Würmer und Insektenlarven verschwanden dabei in ihren Mägen.

Schweine sind also **Allesfresser.** Ihr Gebiss ist dieser Ernährungsweise angepasst. An den vorderen Backenzähnen sieht man wie bei Raubtieren scharfe Spitzen und Kanten. Die hinteren Backenzähne haben wie bei Pflanzenfressern eine stumpfe Oberfläche.

Abends darf Oliver bei der Fütterung der Schweine im Stall dabei sein. Da sie von dem, was die Wiese bietet, nicht satt werden, füttert der Bauer etwas Kraftfutter zu. Laut schmatzend fressen sie diesen pflanzlichen Brei, um sich dann ins trockene Stroh zu legen. Schweine sind aber keine Wiederkäuer.

Schweine werden nur noch selten so gehalten, wie Oliver das auf dem kleinen Bauernhof erleben kann. Heute werden sie, eingezwängt in kleine Boxen, zu vielen Hunderten in riesigen Stallungen untergebracht. Man nennt das **Intensivhaltung.** Die Tiere stehen auf mit Stroh bedeckten Spalten durchsetzten Betonplatten, durch die Harn und Kot hindurchfallen. Da die Schweine häufig gefüttert werden und wenig Bewegung haben, nehmen sie schnell an Gewicht zu. Die Intensivhaltung ist weniger arbeitsaufwendig, deshalb kann Schweinefleisch billig produziert werden. Wenig

2 Intensivhaltung bei der Schweinemast

1 Überlege anhand der Abbildung 4, zu welchen Fleisch- und Wurstwaren Schweinefleisch verarbeitet wird. Erkundige dich auch bei einem Metzger.
2 Lege eine Tabelle an und liste die unterschiedlichen Merkmale auf, in denen sich Hausschwein und Wildschwein unterscheiden.
3 Schweine sind Paarzeher. Überprüfe dies an der Abbildung 3B.
4 Beschreibe die Merkmale eines Allesfressergebisses anhand der Abbildung 1 C.

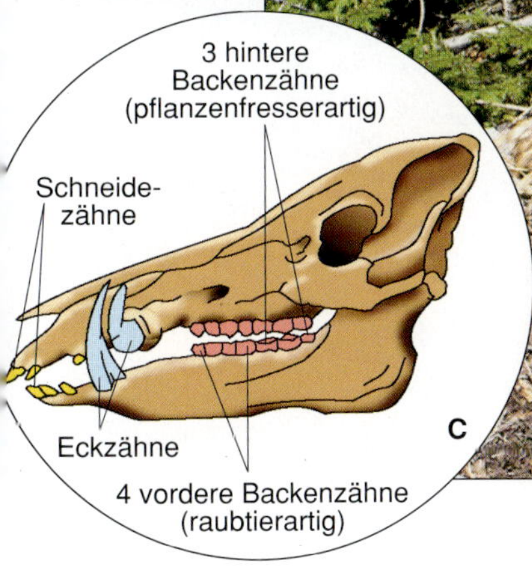

3 ***Wildschweine. A*** *Kopf eines Keilers;* ***B*** *Bache mit Frischlingen;* ***C*** *Schädel mit Allesfressergebiss*

Bewegung und viel Fressen machen die Schweine aber krankheitsanfällig. Zur Vorbeugung bekommen sie deshalb viele Medikamente. Nach dem Schlachten bleiben Rückstände der Medikamente oft im Fleisch erhalten und können somit auch in unseren Körper gelangen.
Hausschweine hat der Mensch vor über 5000 Jahren aus **Wildschweinen** gezüchtet. Vermutlich kennst du Wildschweine nur aus Wildgehegen. In freier Natur sind sie äußerst scheu und kaum zu beobachten. Durch ihr schwarzbraunes Borstenkleid sind sie gut getarnt. Mit ihren großen, aufrecht stehenden und beweglichen Ohrmuscheln nehmen sie geringste Geräusche wahr. Kaum zu glauben, dass diese flinken Tiere die Vorfahren unserer Hausschweine sind. Die männlichen Wildschweine, die *Keiler,* erkennst du leicht an den mächtigen dreikantigen Eckzähnen. Das weibliche Wildschwein, die *Bache,* bringt Anfang April in einem mit Pflanzenmaterial ausgepolsterten Wurfkessel ihre Jungen zur Welt. Sie heißen *Frischlinge,* sind gelbbraun gefärbt und haben gelbliche Längsstreifen. Nach einem Jahr wechseln sie ihr Haarkleid und nehmen die Färbung der Alttiere an.

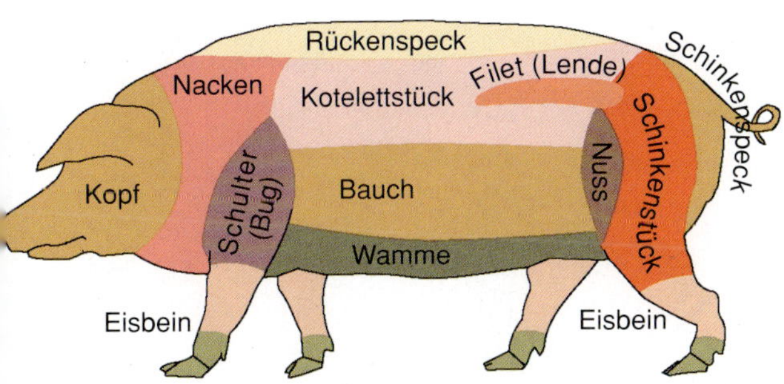

4 ***Das Schwein als Fleischlieferant***

Schweine sind Allesfresser. Alle Hausschweinrassen sind Zuchtformen des Wildschweins. Der Mensch nutzt das Hausschwein zur Fleischerzeugung.

6 Säugetiere – angepasst an ihre Lebensräume

6.1 Der Maulwurf lebt im Boden

An einem Frühlingsmorgen machen Hanna und Mark auf einer Wiese eine seltene Beobachtung: Ein feuchter Erdhaufen beginnt sich zu bewegen, Erdklumpen fliegen hoch, Kopf und Hände eines kleinen dunklen Tieres erscheinen kurz, um gleich darauf wieder zu verschwinden. Hanna und Mark haben die Entstehung eines *Maulwurfshaufens* beobachtet.

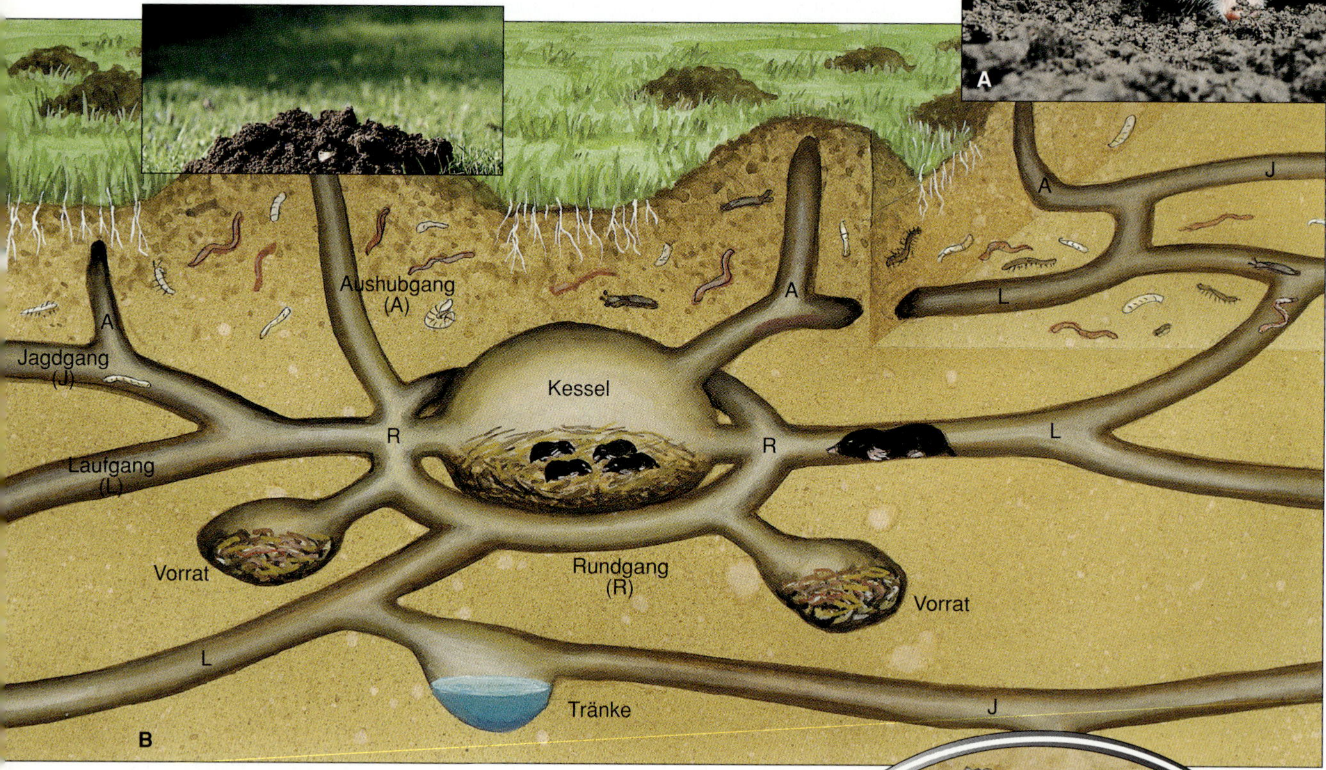

1 Maulwurf. ***A*** *Kopf und Grabhände;* ***B*** *Gangsystem;* ***C*** *Beutetiere*

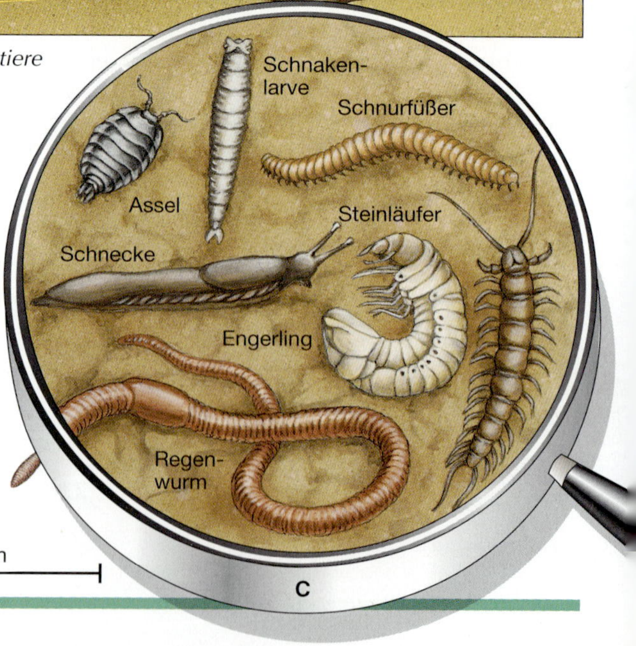

Maulwürfe verraten sich meist nur durch ihre Erdhaufen. Die Tiere selbst sieht man nur ganz selten. Sie verbringen fast ihr ganzes Leben als Einzelgänger im Boden. Maulwurfshaufen findet man immer in Gruppen. Sie gehören alle zum *Revier* eines Maulwurfs. Dieses Revier besteht aus einem umfangreichen System von Gängen und Kammern unter der Erde. Die Gesamtlänge der Gänge kann über 200 m betragen. Den Mittelpunkt des Maulwurfsreviers bildet der *Wohnkessel.* Er hat einen Durchmesser von etwa 20 cm und wird mit Gras, Stroh und Blättern ausgepolstert. Maulwurfsweibchen bringen dort ihre Jungen zur Welt. Um den Wohnkessel verläuft ein *Rundgang,* von dem zahlreiche *Laufgänge* in alle Richtungen abzweigen.

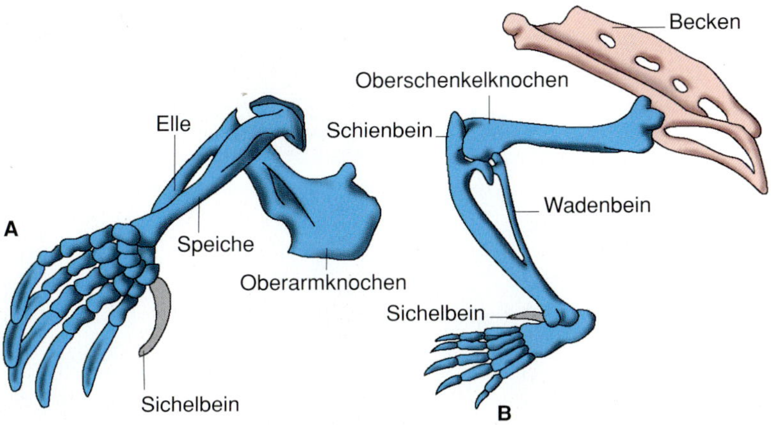

2 Gliedmaßenskelett. A *Vorderbein;* **B** *Hinterbein*

Der Maulwurf ist für das Leben im Boden hervorragend ausgerüstet. Seine kurzen, kräftigen Vorderbeine mit den schaufelförmigen Händen und langen Krallen eignen sich gut zum Graben. Zusätzlich zu den Fingern ist an den Händen ein *Sichelbein* ausgebildet, das die Grabhände noch verbreitert. Bei der Wühlarbeit verankern die Hinterbeine den Körper fest im Boden. Die Grabhände lockern die Erde am blinden Ende des Ganges. Im aufgelockerten Boden unterstützt der keilförmige Kopf mit der rüsselartig verlängerten Schnauze die Grabarbeit durch drehende Bewegungen wie ein Bohrer. Die abgetragene Erde wird seitlich am Körper vorbei nach hinten geschaufelt. Ab und zu dreht sich der Maulwurf um und befördert die lockere Erde mit den Grabhänden und der breiten Stirn über *Aushubgänge* nach oben, wo sie als Maulwurfshaufen abgelagert wird.

Der Maulwurf kann mit seinem kompakten, walzenförmigen Körper in den unterirdischen Gängen schnell vorwärts und rückwärts laufen. Dabei behindert ihn das samtartige Fell nicht, weil sich die kurzen Haare je nach der Bewegungsrichtung umlegen. Ohrmuscheln fehlen, die winzigen Augen liegen tief im Fell verborgen. Mund- und Nasenöffnungen sind nach unten gerichtet, sodass beim Graben keine Erde eindringen kann.

Der Maulwurf hat unter der Erde nicht nur sein Wohnrevier. Das umfangreiche Gangsystem dient vielmehr auch als *Jagdrevier.* Alle drei bis vier Stunden läuft er die Jagdgänge ab und sucht nach eingedrungenen Kleintieren. Dabei legt er pro Tag eine Strecke von mehreren Kilometern zurück. Die Beutetiere entdeckt der Maulwurf vor allem mit seinem ausgezeichneten Tastsinn. Auch Nase, Gehör und Erschütterungssinn sind gut ausgebildet. Nur die Augen sind wenig leistungsfähig. Der Maulwurf frisst vornehmlich *Regenwürmer,* außerdem *Insektenlarven, Tausendfüßer, Asseln* und *Schnecken.* Das Gebiss besteht aus 44 spitzen Zähnen, mit denen die Beute festgehalten und zerbissen wird. Tiere mit einem solchen Gebiss heißen **Insektenfresser.** Für den Winter legt sich der Maulwurf einen Vorrat an. Dazu beißt er Regenwürmern das Vorderende ab. Die Beute bleibt dadurch zwar am Leben, kann sich aber nicht mehr fortbewegen. Maulwürfe lockern durch ihre Wühltätigkeit den Boden auf und verbessern die Bodenfruchtbarkeit. Außerdem vertilgen sie viele Pflanzenschädlinge, z. B. Insektenlarven. Deshalb stehen Maulwürfe unter Naturschutz. Sollten die Maulwurfshaufen einem Gartenbesitzer dennoch zu lästig werden, so dürfen die Tiere nur durch Mittel vertrieben werden, die sie nicht töten. Dazu gehören z. B. bestimmte Geruchsstoffe.

Der Maulwurf lebt in einem ausgedehnten Gangsystem im Boden. Dort sucht er nach Regenwürmern und anderen Kleintieren. Sein Gebiss mit vielen spitzen Zähnen heißt Insektenfressergebiss. Kräftige Grabhände ermöglichen das Anlegen von Gängen.

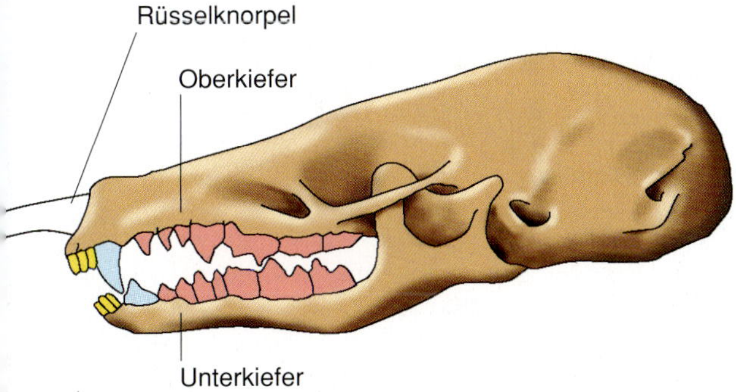

3 Schädel

1 Beschreibe anhand der Abbildung 1 B das Revier des Maulwurfs.

2 Beschreibe Schädel und Zähne des Maulwurfs. Vergleiche sie mit dem Schädel und den Zähnen einer Katze auf der Seite 82.

3 Der Maulwurf ist an das Leben im Boden gut angepasst. Nenne entsprechende Merkmale.

4 Junge Maulwürfe verlassen den Bau der Mutter und suchen ein eigenes Revier. Erläutere, welchen Gefahren sie dabei ausgesetzt sind.

1 Große Hufeisennase

6.2 Die Fledermaus jagt im Flug

Im Sommer kannst du am Stadtrand oder auf dem Lande in der Abenddämmerung manchmal die Umrisse von fliegenden Tieren am Himmel beobachten. Ständig mit den Flügeln auf und ab schlagend flattern diese Tiere lautlos in einem unruhigen Zickzackflug umher. Diese Art des Fliegens verrät dir, dass es sich nicht um Vögel, sondern um **Fledermäuse** handelt.

Fledermäuse sind Säugetiere, die fliegen können. Ihre Vordergliedmaßen sind zu Flügeln umgebildet. Im Gegensatz zu den Vögeln haben sie jedoch keine Federflügel, sondern Hautflügel. Diese *Flughäute* sind zwischen Armen, Beinen, Rumpf und Schwanz ausgebildet. Die Vordergliedmaßen haben sehr lange Knochen. Hierdurch können die Flughäute eine genügend große Oberfläche erreichen, um die Fledermaus in der Luft zu halten. Besonders stark verlängert sind die Unterarmknochen sowie die Mittelhand- und Fingerknochen. Nur die kurzen Daumen und die kleinen Füße ragen über die Flughäute hinaus. In Ruhe sind die Arm- und Fingerknochen mit den Flughäuten an den Körper angelegt. Zum Flug werden sie, ähnlich wie Rahmen und Bespannung eines Schirmes, aufgespannt. Zum Spannen der Schwanzflughaut dienen zusätzliche Knochen an den Füßen, die *Sporenbeine.*

Fachbegriff

Ultraschall

Mit unseren Ohren nehmen wir Schall wahr. Dabei können wir z. B. zwischen hohen und tiefen Tönen unterscheiden. Für sehr hohe Töne ist das menschliche Ohr nicht empfindlich genug, sie bleiben für uns unhörbar. Solche hohen Töne nennt man Ultraschall. Außer Fledermäusen können z. B. auch Delfine und Wale Ultraschall hören.

Fledermäuse sind sehr geschickte Flieger. Allerdings erscheint ihr Flug nicht so elegant wie bei den Vögeln. Sie können nur schlecht gleiten oder im Aufwind segeln. Wegen ihres Flatterfluges nennt man die Fledermäuse auch **Flattertiere.**

Fledermäuse haben wie Maulwürfe ein *Insektenfressergebiss.* Sie ernähren sich vor allem von Schmetterlingen, Käfern und anderen Insekten, die sie als Nachtjäger im Fluge erbeuten.
Wie spüren sie aber in der Dunkelheit ihre Beute auf und wie gelingt es ihnen, zwischen Bäumen und anderen Hindernissen hindurchzufliegen, ohne anzustoßen? Während des Fluges stößt die Fledermaus in regelmäßigen Abständen kurze *Ultraschallrufe* aus, die für den Menschen unhörbar sind. Trifft dieser Schall auf ein Hindernis, z. B. einen Baum oder ein Beutetier, so kehrt er von dort als *Echo* zurück. Je weiter der Gegenstand entfernt ist, umso länger braucht das Echo, um wieder zur Fledermaus zurückzukommen. Mit ihren großen Ohrmuscheln und ihrem feinen Gehör kann sie diese Echos wahrnehmen. Aus der Zeitverzögerung zwischen dem Ultraschallruf und dem Echo sowie der Richtung und der Stärke des Echos ist es der Fledermaus möglich, Entfernung, Lage und Größe eines Gegenstandes

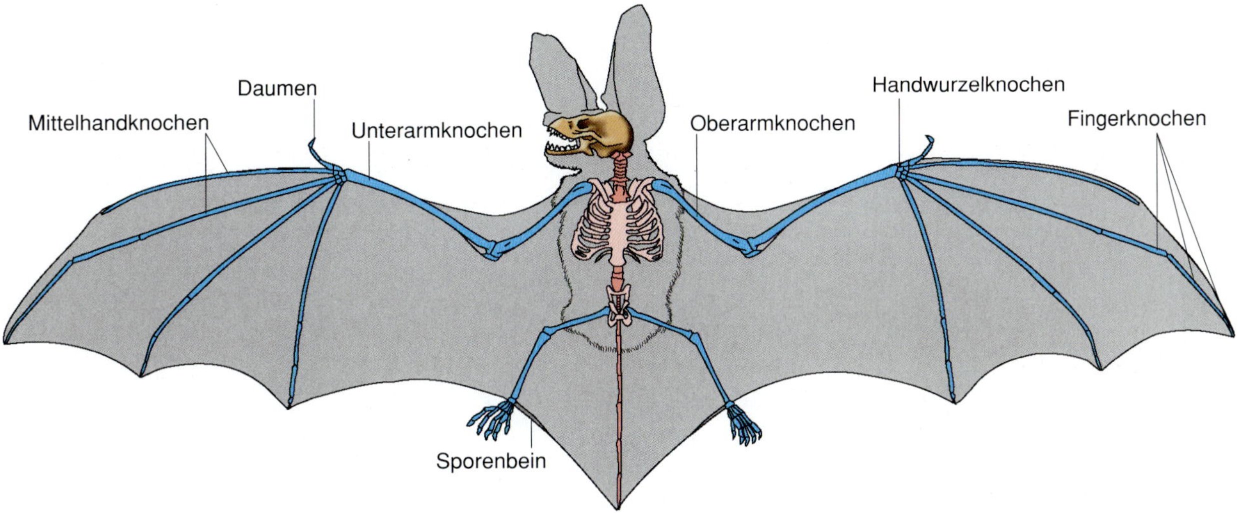

2 Skelett einer Fledermaus

oder eines Beutetieres genau zu bestimmen. Im Experiment konnten Fledermäuse durch diese *Echopeilung* sogar dünne im Raum gespannte Drähte orten und umfliegen, auch wenn ihnen die Augen verbunden waren. Verstopfte man den Tieren aber die Ohren, sodass sie die Ultraschallechos nicht mehr hören konnten, verloren sie im Dunkeln sofort ihre Orientierungsfähigkeit.

Den Tag verbringen Fledermäuse in geschützten Verstecken. Dort krallen sie sich mit den Hinterbeinen an Vorsprüngen fest und hängen schlafend mit dem Kopf nach unten.

Im Frühjahr sammeln sich die Weibchen vieler Fledermausarten zu größeren Gesellschaften, den so genannten *Wochenstuben.* Jedes Tier bringt dann ein Junges zur Welt. Die winzigen Neugeborenen sind noch nackt und blind. Sie klammern sich am Fell des Muttertieres fest und werden in den ersten Wochen auch im Fluge mitgenommen.

Die meisten Fledermausarten sind bei uns heute selten geworden. Umweltschützer bemühen sich, die Lebensbedingungen der Tiere zu verbessern. Dazu gehört es beispielsweise, ihnen geeignete Unterschlupfmöglichkeiten anzubieten.

Fledermäuse sind fliegende Säugetiere. Sie haben große Flughäute. Unterarmknochen, Mittelhand- und Fingerknochen sind stark verlängert. Nachts orientieren sich die Tiere im Flug durch Echopeilung mit Ultraschall. Die Nahrung besteht aus Insekten, die im Fluge gejagt werden.

3 Ruhende Fledermäuse

1 Erläutere, wie sich Fledermäuse in der Dunkelheit orientieren können.

2 Beschreibe das Skelett einer Fledermaus. Nenne Anpassungen an die Flugfähigkeit.

3 Wie ist deiner Meinung nach der Name „Fledermaus“ entstanden?

4 An den Fledermausflügeln ragen die Daumen als einzige Finger über die Flughäute hinaus. Überlege, welche Aufgaben die Daumen haben könnten.

5 Erkundige dich bei einem örtlichen Naturschutzverband, welche Fledermausarten an deinem Schulort vorkommen und wie sie geschützt werden.

1 Delfin.
***A** in seinem Lebensraum; **B** Körperbau*

6.3 Delfine – Säuger in Fischgestalt

Mit schnellen Schlägen der waagerecht stehenden *Schwanzflosse* gleitet eine Gruppe von Delfinen durchs Wasser. Mit den paarigen *Brustflossen* steuern sie. Die senkrechte *Rückenflosse* dient der Stabilisierung des Körpers im Wasser. Die Brustflossen stützt ein Arm- und Handskelett. Dies deutet darauf hin, dass die Vorfahren der Delfine vor vielen Jahrmillionen einmal landbewohnende Tiere waren. Daran erinnert auch der Rest von Beckenknochen.
Der *stromlinienförmige Körper* ist hervorragend an das Leben im Wasser angepasst. Durch die glatte Haut wird der Wasserwiderstand so stark herabgesetzt, dass Delfine bis zu 55 Stundenkilometer schnell schwimmen können.
Wie aus der Abbildung zu sehen ist, springen Delfine auch aus dem Wasser. Dabei atmen sie durch das *Blasloch* an der Kopfoberseite. So gelangt Sauerstoff zu den Lungen. Die Lungen sind ein weiterer Hinweis auf landbewohnende Vorfahren. Delfine bringen sogar unter Wasser lebende Junge zur Welt. Es sind **Meeressäugetiere.**

Delfine gehören zu den **Walen,** von denen es viele verschiedene Arten gibt. Ihre Kiefer sind mit langen Zahnreihen besetzt. Delfine gehören daher zusammen mit Pottwalen und Schwertwalen zu den **Zahnwalen.** Sie ernähren sich hauptsächlich von Fischen und Tintenfischen.

Delfine sind gesellige und sehr intelligente Tiere. Sie verständigen sich unter Wasser mithilfe verschiedener Laute. Zur Orientierung besitzen sie ähnlich wie Fledermäuse ein *Echolotsystem.* Sie stoßen Ultraschall-Töne aus, die von Hindernissen und Beutetieren zurückkommen. So gewinnen die Tiere ein Bild von ihrer Umgebung.

Delfine sind lungenatmende Säugetiere des Meeres. Ihr Körperbau ist an das Wasserleben angepasst.

1 Zähle Angepasstheiten des Delfins an seinen Lebensraum auf.
2 Erläutere gemeinsame Merkmale von Delfinen und Fledermäusen.
3 Informiere dich über weitere Walarten. Stelle zu zwei Arten einen Steckbrief auf.
4 Wale zählen zu den gefährdeten Säugetieren. Sammle Informationen zur Bedrohung und zum Schutz von Walen. Berichte.

Einen Sachtext lesen

Methode

Auf dieser Seite findest du Hilfen, wie du schrittweise einen Text erarbeiten kannst.

1. **Orientiere** dich zunächst in dem Text.

Wie lautet die Überschrift? Was zeigen die Bilder und was steht darunter? Was steht in Einleitungen oder Zusammenfassungen? Was ist fett gedruckt? Wie ist der Text gegliedert?

2. **Lies** den Text einmal ganz durch.

3. **Wähle aus**, welchen Textteil du genau lesen möchtest.

Was interessiert mich? Wo finde ich eine Antwort auf meine Frage, zum Beispiel was Eichhörnchen im Winter machen?

4. **Erarbeite** dir den ausgewählten Text. Lies den Text noch einmal abschnittsweise. Mache dir zu jedem Abschnitt stichwortartig Notizen. Orientiere dich dabei an Abbildung 1B.

Eichhörnchen sind geschickte Kletterer

Eichhörnchen

Eichhörnchen begegnen uns in Wäldern, Gärten und Parkanlagen. Vor unseren Augen beißen diese zutraulichen *Nagetiere* geschickt Haselnüsse oder Bucheckern auf und verschwinden dann blitzschnell im Geäst der Bäume.

Eichhörnchen sind **geschickte Kletterer**. Sie laufen senkrecht Baumstämme hinauf und hinunter und auf Ästen und sogar dünnen Zweigen entlang. Mit ihren scharfen Krallen halten sie sich an der Baumrinde fest. Distanzen von über fünf Metern überspringen sie mühelos. Dabei benutzen sie ihren buschigen Schwanz als Steuerruder.

Wie alle **Nagetiere** haben Eichhörnchen im Ober- und Unterkiefer je zwei lange Nagezähne. Die Zähne nutzen sich beim Nagen an harten Schalen ab. Trotzdem reduziert sich ihre Länge nicht, denn sie wachsen lebenslang nach.

Den Winter verbringen Eichhörnchen in ihrem Kobel. Dort halten sie **Winterruhe**. Ihre Körpertemperatur sinkt dabei aber nicht ab wie bei echten Winterschläfern. Auch ihr Herzschlag wird nicht langsamer. Eichhörnchen wachen immer wieder auf und suchen Samen und Früchte in den Verstecken, die sie im Herbst angelegt haben – und manchmal vergessen. **A**

Welchen Titel kann ich dem Abschnitt geben? Welche Begriffe und Aussagen sind wichtig? Lassen sich die Bilder bestimmten Abschnitten zuordnen? Welche Wörter oder Inhalte verstehe ich nicht?

5. **Nutze** die Informationen.

Ich wiederhole und lerne mit meinen Notizen.

Ich brauche sie für ein Referat.

B

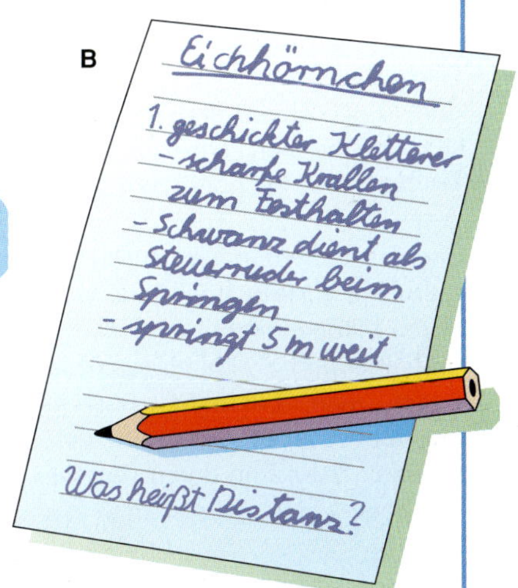

***1 Sachtext. A** Beispieltext; **B** Notizen zum Text*

1 Lies den Text über Eichhörnchen. Nimm dazu die Schritte 1 bis 4 im Text zu Hilfe. Vervollständige den angefangenen Stichwortzettel aus Abbildung 1B in deinem Hefter.

1 ***Naturschutzgebiet. A*** *Naturnahe Flusslandschaft;* ***B*** *Biber;* ***C*** *Fischotter*

7 Vom Aussterben bedrohte Tiere brauchen unseren Schutz

Hast du schon einmal einen Fischotter oder Biber in der Natur beobachtet? Wahrscheinlich nicht. Beide Säugetiere sind sehr selten geworden. Dafür gibt es verschiedene Gründe.

Biber leben in Familiengruppen an sauberen Flüssen oder Seen mit lichten Laubholzwäldern. Die Tiere sind scheu und meist nachtaktiv. In ungestörten Gegenden fressen sie auch tagsüber Wurzeln, junge Sprosse und Rinde.

Fischotter bewohnen ebenfalls saubere und ruhige Flüsse und Seen. Sie ernähren sich von Fischen. Deshalb wurden sie von Fischern und Teichbesitzern verfolgt und abgeschossen. Auch wegen ihrer Felle stellte man Bibern und Fischottern nach. Zusätzlich wurde ihr Lebensraum vom Menschen stark verändert, hauptsächlich durch Düngemittel, ungeklärte Abwassereinleitung und chemische Schädlingsbekämpfungsmittel. Heute findet man Fischotter nur noch in naturnahen Flusslandschaften. Hier gibt es Flussufer mit großen Bäumen, zwischen deren Wurzeln die Otter ihre Baue anlegen.

Neben Fischotter und Biber sind von den 94 heimischen Säugetierarten noch weitere 47 Arten gefährdet. Dazu gehören alle Fledermausarten, Seehund, Luchs und Wildkatze. Hauptursache für das Verschwinden dieser Arten ist die Zerstörung der natürlichen Lebensräume durch den Menschen. Wälder werden gerodet, Flüsse begradigt, Sümpfe trockengelegt und Straßen gebaut. Durch diese Veränderungen gehen Nahrungs-, Versteck- und Überwinterungsmöglichkeiten für die Tiere verloren. Ein langfristiger Schutz bedrohter Säuger ist deshalb nur möglich, wenn es gelingt, die ursprünglichen Lebensräume zu erhalten oder wiederherzustellen. Die Tiere selbst müssen auch geschützt werden. Ihre Bestände werden regelmäßig überwacht. Beim Biber gibt es bereits erste Erfolge. Ihre Zahl stieg in den letzten zehn Jahren auf 4000 Tiere, die an Isar, Elbe und Donau verbreitet sind. Seit 1993 werden einige Tiere sogar in andere Länder ausgesiedelt, in denen sie fast ausgestorben waren.

Viele heimische Säugetierarten sind gefährdet. Ursachen dafür sind frühere Bejagung, Zerstörung ihrer Lebensräume und zunehmende Umweltverschmutzung. Durch Schutz der Lebensräume und Tierarten können die Tiere vor dem Aussterben bewahrt werden.

1 Nenne Maßnahmen zum Arten- und Biotopschutz. Nutze dazu die Pinnwand Seite 95.

BEDROHTE HEIMISCHE SÄUGETIERE

Igel

Lebensraum: in Gärten, Gebüschen und Hecken
bedroht durch: Autoverkehr (wird häufig überfahren); fehlende Überwinterungsplätze
Hilfe: Anlegen von Reisighaufen zum Überwintern im Garten; Igelstationen

Eine Grundlage für den Artenschutz ist die **Rote Liste** der gefährdeten Tiere und Pflanzen in der Bundesrepublik Deutschland. Sie enthält eine nach Gefährdungsgraden abgestufte Übersicht. Dabei werden fünf Gefährdungsstufen unterschieden:

1. **Ausgestorbene, ausgerottete oder verschollene Arten** (z. B. Braunbär)
2. **Vom Aussterben bedrohte Arten** (z. B. Biber und Fischotter)
3. **Stark gefährdete Arten** (z. B. Seehund)
4. **Gefährdete Arten** (z. B. Siebenschläfer und Haselmaus)
5. **Potentiell gefährdete Arten** (z. B. Murmeltier)

Seehund

Lebensraum: Nordsee
bedroht durch: früher Jagd, heute Verschmutzung
Hilfe: Schutzgebiete zur ungestörten Aufzucht der Jungen; Robbenstationen

Siebenschläfer

Lebensraum: in Wäldern, Obstgärten und in waldnahen Gebäuden
bedroht durch: chemische Schädlingsbekämpfung, Rückgang ungestörter Obstgärten
Hilfe: Angebot von Wohnhöhlen und Überwinterungsmöglichkeiten

Schutzmaßnahmen

Artenschutz: Schutz aller vom Aussterben bedrohten Tier- und Pflanzenarten. Die Vielfalt möglicher Maßnahmen reicht von Nisthilfen bis zu Einfuhrverboten.
Biotopschutz (Biotop = Lebensraum): Wiederherstellung eines Biotops, also eines abgegrenzten Lebensraumes von Pflanzen- und Tiergemeinschaften mit typischen Umweltbedingungen, zum Beispiel Auwälder, Trockenrasen, Moore.
Naturschutz: Unterschiedliche Schutzmaßnahmen mit dem Ziel, frei lebende Pflanzen- und Tierarten und die dazugehörigen Biotope zu erhalten.

Haselmaus

Lebensraum: Wälder, Gebüsche und Feldgehölze im Mittelgebirgsraum
bedroht durch: Beseitigung vieler Hecken und Gebüsche; intensive Forstwirtschaft
Hilfe: Anlegen von Hecken; Anbieten von Nistkästen für den Bau eines Kugelnestes

Großes Mausohr

Lebensraum: an Waldrändern, Hecken, in Ortschaften in Dachstühlen, Stollen und Gewölben (Ruheplatz)
bedroht durch: fehlende alte Gemäuer; früher aus Aberglaube und Unkenntnis getötet
Hilfe: Angebot von Unterkünften und Überwinterungsmöglichkeiten

1 Sportlerin

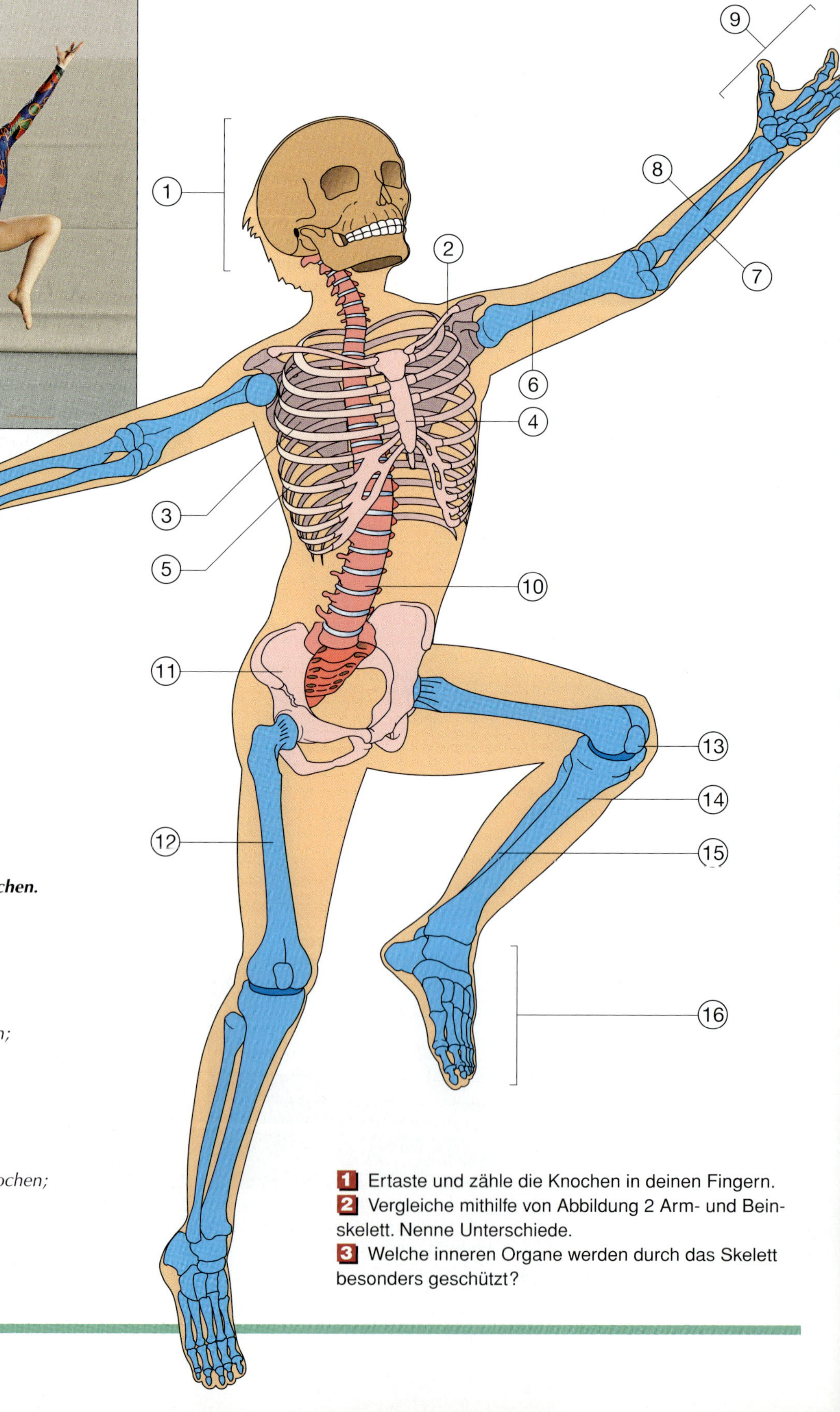

2 Skelett des Menschen.
① Kopfskelett; ② Schlüsselbein; ③ Schulterblatt; ④ Brustbein; ⑤ Rippe; ⑥ Oberarmknochen; ⑦ Elle; ⑧ Speiche; ⑨ Handskelett; ⑩ Wirbelsäule; ⑪ Hüftknochen; ⑫ Oberschenkelknochen; ⑬ Kniescheibe; ⑭ Schienbein; ⑮ Wadenbein; ⑯ Fußskelett

1 Ertaste und zähle die Knochen in deinen Fingern.

2 Vergleiche mithilfe von Abbildung 2 Arm- und Beinskelett. Nenne Unterschiede.

3 Welche inneren Organe werden durch das Skelett besonders geschützt?

8 Der Mensch – ein Säugetier

8.1 Merkmale des Menschen

Treffen die biologischen Grundprinzipien auch auf den Menschen zu? Fragen wir zunächst nach dem Zusammenhang zwischen Bau und Funktion beim menschlichen Körper. Dies lässt sich gut am Skelett untersuchen.

Als zentrale Achse des Rumpfskeletts stützt die Wirbelsäule den Körper. Im Brustbereich setzen seitlich 12 bewegliche Rippenpaare an, die sich bogenförmig nach vorne krümmen. Dort sind sie elastisch mit dem Brustbein verbunden und bilden den Brustkorb. Dieser hat die Aufgabe, innere Organe wie das Herz und die Lungen zu schützen. Einen derartigen Brustkorb finden wir bei allen Säugetieren, auch z. B. beim Hund. Ein Vergleich der Schultergürtel von Mensch und Hund lässt noch weitere Ähnlichkeiten erkennen. Wir finden je zwei Schulterblätter in vergleichbarer Lage und Form. Es gibt aber auch Unterschiede. Anders als der Hund besitzt der Mensch im Schultergürtel zusätzlich zwei Knochen, nämlich die Schlüsselbeine. Weitere Unterschiede finden wir beim Bau der Füße. Die Füße müssen beim Menschen das gesamte Körpergewicht tragen und sind daher mit gewölbten Sohlen ausgebildet. Diese Unterschiede hängen mit dem **aufrechten Gang** des Menschen zusammen. Die Hände des Menschen dienen nicht der Fortbewegung, sie sind gut bewegliche **Greifhände.** Hände und Füße sind gut an ihre Funktionen angepasst.

Es fällt also schon bei oberflächlicher Betrachtung auf, dass viele Skelettmerkmale des Menschen mit denen von Säugetieren vergleichbar sind. Gibt es noch weitere gemeinsame Merkmale von Mensch und Säugetieren?

Beispielsweise besitzt der Mensch vier unterschiedliche Zahntypen. Wir finden im Gebiss von Erwachsenen Schneidezähne, Eckzähne, Vorbackenzähne und Backenzähne. Dies gilt auch für die meisten Säugetiere. Beim Menschen ist die Körperoberfläche zum Teil mit Haaren bedeckt. Eine behaarte Körperoberfläche besitzen auch die meisten Säugetiere, oft ist ein dichtes Fell ausgebildet. Eine weitere Gemeinsamkeit betrifft die Entwicklung: Bei Hunden entwickeln sich die Jungen im Körper der Mutter und werden nach der Geburt mit einer nährstoffreichen Milch genährt. Auch beim Menschen entwickelt sich das Kind während der *neunmonatigen Schwangerschaft* im Leib der Mutter und wird nach der Geburt mit Muttermilch gestillt.

Der Mensch ist also unter biologischen Gesichtspunkten eindeutig ein Säugetier.

Zu den biologischen Grundprinzipien gehört auch das Verhalten. Wir können daher auch nach dem typischen Verhalten des Menschen fragen. Warum reagieren die meisten Menschen auf den Anblick eines menschlichen Babys oder auch eines Tierbabys mit freundlicher Zuneigung? Offenbar reagieren sie hier auf bestimmte Merkmale. Auch Lächeln oder Grüßen durch Kopfnicken werden von allen Menschen in gleicher Weise verstanden. Solche einfachen Verhaltensmuster gehören zu einer Grundausstattung, die jeder Mensch in gleicher Weise besitzt.

Andererseits zeigen sich im Verhalten des Menschen auch deutliche Unterschiede zum Verhalten von Tieren. Menschen verständigen sich untereinander durch Gesten und Zeichen und vor allem durch eine komplizierte **Lautsprache.** Derartiges findet man nirgendwo im Tierreich. Grundlage dieser Fähigkeit ist ein **hochentwickeltes Gehirn,** das an Komplexität das der Tiere übertrifft.

Mit der Sprache ist es dem Menschen möglich, komplizierte, neue Situationen zu beschreiben und anderen Menschen mitzuteilen. Die Sprache macht es auch möglich, einmal gemachte Erfahrungen an die nachfolgenden Generationen weiterzugeben. Schließlich können auf der Grundlage der Sprache Informationen niedergeschrieben oder in anderer Form dauerhaft festgelegt werden. Dadurch haben Menschen im Laufe der Zeit ein *umfangreiches Wissen* angesammelt. Dieses Wissen ermöglicht es Menschen, sich gegenüber ihrer Umwelt anders zu verhalten als Tiere.

Sein hochentwickeltes Gehirn befähigt den Menschen aber auch in besonderer Weise, *Probleme zu erkennen* und diese *durch Überlegungen zu lösen.* Er kann sich so in neue Situationen hineindenken, bevor sie eintreten, und dadurch Gefahren vermeiden.

Der Mensch verändert aber auch seine Umwelt. Er verwendet Werkzeuge und benutzt das Feuer. Durch die Anwendung chemischer Verfahren schafft er neue Materialien. Durch Kunstwerke, Tanz und Musik kann er seinen Gefühlen Ausdruck verleihen. So entstand auf der Grundlage von Wissenschaft und Kunst die menschliche **Kultur.**

Der Mensch gehört biologisch zu den Säugetieren, unterscheidet sich von diesen aber durch den aufrechten Gang und sein hochentwickeltes Gehirn, das ihm einzigartige geistige Fähigkeiten verleiht. Diese zeigen sich in seiner Sprache, der Problemlösefähigkeit und in seiner Kultur.

A

B

1 Jungen und Mädchen – ein problemloses Verhältnis?

8.2 Auf dem Weg zum Erwachsenwerden

Sebastian wird 11 Jahre alt. Eigentlich hätte er die beiden Mädchen aus dem Nachbarhaus gern zu seiner Geburtstagsfete eingeladen, doch das war auf einmal nicht mehr so einfach. Letztes Jahr noch feierte er gemeinsam mit Lisa und Jenny. Dieses Jahr traute er sich nicht so recht, sie wieder einzuladen. Jan, sein bester Freund, spielte sich in Gegenwart von Mädchen immer so „obercool" auf. Und überhaupt: Was würden wohl die andern sagen, wenn er Mädchen einladen würde? Außerdem war er sich auch nicht sicher, ob Lisa und Jenny überhaupt kommen würden. Neulich, als er sie in der Fußgängerzone mit ihren Freundinnen getroffen hatte, hatten sie ihn ziemlich hochnäsig behandelt. Alle waren plötzlich so komisch. Was war in der letzten Zeit mit ihnen geschehen?

Zwischen dem 10. und dem 14. Lebensjahr verändern sich Mädchen und Jungen. Der Umgang mit dem anderen Geschlecht wird schwieriger. Gleichaltrige Mädchen und Jungen finden sich in dieser Zeit meist gegenseitig ziemlich albern. Die Mädchen sind am liebsten mit anderen Mädchen zusammen, Jungen fühlen sich häufig in Jungengruppen am wohlsten. Man kann dort über die anderen reden, herumalbern, lachen oder Probleme diskutieren. Die Meinungen der Freunde oder Freundinnen werden sehr wichtig. Man möchte dazugehören, in der Clique die gleichen Dinge tun, manchmal sogar die gleiche Kleidung tragen. Solche Verhaltensweisen sind in dieser Entwicklungsphase häufig zu beobachten. Es kann aber auch vorkommen, dass die Clique etwas vorhat, was man nicht mitmachen möchte. In einer solchen Situation sollte man zur eigenen Meinung stehen. Gute Freundinnen und Freunde erkennen auch andere Ansichten an.

Fachbegriff

Hormone

Hormone sind Stoffe, die in Hormondrüsen im Körper erzeugt und mit dem Blut verteilt werden. Sie werden nur in Geweben wirksam, deren Zellen auf die Hormone reagieren können. Hormone steuern Körpervorgänge.

Erwachsenen gegenüber werden Jungen und Mädchen in diesem Alter zunehmend kritischer. Sie wollen die Verhaltensweisen und Ansichten der Eltern oder Lehrer nicht mehr einfach übernehmen, sondern stärker selbst entscheiden. Äußerlich zeigt sich dies häufig an der Kleidung oder in der Gestaltung der Frisur.

Umgekehrt ist allerdings auch für Erwachsene der Umgang mit Mädchen und Jungen dieses Alters schwieriger geworden. Ihre Ansichten und Stimmungen können sich jetzt sehr schnell ändern. Manchmal sind sie „gut drauf" und dann wieder „total daneben". Ein solches Verhalten ist für Erwachsene nur noch schwer einzuschätzen und erfordert eine Menge Geduld und Einfühlungsvermögen. Alle diese Veränderungen können in dieser Zeit zu viel Ärger zu Hause und in der Schule führen. Auch Eltern sowie Lehrerinnen und Lehrer müssen sich erst daran gewöhnen, dass „ihre" Kinder langsam erwachsen werden.

Man nennt diese Entwicklungsphase, in der Mädchen zu Frauen und Jungen zu Männern werden, **Pubertät** (lateinisch „pubertas" = Geschlechtsreife). In dieser Zeit verändern sich auch die Merkmale des Geschlechts. Die bereits bei einem Kleinkind vorhandenen Geschlechtsmerkmale nennt man **primäre Geschlechtsmerkmale.** In der Pubertät bilden sich sowohl bei Jungen als auch bei Mädchen weitere Geschlechtsunterschiede aus. Diese werden als **sekundäre Geschlechtsmerkmale** bezeichnet.

Der Grund für die Veränderungen ist die vermehrte Bildung von *Geschlechtshormonen* im Körper. Der Zeitpunkt, wann bei einzelnen Mädchen und Jungen die Pubertät beginnt, ist ganz verschieden. Bei den meisten Mädchen beginnt die Produktion von Geschlechtshormonen schon vor dem 10. Geburtstag. Die ersten Veränderungen sind ziemlich bald danach zu beobachten. Bei Jungen beginnen die Veränderungen meistens etwas später. Der Entwicklungsunterschied gleicht sich nach einigen Jahren wieder aus.

Die Entwicklung vom Kind zum Erwachsenen nennt man Pubertät. Der Beginn der Pubertät ist für jedes Kind verschieden. Während der Körper heranreift, verändern sich auch Gefühle und Einstellungen. Mädchen und Jungen werden kritischer gegenüber Erwachsenen. Gleichaltrige Freundinnen und Freunde gewinnen zunehmend an Bedeutung.

2 „Mutprobe" – ein gutes Gefühl?

3 Immer wieder gibt es Streit

1 Beschreibe die Situation in den Abbildungen 1 A und 1 B. Vergleiche das Verhalten der Jungen und Mädchen.

2 Nenne Probleme in der Beziehung zu Gleichaltrigen, die in der Pubertät bei Mädchen und Jungen auftreten können.

3 Manche Eltern beklagen, dass ihre Kinder in der Pubertät „unausstehlich" geworden sind. Andererseits beklagen Jugendliche in der Pubertät, dass ihre Eltern sie „nicht verstehen". Nenne für beide Situationen einige Beispiele und erläutere.

8.3 Vom Jungen zum Mann

In den drei Bildern auf dieser Seite siehst du Michael mit 11, 13 und 16 Jahren. Mit 13 Jahren hatte sich sein Körper äußerlich stark verändert. Michael befand sich in der Pubertät. Sein Körper hatte sich deutlich gestreckt. Dieser Wachstumsschub dauerte etwa 2 bis 2½ Jahre. Manche Jungen in seiner Klasse waren in dieser Zeit bis zu 15 cm im Jahr gewachsen. Bei den Mädchen hingegen begann das rasche Wachstum etwa zwei Jahre früher. Mädchen im 5. und 6. Schuljahr sind deshalb durchschnittlich größer als die Jungen. Der Körper wächst aber nicht nur in die Länge, auch die Figur verändert sich. Michaels Schultern wurden sichtlich breiter, das Becken hingegen blieb schmal. Die Muskulatur wurde kräftiger. Bis zum 16. Lebensjahr wurde das Aussehen von Michael immer männlicher. Die Körperbehaarung nahm während der Pubertät insgesamt zu. Zuerst wuchsen oberhalb des Gliedes die Schamhaare, später setzte auch die Behaarung der Achselhöhlen ein und schließlich begann auch der Bartwuchs. Michael kann sich noch gut an seinen schmalen „Bartflaum" auf der Oberlippe erinnern. Bei einigen seiner Freunde ist noch eine Behaarung der Brust, des Bauches sowie der Beine hinzugekommen. Über die Veränderung seiner hellen Kinderstimme in eine tiefere Männerstimme hatte sich der 13-jährige Michael sehr gewundert. Das ist jedoch so zu erklären: Der Kehlkopf wächst und die Stimmbänder werden länger, sodass die Stimme tiefer und männlicher klingt. In der Pubertät überschlägt sich die Stimme leicht. Dann spricht man von *Stimmbruch.*

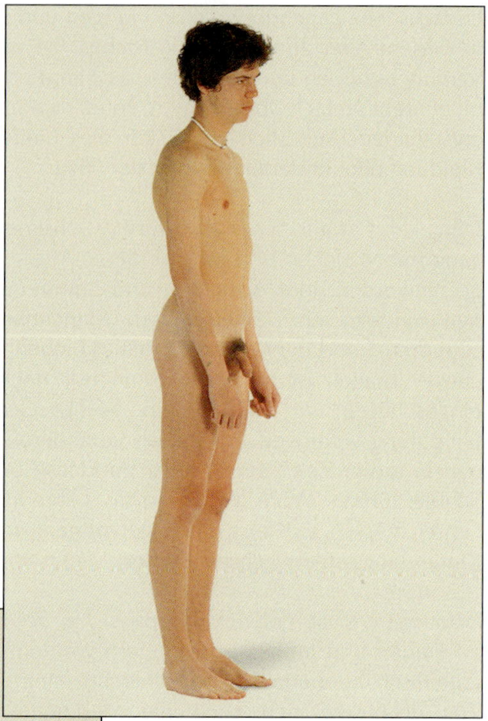

3 Michael, 16 Jahre

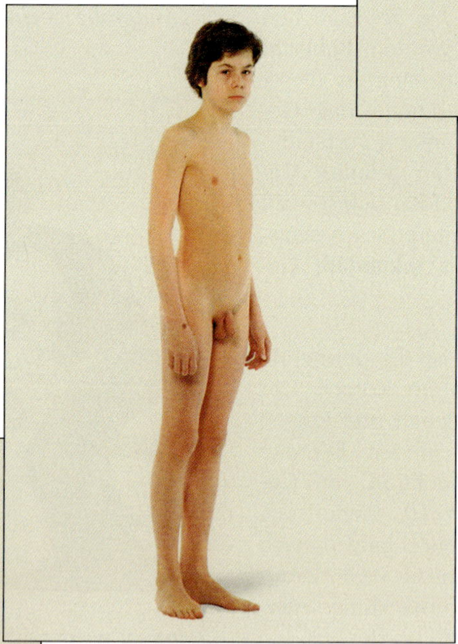

2 Michael, 13 Jahre

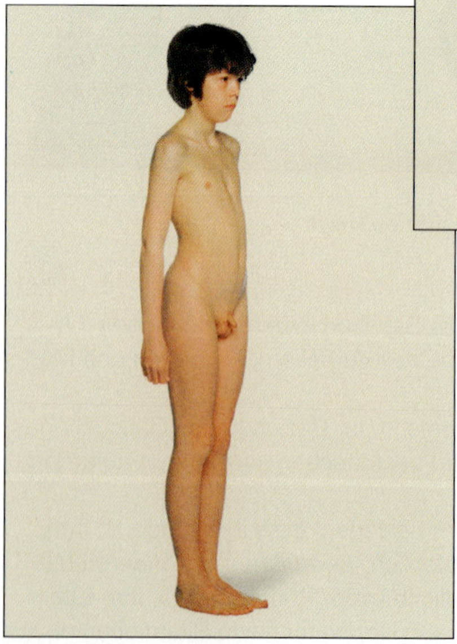

1 Michael, 11 Jahre

In der Pubertät entwickeln sich auch die Geschlechtsorgane: **Glied** und **Hoden** vergrößern sich. Im Inneren der beiden Hoden bilden sich ständig Millionen von männlichen Geschlechtszellen, die **Spermien.** Diese werden in den Nebenhoden gespeichert. Sind diese gefüllt, werden die Spermien zusammen mit etwas Flüssigkeit ausgestoßen. Die Flüssigkeit wird in der Vorsteherdrüse und in der Bläschendrüse gebildet. Die Spermien gelangen durch die beiden Spermienleiter und durch die Harnröhre im Glied nach außen. Das Ausstoßen der Flüssigkeit nennt man Spermaerguss. Er erfolgt bei Jungen meist im Schlaf und daher unbewusst. Einen Spermaerguss, der unbewusst erfolgt, bezeichnet man auch

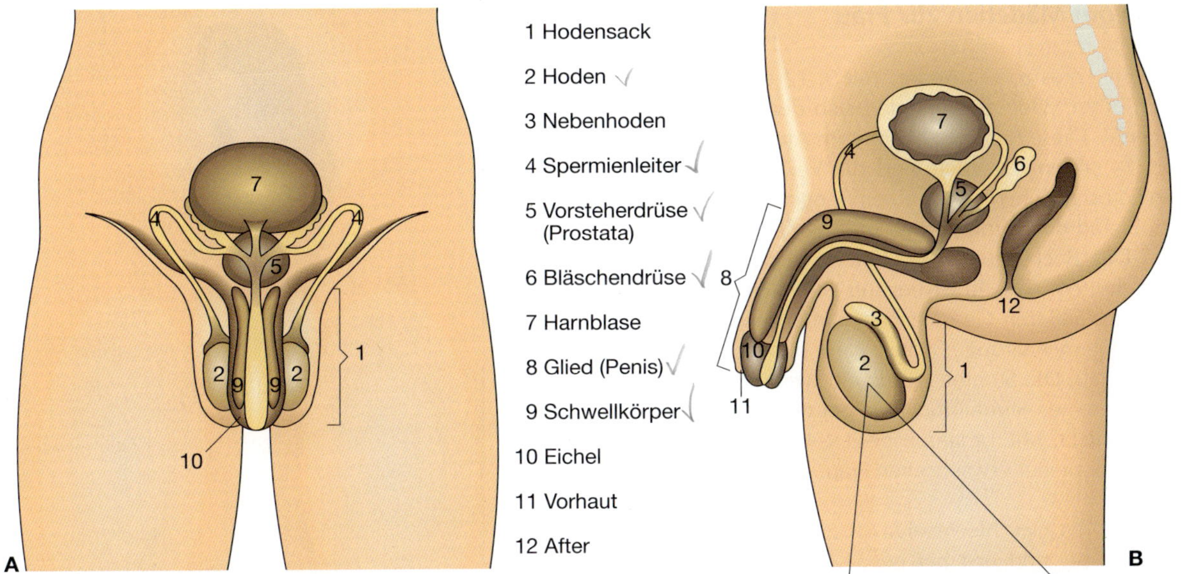

***4 Bau der männlichen Geschlechtsorgane. A** Aufsicht; **B** Längsschnitt; **C** Spermien (mikroskopisches Bild)*

als **Pollution.** Nach jedem Spermaerguss reifen erneut Millionen von Spermien heran. Mit Beginn der Pubertät wird das Glied auch häufiger steif. Eine solche Gliedversteifung nennt man **Erektion:** Die Schwellkörper im Glied werden mit Blut gefüllt. Das Glied wird dicker und länger und richtet sich auf. Eine Erektion kann auch durch Berührung des Gliedes ausgelöst werden, was mit einem angenehmen Gefühl verbunden sein kann. Dies ist ein ganz natürliches Verhalten, für das sich niemand zu schämen braucht.

> Fachbegriff
> **Hygiene**
>
> Bei der *täglichen Reinigung der Geschlechtsorgane* müssen die Stellen zwischen Vorhaut und Eichel gründlich gesäubert werden. Hier sammeln sich Harn- und Spermareste an, die einen unangenehmen Geruch verbreiten und zu schmerzhaften Entzündungen führen können.

Was löst die körperlichen Veränderungen während der Pubertät aus? Heute weiß man, dass die Vorgänge während und nach der Pubertät von bestimmten Wirkstoffen – den **Hormonen** – ausgelöst und gesteuert werden. Die **Hirnanhangsdrüse** sendet Hormone in die Hoden, die daraufhin männliche **Geschlechtshormone** bilden. Die Geschlechtshormone bewirken die Entwicklung und Reifung der Geschlechtsorgane. Sie sorgen auch dafür, dass sich alle männlichen Körpermerkmale in der Pubertät ausbilden.

> Während der Pubertät verändert sich nicht nur das Äußere des Körpers zum Erwachsenen, sondern auch die Geschlechtsorgane reifen heran. Diese Entwicklung nennt man Geschlechtsreife.

1 Nenne körperliche Veränderungen beim Jungen während der Pubertät.

2 Welche Bedeutung haben die Geschlechtshormone, die im Hoden hergestellt werden?

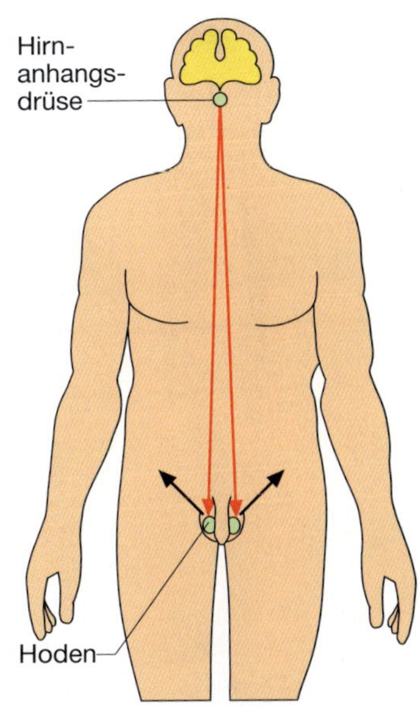

5 Hormone steuern die Entwicklung

8.4 Vom Mädchen zur Frau

Die drei Fotos zeigen Andrea mit 9, 12 und 14 Jahren. Auch beim Mädchen verändert sich der Körper in der Pubertät. Diese Reifezeit beginnt im Alter zwischen 10 und 14 Jahren. Deutlich sind die Veränderungen auf den Fotos zu sehen: Nach einem längeren Wachstumsschub sind die Körperformen insgesamt runder geworden. Das Becken und die Hüften wurden breiter als die Schultern. Die Brust begann zu wachsen. Im Bereich der äußeren Geschlechtsorgane entwickelte sich die Schambehaarung. Später kam die Achselbehaarung hinzu. Die Stimme wurde ein wenig dunkler und kräftiger, einen Stimmbruch wie bei den Jungen gibt es jedoch nicht. Mit 14 Jahren besitzt Andrea annähernd den Körper einer erwachsenen Frau.

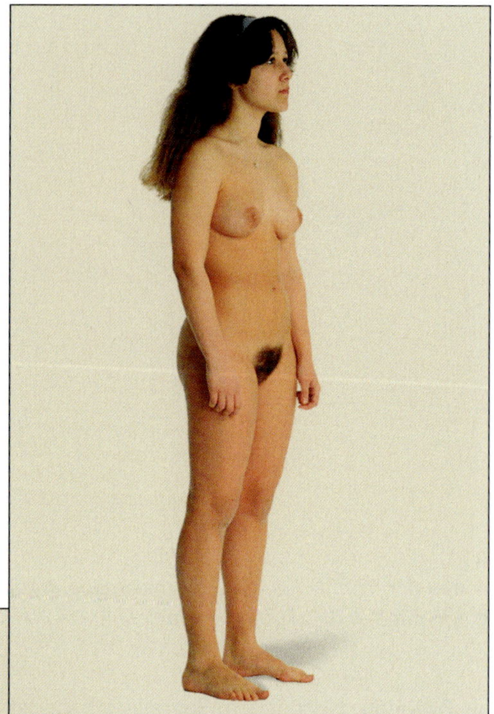

3 Andrea, 14 Jahre

Die äußeren Geschlechtsorgane der Frau sind erst bei gespreizten Beinen gut sichtbar. Sie bestehen aus verschiedenen Hautfalten, den großen und kleinen *Schamlippen*. Diese umschließen den Scheideneingang und die davon getrennte Öffnung der Harnröhre. Im vorderen Bereich zwischen den Schamlippen liegt der *Kitzler*. Wie die Eichel des Penis ist dieses Organ leicht erregbar. Bei der Berührung des Kitzlers können lustvolle Gefühle entstehen. Das ist ganz natürlich. Dafür braucht sich kein Mädchen zu schämen.

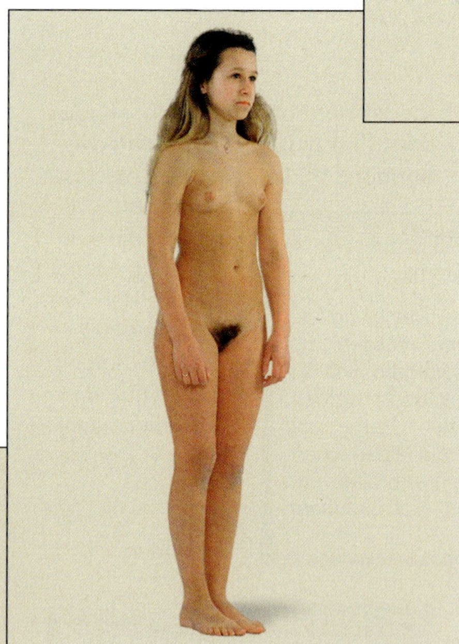

2 Andrea, 12 Jahre

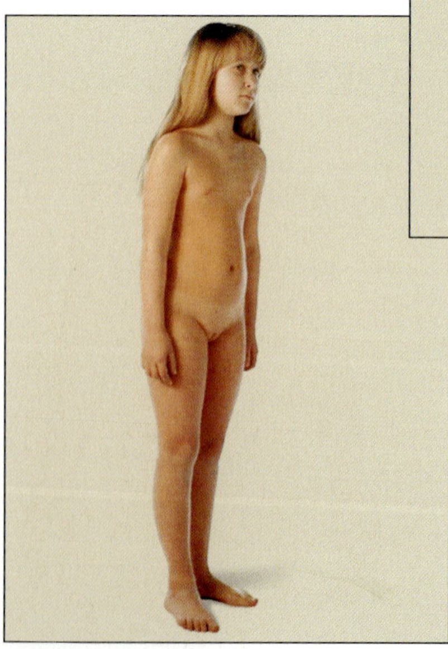

1 Andrea, 9 Jahre

Die *Scheide*, auch Vagina genannt, ist ein 10 cm langer Hohlmuskel. Der Scheideneingang wird zum größten Teil durch das Jungfernhäutchen verschlossen. Dieses schützende Häutchen wird beim ersten Geschlechtsverkehr oder auch schon vorher, z. B. beim Sport, eingerissen. Die Scheide führt nach innen zur **Gebärmutter.** Sie ist ein faustgroßer, dehnbarer Hohlmuskel, der von einer Schleimhaut ausgekleidet wird. Im oberen Bereich der Gebärmutter münden die beiden *Eileiter*. Es sind etwa 14 cm lange, bleistiftstarke Schläuche. Jeder dieser Eileiter erweitert sich am Ende zu einem fransenartigen Trichter, der teilweise über dem **Eierstock** liegt. In den Eierstöcken kommt es zur Bildung von weiblichen Geschlechtshormonen. Dies wird durch die Hormone der Hirnanhangsdrüse ausgelöst. Unter dem Einfluss der Geschlechtshormone werden auch die seelischen Veränderungen während der Pubertät bewirkt.

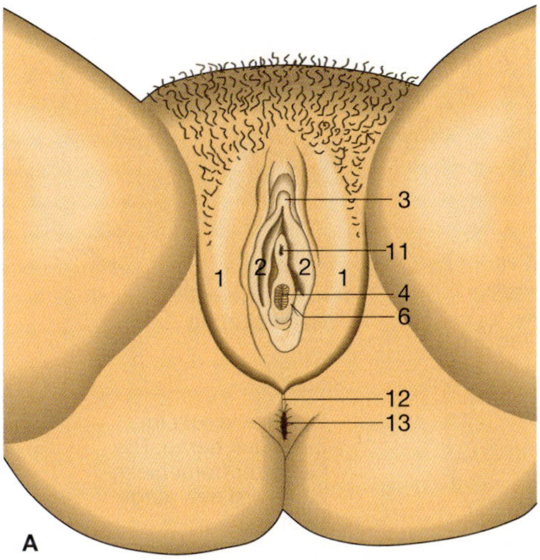

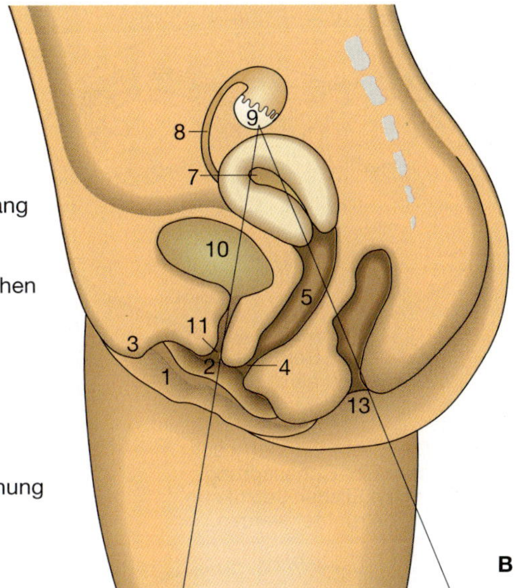

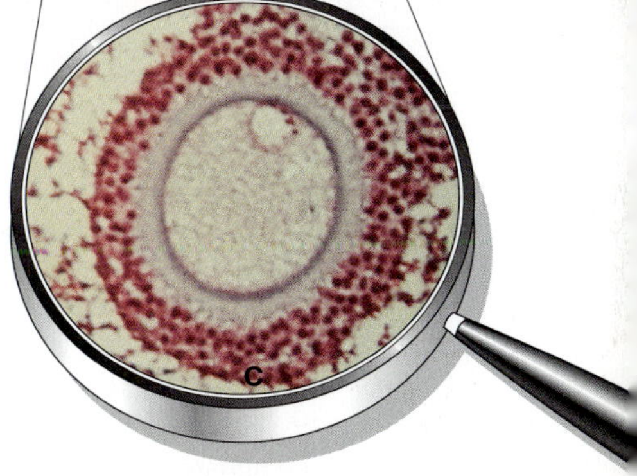

***4 Bau der weiblichen Geschlechtsorgane. A** Außenansicht (Schema); **B** Innenansicht (Längsschnitt); **C** Eizelle (mikroskopisches Bild)*

Jeder Eierstock enthält etwa 200 000 mikroskopisch kleine *Eizellen*. Jeden Monat reift unter dem Einfluss der *Hormone* eine Eizelle heran. Sie entwickelt sich in einem flüssigkeitsgefüllten Bläschen, dem *Follikel*. Er wandert innerhalb von etwa 14 Tagen an den Rand des Eierstockes. Dabei vergrößert er sich. Dann platzt der Follikel auf. Der Trichter des Eileiters legt sich an den Eierstock. Die reife Eizelle wird nun mit Follikelflüssigkeit in den Trichter des Eileiters gespült. Diesen Vorgang nennt man **Eisprung.** Die Eizelle kann sich, im Gegensatz zu den Spermien, nicht selbst fortbewegen. Die Flimmerhärchen im Eileiter erzeugen einen Flüssigkeitsstrom, der die Eizelle in Richtung Gebärmutter transportiert. Bis zu diesem Zeitpunkt ist die Gebärmutterschleimhaut bis auf das Fünffache ihrer ursprünglichen Dicke angewachsen. Sie ist nun auch stärker durchblutet und für das Einnisten und die Versorgung einer befruchteten Eizelle vorbereitet. Aus einer befruchteten Eizelle kann sich ein neuer Mensch entwickeln. Wird die Eizelle nicht befruchtet, stirbt sie ab. Die obersten Schichten der Gebärmutterschleimhaut werden nach 14 Tagen abgestoßen und mit etwas Blut durch die Scheide abgegeben. Diese Blutung nennt man **Menstruation.** Da sie alle 28 Tage (also etwa einmal im Monat) erfolgt, spricht man auch von Monats- oder Regelblutung. Unmittelbar nach der Regelblutung finden die Vorgänge im Eierstock und in der Gebärmutter erneut statt.

Unter dem Einfluss von Hormonen entwickelt sich das Mädchen in der Pubertät zur Frau. Es kommt zu sichtbaren Veränderungen. In den Eierstöcken reifen Eizellen. Der Eisprung führt zur monatlichen Menstruation.

1 Beschreibe den Zusammenhang zwischen der Eireifung und den Veränderungen in der Gebärmutterschleimhaut.

2 Beschreibe die Wirkung der Hormone während der Pubertät. Nimm auch Abbildung 5 zu Hilfe.

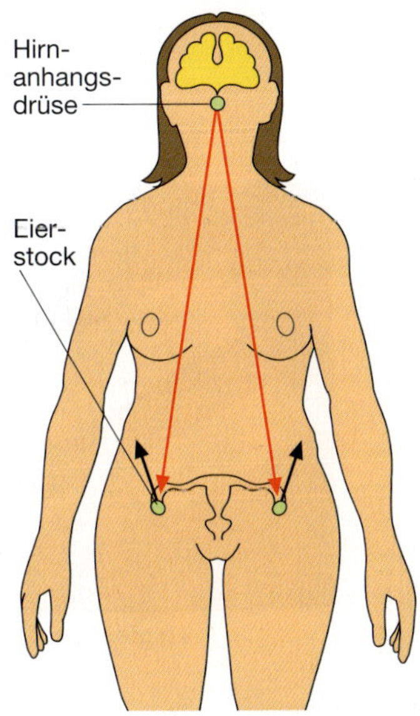

5 Hormone steuern die Entwicklung

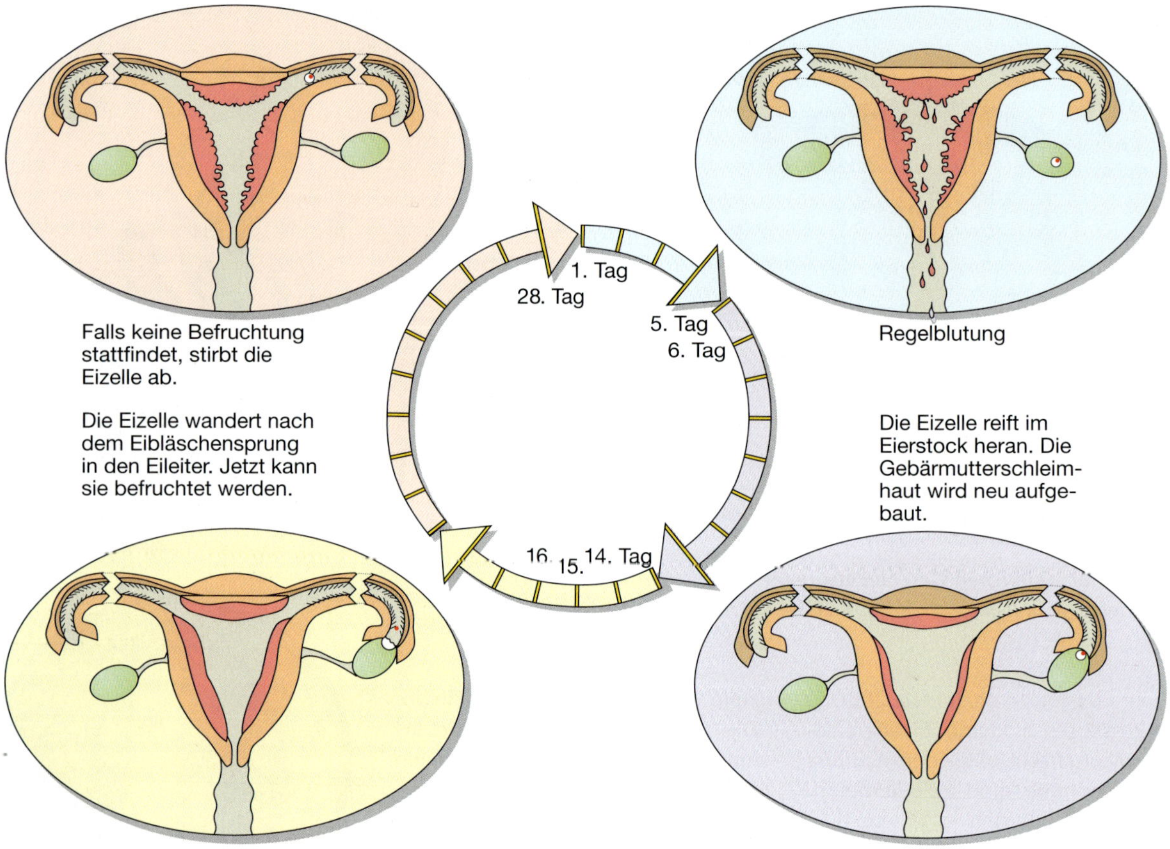

6 Der weibliche Zyklus

3 Beschreibe anhand des Textes und der Abbildung die Vorgänge der Eireifung.

4 Im Verlauf der Pubertät zeigen sich körperliche Veränderungen. Vergleiche diese beim Mädchen und beim Jungen. Welche Unterschiede sind zu nennen?

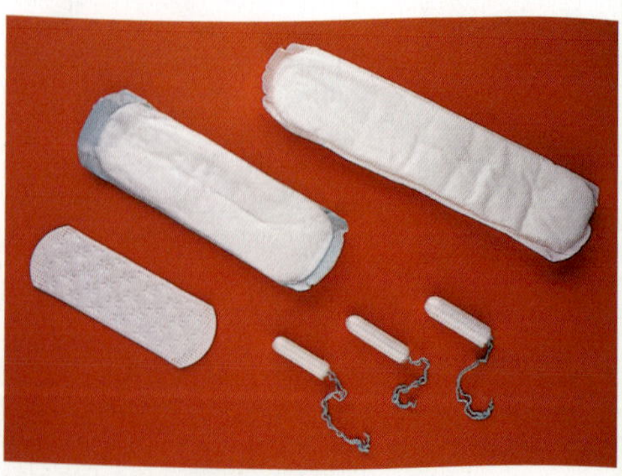

Hygieneartikel der Frau

56

Tipps zur Körperpflege während der Monatsblutung

Besprich mit deiner Mutter oder Freundin die Möglichkeiten der Körperhygiene während der Monatsblutung. Du musst selbst entscheiden, was für dich am angenehmsten ist. Am Anfang ist der Gebrauch einer Binde sicher leichter. Später wirst du vielleicht einen Tampon benutzen. Blut selbst riecht nicht. An der Luft wird das Blut aber durch Bakterien zersetzt, die einen unangenehmen Geruch verursachen können. Binde oder Tampon musst du daher häufig wechseln. Achte noch mehr als sonst auf regelmäßige Körperpflege! Tägliches Abduschen ist besser als ein Wannenbad, da dort Ansteckungsgefahr droht.

57

8.5 Schwangerschaft und Geburt

Wenn sich eine Frau und ein Mann lieben, entsteht meist der Wunsch, „miteinander zu schlafen". Mit diesen Worten umschreibt man häufig den Geschlechtsverkehr. Dabei wird das steife Glied des Mannes in die Scheide der Frau eingeführt. Kommt es dort zu einem Spermienerguss, bewegen sich die Spermien von der Scheide durch die Gebärmutter in die beiden Eileiter. Treffen die Spermien des Mannes dort auf eine reife Eizelle der Frau, dringt eines von ihnen in die Eizelle ein. Die Kerne der beiden Zellen wandern nun aufeinander zu und verschmelzen miteinander. Diesen Vorgang nennt man **Befruchtung.** Anschließend wird die befruchtete Eizelle durch die Bewegung von Flimmerhärchen des Eileiters in die Gebärmutter befördert. Etwa eine Woche nach der Befruchtung nistet sich die Eizelle, die sich bis dahin bereits mehrfach geteilt hat, in der Gebärmutterschleimhaut ein. Damit beginnt die **Schwangerschaft.**

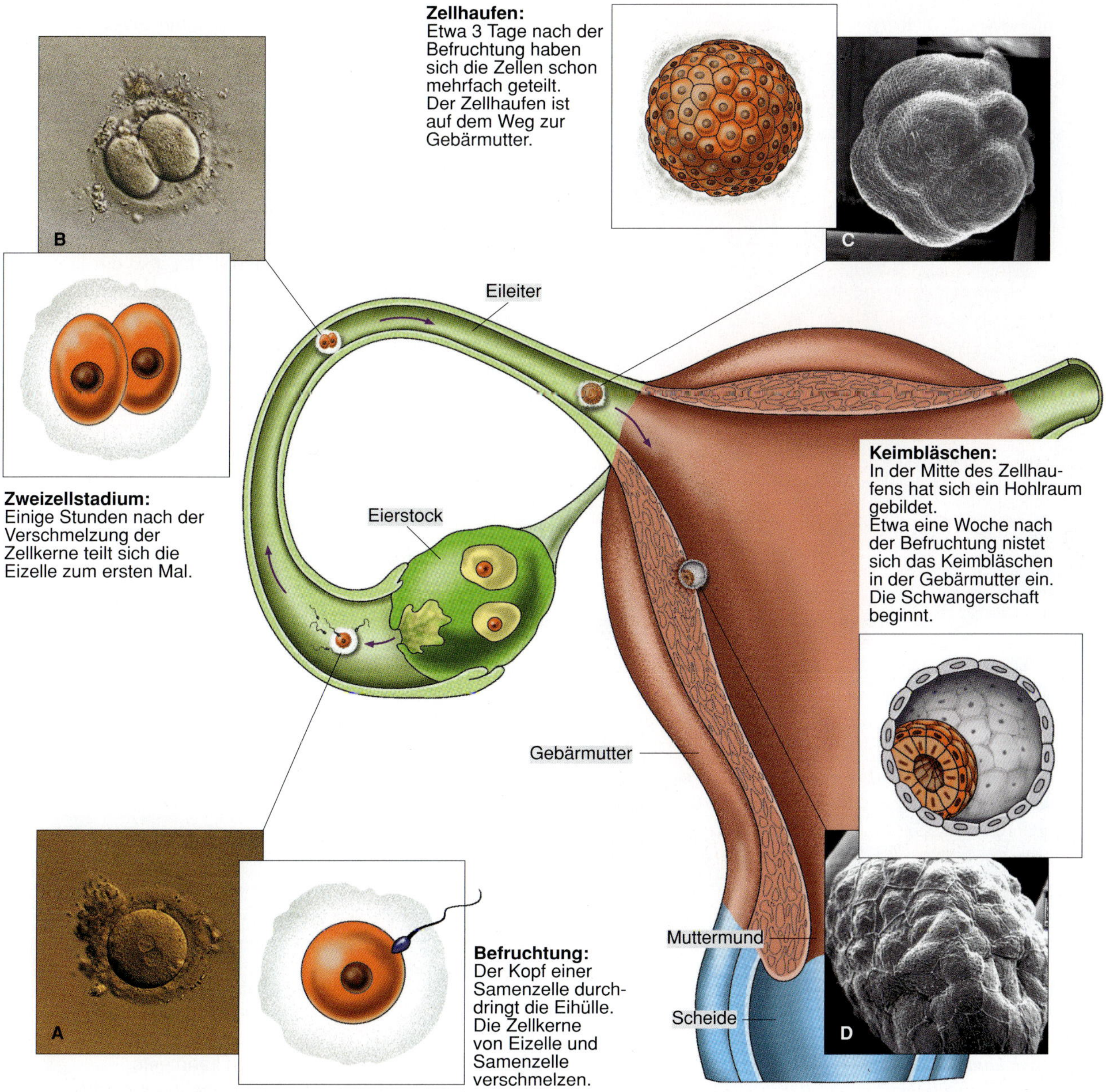

1 Weg der befruchteten Eizelle und erste Entwicklungsschritte

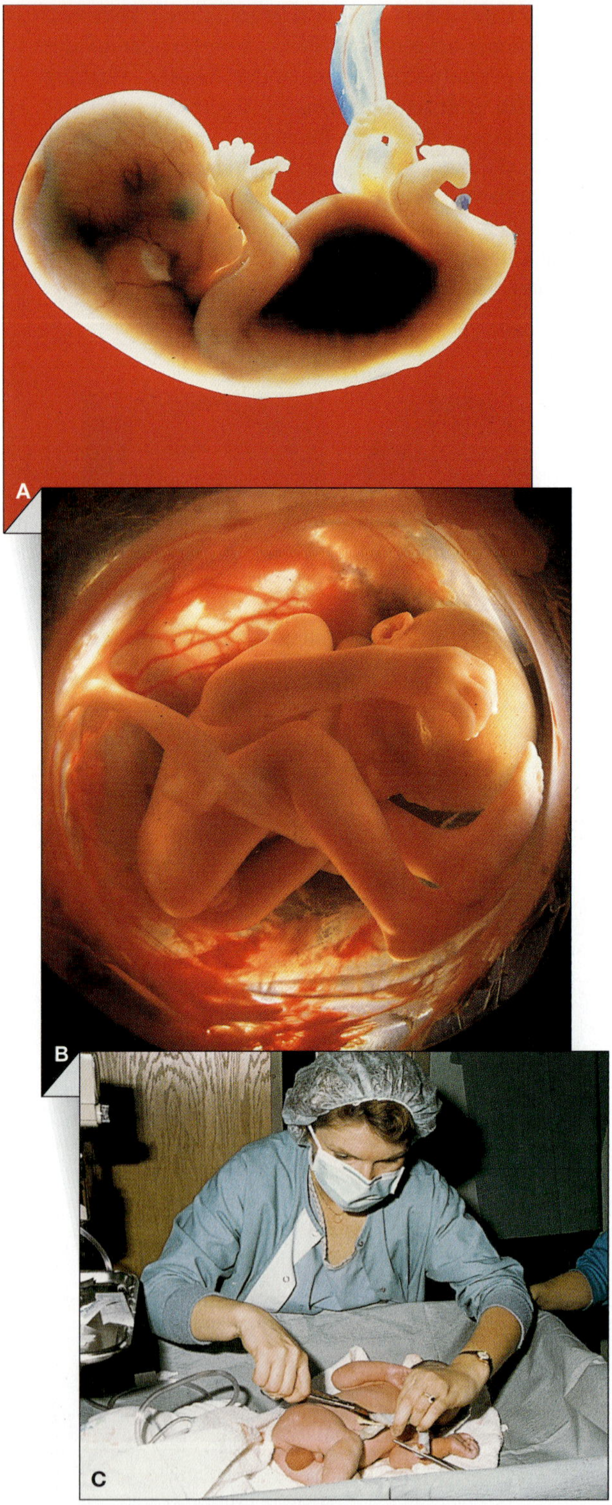

*2 **Entwicklung eines Kindes***
***A** Embryo, etwa 9 Wochen alt; **B** Fetus, 25. Woche;*
***C** Abklemmen der Nabelschnur beim Neugeborenen*

Das Kind wächst nun in der Gebärmutter heran. Zunächst kann man in dem jungen Keim, dem **Embryo,** nur schwer ein menschliches Wesen erkennen. Doch schon innerhalb der ersten acht Wochen werden alle Organe angelegt. Die Frau erkennt jetzt am Ausbleiben ihrer Regelblutung, dass sie schwanger ist.

Vom 3. Monat an wird der Keim **Fetus** genannt. Alle Organe sind schon ausgebildet und nehmen an Größe zu. Bis zur Geburt schwimmt er in der *Fruchtblase,* die mit *Fruchtwasser* gefüllt ist. Dieses schützt den Fetus vor Erschütterungen und ermöglicht ihm Bewegungsfreiheit. Ab dem 5. Monat kann die Mutter bereits erste Bewegungen des Kindes spüren. Das Kind wird von der Mutter über die *Nabelschnur* versorgt. Die Nabelschnur beginnt am Bauch des Kindes und endet im *Mutterkuchen.* So werden vom Mutterkuchen Nährstoffe und Sauerstoff in den Körper des Kindes transportiert. Gleichzeitig werden über die Nabelschnur Abfallstoffe in den Mutterkuchen und damit in die Blutbahn der Mutter geleitet. Die Mutter scheidet diese Stoffe dann aus. Im Mutterkuchen findet also ein Stoffaustausch zwischen dem mütterlichen und dem kindlichen Blut statt.
Nach neun Monaten ist die Entwicklung des Kindes im Mutterleib abgeschlossen. Es ist jetzt etwa 50 cm lang. Die **Geburt** kündigt sich durch *Wehen* an. Dabei ziehen sich die Muskeln der Gebärmutter immer wieder zusammen und verursachen der Mutter Schmerzen. Schließlich platzt die Fruchtblase und das Fruchtwasser fließt heraus. Die eigentliche Geburt beginnt mit dem Erscheinen des Köpfchens. Jetzt hilft die Hebamme, die Ärztin oder der Arzt. Der Kopf wird angehoben und das Kind wird aus der Scheidenöffnung gezogen. Sobald das Kind die Scheide verlassen hat, beginnt es selbstständig zu atmen. Ein paar Minuten nach der Geburt wird die Nabelschnur einige Zentimeter vor dem Bauch des Kindes an zwei Stellen abgeklemmt und durchtrennt. Diesen Vorgang nennt man **Abnabelung.** Aus dem Fetus ist ein **Säugling** geworden.

Bei der Befruchtung verschmelzen eine Eizelle und ein Spermium. Mit dem Einnisten der befruchteten Eizelle in der Gebärmutterschleimhaut beginnt die Schwangerschaft. Der Geburtsvorgang beginnt mit dem Einsetzen der Wehen. Nach der Geburt wird das Kind abgenabelt.

1 Durch welche Verhaltensweisen kann eine Schwangere zur gesunden Entwicklung ihres Kindes beitragen?

8.6 Dein Körper gehört dir!

Schlagzeilen wie in dem nebenstehenden Zeitungsartikel findet man immer wieder in Tageszeitungen. Meist gehen die Mädchen nach so einem schrecklichen Erlebnis mit ihren Eltern zur Polizei und zeigen den Täter an. Zeitungsreporter greifen dann diese Vorfälle auf und berichten darüber. Doch solche Vorfälle sind trotz allem eher Einzelfälle. Zwar sind es fast immer Männer, die Mädchen oder manchmal auch Jungen belästigen oder sexuell missbrauchen, aber nur selten ist es ein ganz fremder Mann. Viel öfter sind es Männer, die die Mädchen und Jungen kennen. Das können andere Jungen aus der eigenen Schule sein, ein Mann aus der Nachbarschaft oder sogar jemand aus der eigenen Familie. Meistens ist der Tatort auch nicht ein dunkler Park oder eine abgelegene Straße, sondern eine vertraute Wohnung und sehr häufig ist gar keine brutale Gewalt im Spiel.

Mädchen und Jungen, die sexuell missbraucht werden, wissen häufig nicht, wie sie sich verhalten sollen. Oft glauben sie, dass es nur ihnen so geht und sie geben sich sogar noch selber die Schuld. Sie trauen sich nicht, darüber zu reden, denn sie haben Angst, dass ihnen niemand glaubt. Häufig müssen sie auch versprechen, niemand etwas über dieses „Geheimnis" zu erzählen. Doch es ist sehr wichtig, darüber zu reden. Wenn sich keine Vertrauensperson zum Reden finden lässt, gibt es andere Stellen, wo Mädchen und Jungen alleine hingehen und sich aussprechen können, wo ihnen geglaubt wird.

Berührungen und Zärtlichkeiten können schöne Gefühle auslösen. Wenn sie aber unangenehm sind oder komische Gefühle auslösen, dann solltest du Folgendes wissen:

- Dein Körper gehört dir! Du hast das Recht zu bestimmen, wer dich anfassen darf und wer nicht!
- Du hast das Recht, alle Zärtlichkeiten und Berührungen, die du nicht magst, sehr deutlich abzulehnen!
- Du hast das Recht, unheimliche, merkwürdige oder unangenehme Geheimnisse zu erzählen, auch wenn du versprochen hast, es nicht zu tun!

Jedes Kind darf selber bestimmen, wo und wie es angefasst werden möchte. Wenn Mädchen und Jungen sexuell belästigt oder missbraucht werden, sollten sie darüber reden, auch wenn es ihnen verboten wurde.

Mädchen belästigt!

„**Leipzig** – Von einem Unbekannten wurde am Montagnachmittag eine 11-jährige Schülerin belästigt, als sie von der Schule nach Hause ging. In der Gartenstraße merkte sie, dass ihr ein Mann folgte. Direkt nach der Unterführung hielt er das Mädchen am Arm fest und berührte es unsittlich. Als die Elfjährige schrie und sich wehrte, ließ der Mann sie los und flüchtete …"

1 Bericht aus einer Tageszeitung

2 Deutliche Ablehnung

? Hier findest du Hilfe:

Deutscher Kinderschutzbund, Jugendamt, Frauenzentren, Mädchentreffs, Nottelefon für Kinder und Frauen, Pro Familia, Telefonseelsorge, … Die Telefonnummern stehen im Telefonbuch.

1 Betrachte die Abbildung 2. Nenne weitere Möglichkeiten um Ablehnung auszudrücken.

Vernetze dein Wissen

Körperbau, Lebensweise und Verwandtschaft bei Säugetieren

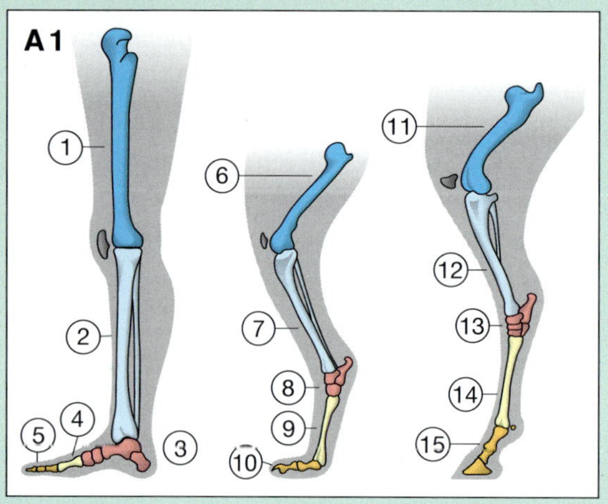

Die Abbildung zeigt die Hintergliedmaßen von verschiedenen Säugetieren.
a) Benenne die mit den Ziffern ① bis ⑮ gekennzeichneten Gliedmaßenteile.
b) Welcher Teil des Fußes berührt jeweils den Boden? Ordne den Abbildungen die Begriffe Zehengänger, Zehenspitzengänger und Sohlengänger zu.
c) Zu welchem Tier könnten die abgebildeten Gliedmaßen gehören?

A2 Nenne Merkmale, die Fledermäuse als Säugetiere ausweisen.

In Würzburg steht am Ufer des Mains das Hotel Walfisch. Begründe, warum die Bezeichnung Walfisch biologisch nicht korrekt ist.

A4 Am Gebiss eines Tieres kann man erkennen, ob es ein Fleischfresser, Pflanzenfresser oder Allesfresser ist.

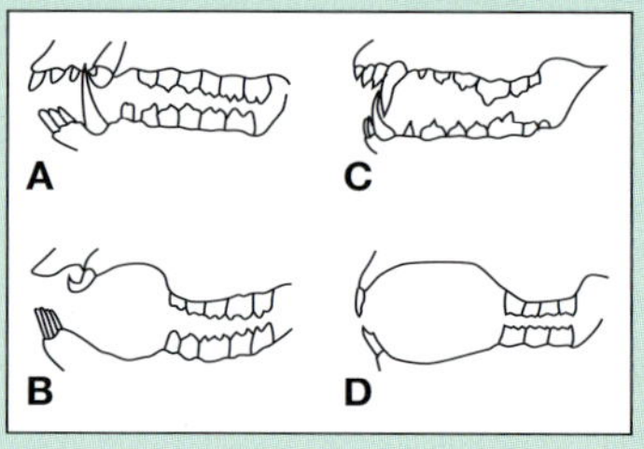

a) Entscheide.
b) Zu welchen Tierarten gehören die Gebisse?

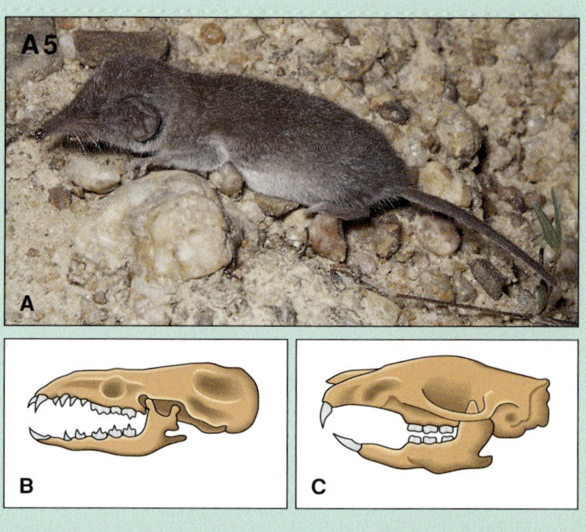

In der Abbildung sind eine Spitzmaus (A), der Schädel einer Spitzmaus (B) und zum Vergleich der Schädel einer Hausmaus (C) abgebildet.
Begründe, warum die Spitzmaus mit dem Maulwurf, nicht aber mit der Hausmaus näher verwandt ist.

Ordne die abgebildeten Tiere den Nesthockern oder den Nestflüchtern zu. Begründe jeweils. Erkläre den Unterschied zwischen beiden Gruppen von Tieren.

A7 Bei der Begegnung zweier Hunde sind folgende Verhaltensweisen zu beobachten: Der eine Hund krümmt seine Rute nach unten zwischen seine Hinterbeine und duckt sich, der andere Hund richtet die Rute auf und fletscht die Zähne.

a) Erläutere diese Verhaltensweisen. Stelle eine Beziehung zum Verhalten von Wölfen in einem Rudel her und erläutere.

b) Wie wird sich das Begegnungsverhalten der beiden Hunde weiter entwickeln? Nenne verschiedene Möglichkeiten und erläutere.

A8 Die Zeichnung zeigt ein Schema des Rindermagens.

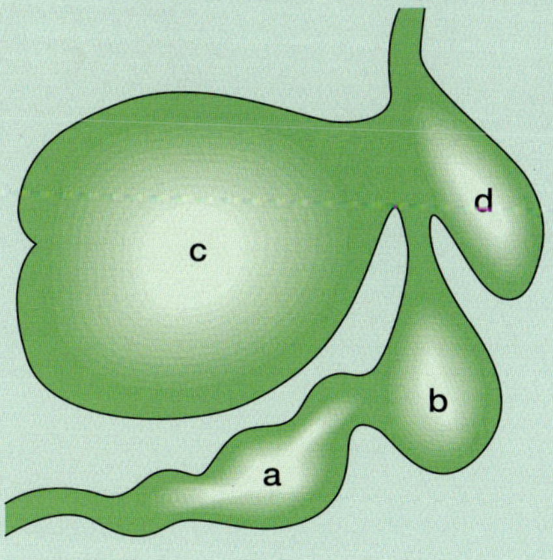

Benenne die Teile und beschreibe den Weg der Nahrung.

A9 Benenne das Atmungsorgan der Säugetiere und die gekennzeichneten Teile.

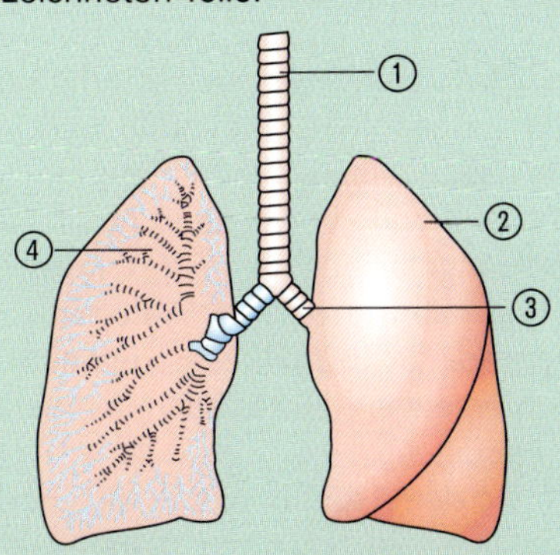

A10 Entscheide, welche Aussagen richtig sind.

a) Während der Pubertät entstehen die männlichen Geschlechtsorgane.

b) Die Eichel ist durch die Vorhaut geschützt.

c) In den Nebenhoden werden die Spermien gebildet.

d) Wenn sich die Schwellkörper mit Blut füllen, kommt es zu einer Erektion.

e) Bei einem Samenerguss werden Spermien durch die Harn-Samen-Röhre ausgestoßen.

f) Der Beginn der Pubertät ist bei jedem Kind verschieden.

g) Die erste Regelblutung einer Frau wird als Menarche bezeichnet.

A11

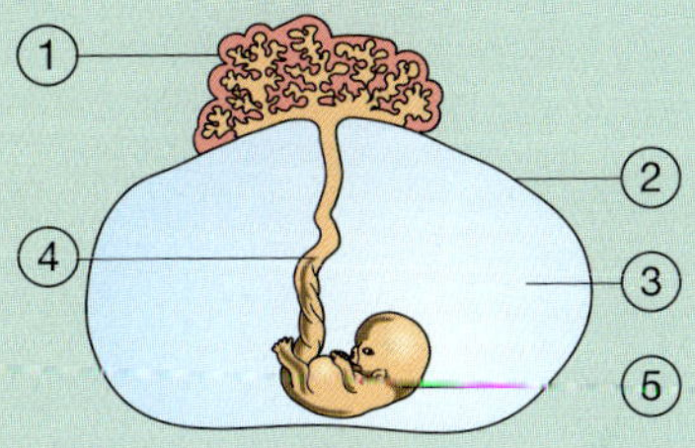

Die Abbildung zeigt einen menschlichen Embryo.

a) Ordne den Ziffern die entsprechenden Begriffe zu.

b) Welche Aufgaben haben ①, ③ und ④?

A12

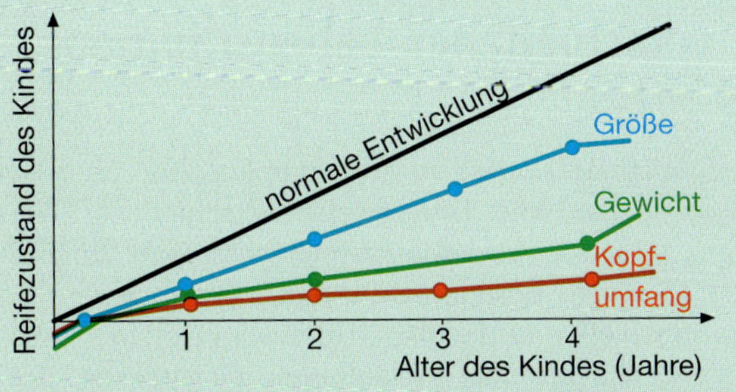

Die Grafik zeigt das Ergebnis einer ärztlichen Untersuchung von Kindern, deren Mütter während der Schwangerschaft Alkohol in größeren Mengen getrunken hatten.

a) Erläutere das Untersuchungsergebnis.

b) Auf welchem Weg können Substanzen wie Alkohol, Nikotin und andere Drogen in den Embryo gelangen?

Verwandtschaft der Wirbeltiere

1 Lebensräume von Wirbeltieren

1 Körperbau und Fortbewegung von Wirbeltieren in verschiedenen Lebensräumen

In Tierbüchern findest du nicht nur Angaben über das Aussehen und die Lebensweise verschiedener Tierarten. Meistens werden auch Hinweise zum Vorkommen in einem bestimmten Lebensraum gegeben. So sind beispielsweise Feldhasen Bewohner offener Steppenlandschaften oder Ackerfluren, Grasfrösche sind vorwiegend in feuchten Wiesen zu finden, Karpfen kommen in Seen und Teichen vor. Fast jede Tierart ist durch ihren Körperbau und die sich daraus ergebenden Leistungen des Körpers für das Leben in einem ganz bestimmten Lebensraum besonders gut angepasst.

Fische sind Wirbeltiere des Wassers. Ihr Körper ist stromlinienförmig und meist mit einer schleimigen Haut überzogen. Dadurch können diese Tiere beim Schwimmen mit einem geringen Kraftaufwand durch das Wasser gleiten. Zur Fortbewegung wird der Rumpf durch Muskeln in schlängelnde Bewegungen versetzt. Schläge der senkrecht stehenden Schwanzflosse übernehmen dabei den Hauptantrieb. Fische können nicht nur vor- und rückwärts schwimmen, sondern auch nach oben und nach unten. Als Höhen- und Tiefenruder dienen die Brust- und Bauchflossen.

Im Wasser leben zeitweise oder ständig auch andere Wirbeltiere, z.B. Molche, Krokodile und Wale. Auch diese Tiere haben einen stromlinienförmigen Körper. Molche und Krokodile bewegen sich wie Fische durch seitliche Schlängelbewegungen des Körpers und vor allem des Ruderschwanzes fort. Wale haben eine waagerecht liegende Schwanzflosse, deren Bewegungen den Vortrieb erzeugen. Die Vordergliedmaßen sind zu Flossen umgestaltet.
Wirbeltiere auf dem Land bewegen sich anders fort als Wasserbewohner. Sie brauchen Beine, mit denen sie sich am Boden abstoßen können. Diese Gliedmaßen

2 Fortbewegung bei Wirbeltieren

müssen mit der Wirbelsäule durch kräftige Knochen verbunden sein, dem Schultergürtel und dem Becken.

Bei Schwanzlurchen und Kriechtieren stehen die Beine seitlich vom Körper ab. Sie können den Körper kaum anheben. Daher schleift der Bauch beim Laufen meist auf dem Boden. Bei diesen Tieren führen Rumpf und Schwanz schlängelnde Bewegungen aus, weil die Beine jeweils über Kreuz bewegt werden. Bei manchen Kriechtieren sind die Beine ganz oder teilweise zurückgebildet, z. B. bei Blindschleichen und Schlangen. Diese Tiere haben einen lang gestreckten Körper, mit dem sie sich in schlängelnden Bewegungen fortschieben.

Eine besondere Form der Fortbewegung an Land haben die Froschlurche. Sie stoßen sich mit ihren langen Hinterbeinen ab und springen so vorwärts. Bei den Säugetieren sind die Beine unter dem Rumpf angebracht. Dadurch können sie das Körpergewicht besser tragen als die seitlich stehenden Beine der Kriechtiere. Mit ihren Beinen können Säugetiere sehr unterschiedliche Bewegungen ausführen, z. B. laufen, schleichen, klettern und springen.

Einige Säugetiere und die Vögel können sich auch in der Luft bewegen. Bei den Vögeln sind die Vordergliedmaßen zu Tragflächen mit Federn umgestaltet. Fledermäuse haben Flughäute als Flugorgane.

Wirbeltiere kommen in den Lebensräumen Wasser, Land und Luft vor. Sie bewegen sich unterschiedlich fort. Ihr Körperbau und ihre damit verbundenen Fähigkeiten sind dem jeweiligen Lebensraum angepasst, den sie bewohnen.

1 Benenne die Lebensräume, in denen folgende Wirbeltiere vorkommen: Gämse, Maulwurf, Ringelnatter, Adler, Großer Brachvogel, Forelle, Erdkröte, Reh.

2 Erläutere anhand der Abbildung 2 die Fortbewegung bei den verschiedenen abgebildeten Wirbeltieren.

1 Einordnung des Buchfinken in die Klasse der Vögel

2 Der Stammbaum der Wirbeltiere

Eulen, Greifvögel, Gänse, Störche, Sperlingsvögel … Hierbei handelt es sich um Gruppen von Vögeln, die man an bestimmten Merkmalen erkennen kann. „Gänse" kannst du sicher ohne Schwierigkeiten von „Greifvögeln" unterscheiden. Gänse sind große Vögel mit meist hellem Gefieder, gelbrotem Schnabel und Schwimmhäuten zwischen den Zehen. Diese Tiere suchen vor allem auf Wiesen nach pflanzlicher Nahrung. Greifvögel haben dagegen häufig ein dunkles, bräunliches Gefieder und einen kräftigen Hakenschnabel. Sie spähen meist aus der Luft nach Beute und greifen diese mit den kräftigen Krallen an ihren Füßen. Gänse und Greifvögel lassen sich also durch bestimmte Merkmale leicht voneinander unterscheiden.

Damit die große Vielfalt der Tiere überschaubar wird, hat man Tiere mit gleichen Merkmalen zu Gruppen zusammengefasst. Berücksichtigt man nur wenige gemeinsame Merkmale, so können sehr viele Tiere in eine Gruppe gestellt werden. Eulen, Greifvögel, Gänse, Störche und Sperlingsvögel haben als gemeinsame Merkmale ein Federkleid und Flügel als Vordergliedmaßen. Diese Tiere gehören alle zur **Klasse** der **Vögel.**

Charakteristische Merkmale von Gänsen und Greifvögeln wurden bereits genannt. Sie zeigen, dass man die Klasse der Vögel in verschiedene Gruppen unterteilen kann. Diese Gruppen nennt man **Ordnungen.**
Betrachten wir die Ordnung der *Sperlingsvögel* genauer. Zu dieser Gruppe gehören z.B. *Sperlinge, Finken, Meisen, Drosseln* und *Schwalben.* Sie bilden **Familien** der Sperlingsvögel. Vögel aus der Familie der Finken erkennt man an den kräftigen Körnerfresser-Schnäbeln. In jeder Familie gibt es noch mehrere **Gattungen** und **Arten.** Zur Gattung *Fink* gehören verschiedene Arten. So hat z.B. der *Buchfink* ein anders gefärbtes Gefieder als der *Bergfink.*
Die Fledermaus gehört nicht zur Klasse der Vögel. Sie hat ein Fell, säugt ihre Jungen und gehört daher zur Klasse der **Säugetiere.** Weitere Tierklassen sind **Kriechtiere, Lurche** und **Fische.** Alle diese Tierklassen haben ein gemeinsames Merkmal, das sie von allen anderen Tieren unterscheidet. Säugetiere, Vögel, Kriechtiere, Lurche und Fische haben alle ein inneres Skelett mit einer Wirbelsäule. Aufgrund dieses gemeinsamen Merkmals fasst man die fünf Klassen zum **Stamm** der **Wirbeltiere** zusammen. Außer den Wirbeltieren gibt es noch andere Tierstämme. Alle zusammen bilden das **Tierreich.**
Fossilfunde zeigen, dass Fische die ältesten Wirbeltiere sind. Nach ihnen erschienen Lurche und Kriechtiere. Zuletzt entstanden Säugetiere und Vögel. Sie sind die am höchsten entwickelten Tiere und haben fast alle Lebensräume auf der Erde erobert.
Die Entwicklung der Wirbeltiere kann man in einem *Stammbaum* anschaulich darstellen. Der Baumstamm entspricht dabei dem Stamm der Wirbeltiere, von dem die verschiedenen Klassen als Äste abzweigen. Die einfach gebauten Fische stehen als älteste Wirbeltiere an einem Ast unten am Stamm, die Säugetiere zweigen ganz oben ab.

Tiere mit gleichen Merkmalen werden zu Gruppen zusammengefasst. Man gliedert das Tierreich in Stämme, Klassen, Ordnungen, Familien, Gattungen und Arten. Zum Stamm der Wirbeltiere gehören die Klassen Fische, Lurche, Kriechtiere, Vögel und Säugetiere.

1 Ordne den Bergfinken die verschiedenen Gruppen des Tierreichs zu. Begründe deine Zuordnung.
2 Schneide aus Zeitschriften geeignete Tierbilder aus. Ordne sie nach den einzelnen Wirbeltierklassen und klebe sie in deinen Hefter.

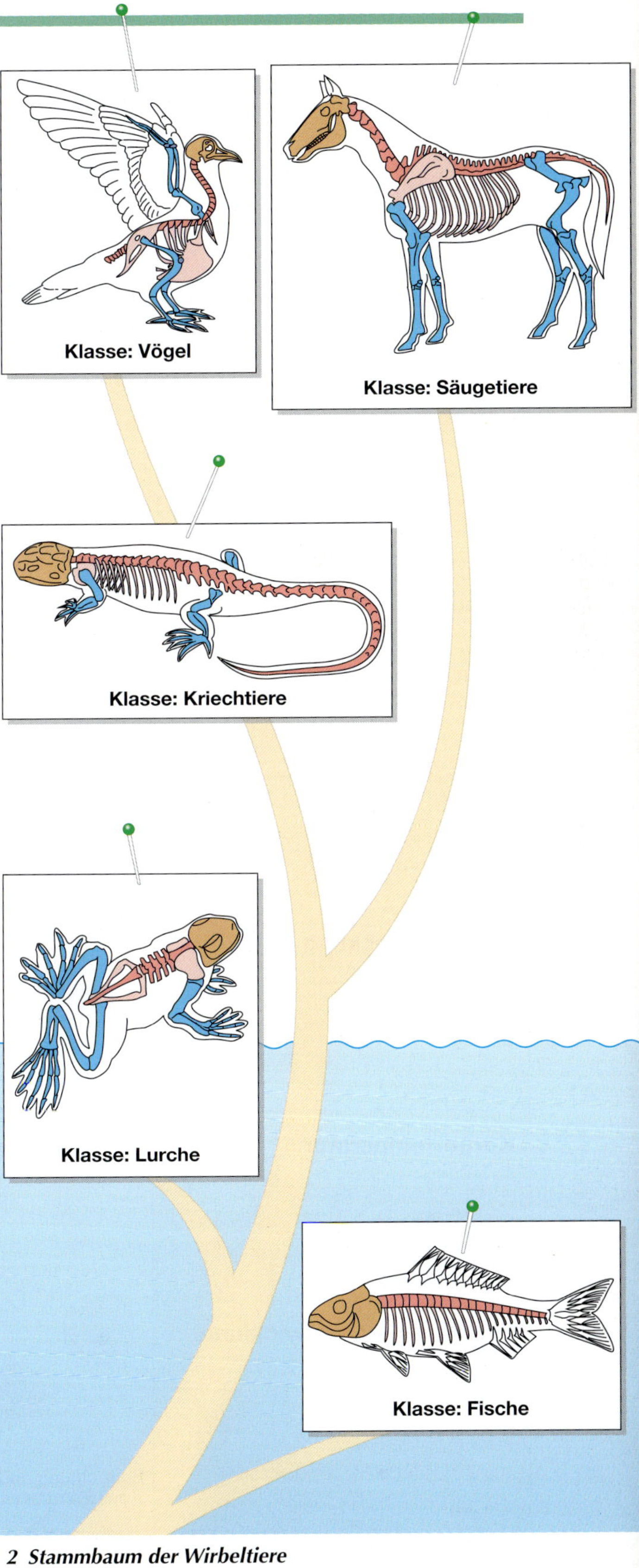

2 Stammbaum der Wirbeltiere

Klasse		
Fortbewegung	schwimmen	springen, kriechen, schwimmen
Atmung	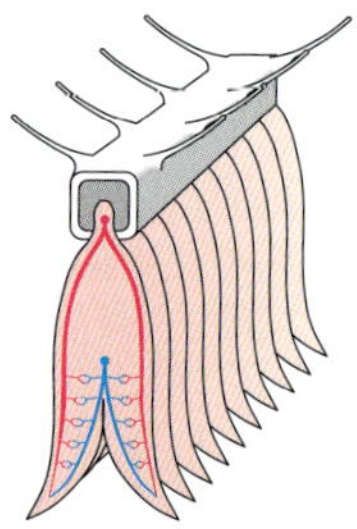 Kiemenatmung	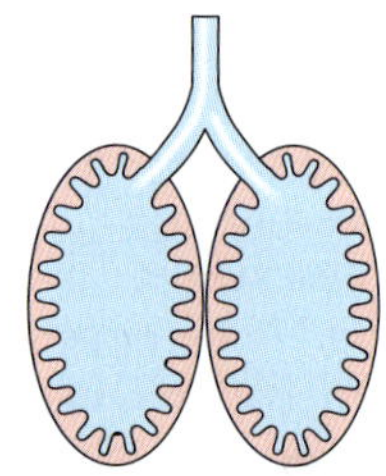 Kiemenatmung bei Larven; Lungen- und Hautatmung bei erwachsenen Tieren
Körperbedeckung	 Knochenschuppen in feuchter, schleimiger Haut	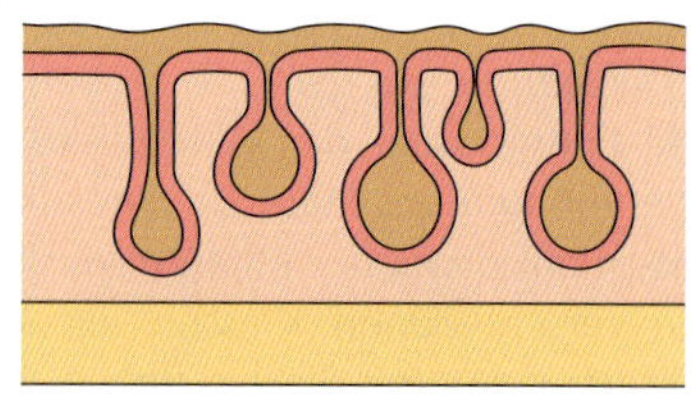 schleimbedeckte, drüsenreiche Haut
Körpertemperatur	wechselwarm	wechselwarm
Fortpflanzung/Entwicklung	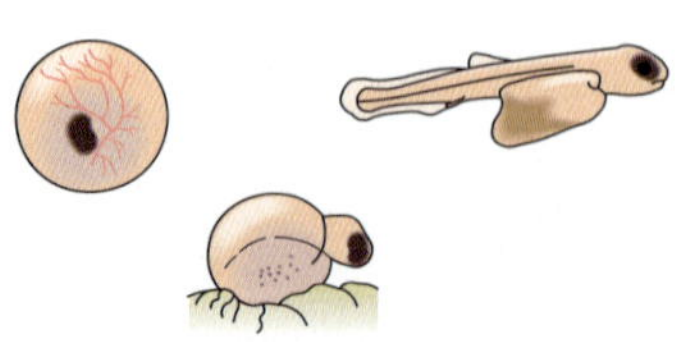 Befruchtung außerhalb des Körpers; aus Eiern entwickeln sich Larven	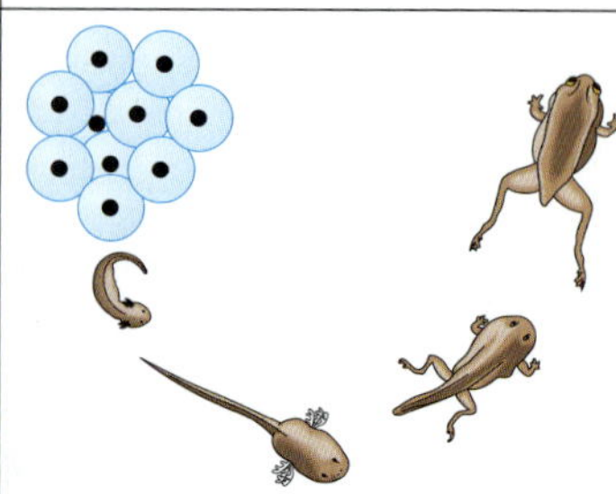 innere Befruchtung bei Schwanzlurchen, äußere bei Froschlurchen; aus Eiern entwickeln sich Larven

3 Körperbau und Leistungen von Wirbeltieren

laufen, kriechen	fliegen, laufen	laufen, springen, hüpfen
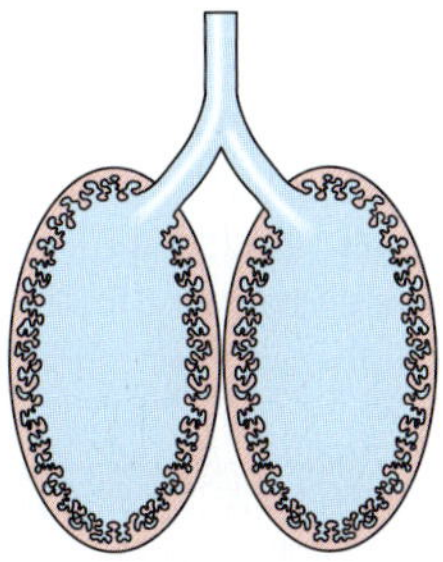 Lungenatmung	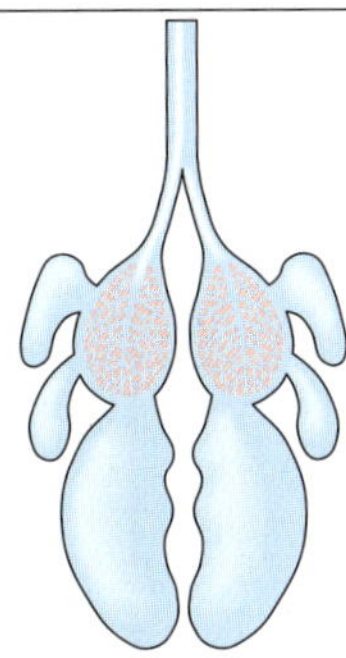 Lungenatmung	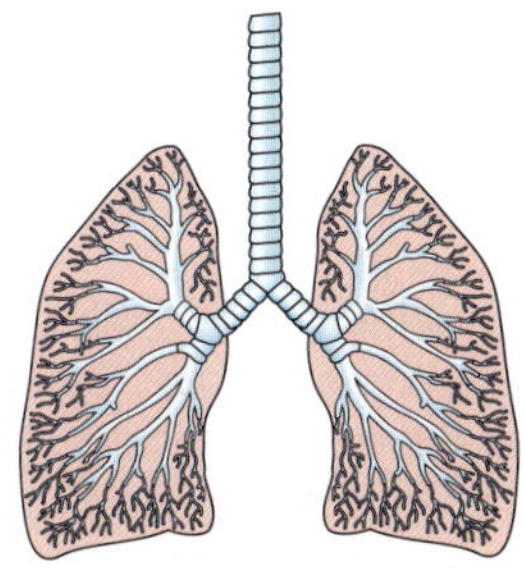 Lungenatmung
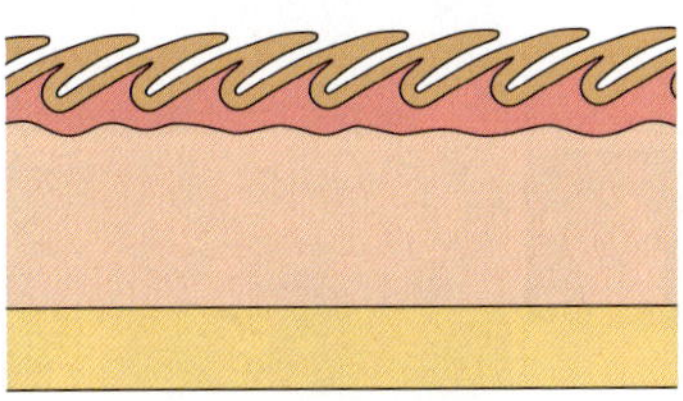 trockene Haut mit Hornschuppen	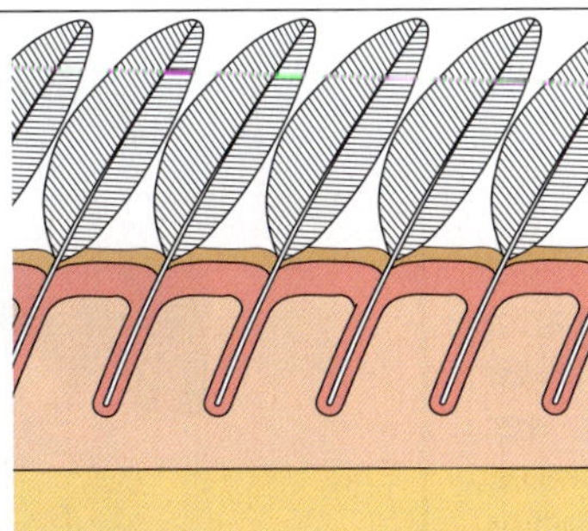 drüsenreiche Haut mit Federn	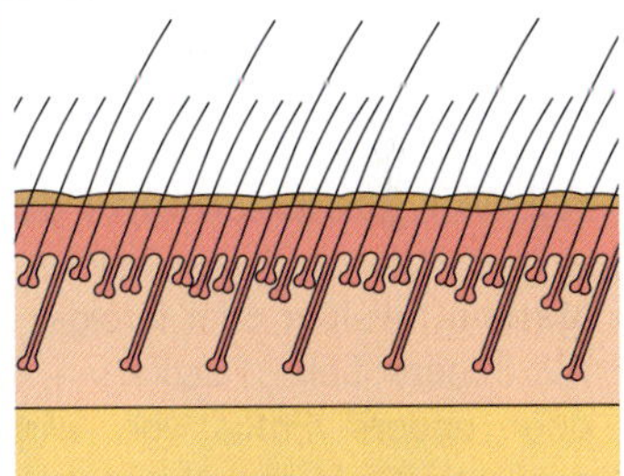 drüsenreiche Haut mit Haaren
wechselwarm	gleichwarm	gleichwarm
 innere Befruchtung; Eier mit pergamentartiger Schale werden im Boden vergraben	 innere Befruchtung; Eier mit harter Kalkschale werden ausgebrütet	 innere Befruchtung; Embryo entwickelt sich im Mutterleib; lebendgebärend; Jungen werden gesäugt

Übung

Wirbeltiere im Vergleich

A 1 Wir vergleichen Wirbeltierklassen

Material: Tabelle Seite 114/115
Durchführung: Betrachte die Abbildungen in der Tabelle. Wenn du die Aufgaben nicht beantworten kannst, lies im Lehrbuch nach.
Aufgaben: a) Benenne die dargestellten Wirbeltierklassen A bis E.
b) Vergleiche die Atmungsorgane der Wirbeltiere miteinander. Nenne wesentliche Unterschiede zwischen Kiemen- und Lungenatmung.
c) Beschreibe den Aufbau der Haut bei den Lurchen. Vergleiche diesen dann mit dem Hautaufbau bei einem Kriechtier. Welche Schlussfolgerungen kannst du für den bevorzugten Lebensraum dieser Wirbeltierklassen ableiten?
d) Beschreibe die Fortpflanzung und Entwicklung bei den verschiedenen Wirbeltierklassen und vergleiche sie miteinander.

A 2 Wir gestalten ein Poster

Material: weißer oder farbiger Zeichenkarton A2; Schere; Leim; Postkarten, Kalenderblätter oder andere Fotos von Wirbeltieren; vergrößerte Kopie der Abbildungen von Skelett, Haut und Atmungsorganen der Wirbeltierklassen
Durchführung: Teilt in eurer Klasse Gruppen von drei bis vier Personen ein. Jede Gruppe wählt eine Wirbeltierklasse. Vergrößert die Tabelle auf der Seite 114/115 auf dem Kopierer. (Lasst euch dabei vom Lehrer oder der Lehrerin helfen.)
Schneidet dann das Bildmaterial für eure Wirbeltierklasse aus und gestaltet ein Poster. Notiert wichtige Merkmale eurer Wirbeltierklasse auf einem Merkzettel und bringt diesen ebenfalls auf dem Poster an.
Aufgaben: a) Stellt euer Poster in der Klasse vor.
b) Hängt alle Poster nach dem Vorstellen im Klassenzimmer auf.

Verwandtschaft der Wirbeltiere

A 1 Begründe die Zuordnung des Menschen:
a) zu den Wirbeltieren.
b) zur Klasse der Säugetiere.

A 2 Sozial lebende Tiere können sich auf verschiedene Weise verständigen. Für das Leben in der Tiergruppe spielen einzelne Signale eine große Rolle. Lautsignale beispielsweise können als Alarmrufe, zur Revierverteidigung, zum Anlocken von Weibchen oder zur Kontakterhaltung dienen. Farbe und Form erleichtern das Auffinden des Geschlechtspartners. Duftstoffe können die Partnersuche unterstützen, eine Gefahr anzeigen oder anderen Tieren den Weg weisen. Berührungen zeigen Friedfertigkeit und Zuneigung.

a) Betrachte die Tiere in den Abbildungen und erkläre ihre jeweilige Verständigungsform.
b) Ordne die Tiere der entsprechenden Tierklasse zu.

Vernetze dein Wissen

A3 Rechts ist das Skelett eines Wirbeltieres abgebildet.
a) Begründe, warum es sich bei dem abgebildeten Tier um ein Wirbeltier handelt.
b) Das Tier ist mit einem Fell ausgestattet. Benutze dieses Merkmal, um dieses Tier einer Wirbeltierklasse zuzuordnen.
c) Benenne die Ziffern mit verschiedenen Skeletteilen.
d) Schließe aus der Abbildung auf Lebens- und Ernährungsweise des Tieres. Begründe deine Entscheidung.

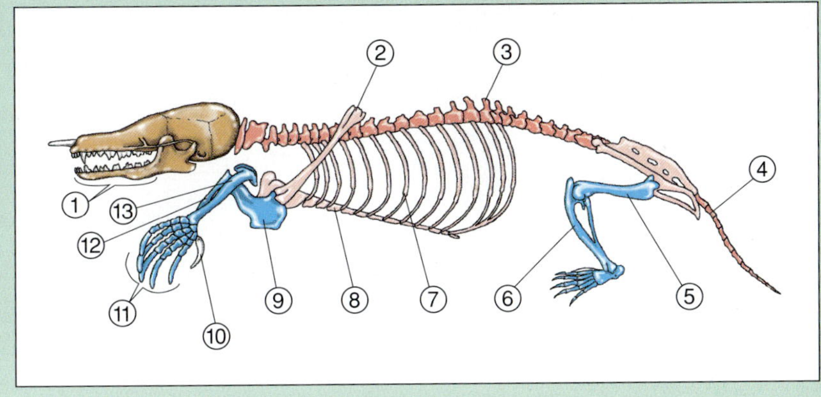

A4

Alle Wirbeltiere pflanzen sich geschlechtlich fort. Dennoch gibt es hier Unterschiede. Ergänze folgende Sätze:
a) Fische haben eine … Befruchtung. In den Eiern entwickeln sich … mit einem Dottersack.
b) Frösche haben eine … Befruchtung. Aus Kaulquappen entstehen … Die Frösche machen eine … durch.
c) Kriechtiere haben eine … Befruchtung. Sie entwickeln sich in …, die meist im Boden abgelegt werden.
d) Vögel entwickeln sich in …, die durch eine … geschützt werden.
e) Säugetiere gebären … Junge, die gesäugt werden. Sie sind bei Geburt unterschiedlich weit entwickelt.
f) Mit der Geburt kommt der Mensch als Säugling zur Welt. Warum heißt ein Kind in den ersten Lebensmonaten Säugling?

A5

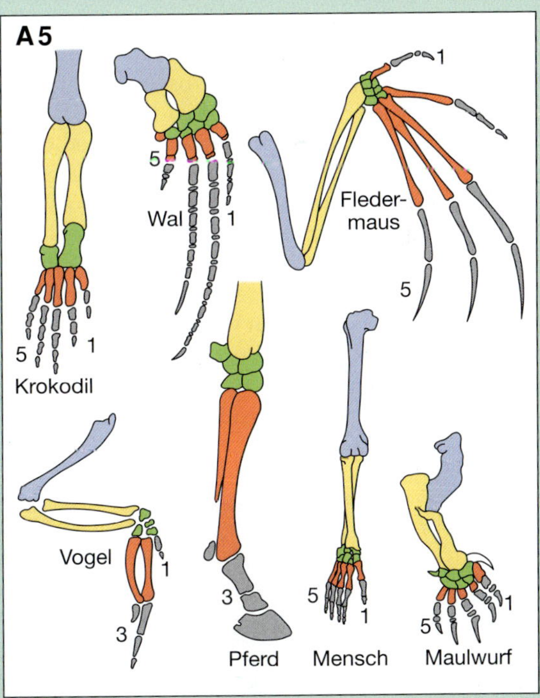

Vergleiche die abgebildeten Vordergliedmaßen der unterschiedlichen Wirbeltiere. Mit 1 bis 5 sind die Fingerknochen bezeichnet (① Daumen, ③ Mittelfinger, ⑤ kleiner Finger). Erstelle eine Tabelle mit der Beschreibung der verschiedenen Vordergliedmaßen. Erkläre die Unterschiede als Angepasstheit an die Lebensweise.

1 ***Winteraktive Säugetiere. A*** *Hirsche;* ***B*** *Fuchs*

1 Säugetiere im Winter

Hirsche, Rehe, Wildschweine und Feldhasen kannst du nicht nur im Sommer, sondern auch im Winter in der Natur beobachten. Sie gehören zu den **winteraktiven Tieren.** Im Spätsommer und Herbst fressen sie sich dicke *Fettpolster* als *Nahrungsreserve* für den Winter an. Doch auch unter einer Schneedecke finden diese Tiere meist noch Nahrung in ausreichender Menge. In Wäldern mit einem großen Wildbestand muss der Mensch allerdings zusätzliche Nahrung durch Wildfütterung bereitstellen, weil sonst zu große Verbissschäden an jungen Bäumen auftreten würden. Füchse und andere Fleischfresser finden im Winter meist genügend kranke und schwache Beutetiere, um zu überleben.
Alle winteraktiven Säugetiere schützen sich vor Kälte und Nässe durch ein dichtes *Winterfell.* Die Luftschicht zwischen den zahlreichen *Wollhaaren* des Fells isoliert so gut, dass Schnee auf dem Winterfell liegen bleibt und nicht schmilzt. Beim Hermelin, einem kleinen Raubtier aus der Verwandtschaft der Marder, ist der *Haarwechsel* vom Sommer zum Winter besonders auffällig. Im Sommer trägt das Hermelin ein braunes Fell, im Herbst bildet sich ein dichtes, weißes Winterfell. Dieses dient nicht nur als Kälteschutz, sondern auch zur Tarnung im Schnee.

Der Maulwurf findet im Winter nur wenige Beutetiere in seinem Revier. Um zu überleben, legt er sich einen Vorrat aus Regenwürmern an. Er ist ein *Vorratssammler.* Auch das Eichhörnchen sammelt Nahrungsvorräte für den Winter. Dazu gräbt es Früchte und Samen in der Erde ein oder versteckt sie in Baumhöhlen. Das Eichhörnchen hält eine **Winterruhe.** Bei trockenem,

2 ***Hermelin. A*** *Sommerfell;* ***B*** *Winterfell*

3 *Eichhörnchen sammelt Wintervorrat*

4 *Igel im Winterschlaf*

mildem Wetter ist es aktiv und sucht nach seinen Nahrungsvorräten. Bei schlechtem Wetter verschläft es mehrere Tage in seinem warm ausgepolsterten kugelförmigen Baumnest, dem *Kobel*. Eine Winterruhe halten auch Dachs und Braunbär.

Viele Tiere, z.B. Igel, wirst du während des ganzen Winters nicht sehen. Im Herbst zieht sich der Igel in ein selbst gebautes Laubnest zurück. Dort rollt er sich ein und fällt in einen langen tiefen **Winterschlaf.** Die Körpertemperatur sinkt von 35 °C auf 5 bis 6 °C ab, Atmung und Herztätigkeit verlangsamen sich. Während des Winterschlafs zehrt der Igel von seinen Fettvorräten. Tritt strenger Frost auf, sodass der Igel zu erfrieren droht, wacht er auf und erhöht Körpertemperatur, Atmung und Herzschlag kurzzeitig auf den Normalwert. Dann frisst er etwas und rollt sich wieder zum Schlafen zusammen.
Auch Fledermäuse sind Winterschläfer. Sie verbringen die ungünstige Jahreszeit oft in großen Gruppen in Höhlen oder verlassenen Bergwerksstollen. Die Winterquartiere liegen manchmal mehrere 100 Kilometer von den Sommerquartieren entfernt. Der Hamster hält ebenfalls einen Winterschlaf in seinem unterirdischen Bau. Allerdings wacht er von Zeit zu Zeit auf und frisst dann von den Vorräten, die er sich angelegt hat.

Fachbegriff

Körpertemperatur

Die Körpertemperatur von Säugetieren ist meist während des ganzen Jahres gleich. Sie beträgt z.B. bei der Katze stets 39 °C, ganz gleich, ob die Umgebungsluft +45 °C heiß oder −20 °C kalt ist. Tiere, die ihre Körpertemperatur trotz schwankender oder ständig niedriger Außentemperaturen auf gleicher Höhe halten können, sind *gleichwarm*. Außer Säugetieren sind dies nur noch die Vögel. Bei allen anderen Tieren ist die Körpertemperatur von der Umgebungstemperatur abhängig. Sie sind *wechselwarm*.

Säugetiere können den Winter auf unterschiedliche Weise überdauern. Man unterscheidet winteraktive Tiere, Winterruher und Winterschläfer. Einige Säugetiere legen sich für den Winter einen Nahrungsvorrat an.

1 Untersuche verschiedene Fellproben mit der Lupe. Berichte.
2 Vergleiche das Fell des Hermelins im Sommer und im Winter. Beachte dabei nicht nur die Fellfarbe, sondern auch den Aufbau des Fells.
3 Nenne Beispiele für winteraktive Säugetiere.
4 Stelle für je zwei Tiere, die zu den Winterschläfern bzw. Winterruhern gehören, Steckbriefe auf. Beachte Lebensraum, Nahrung und Verhalten im Winter.

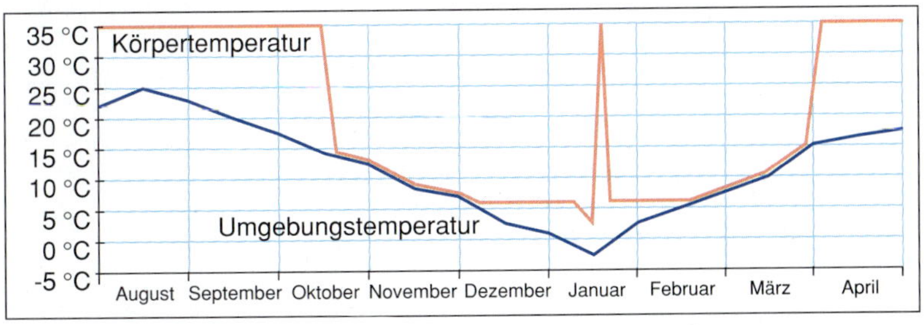

5 *Umgebungstemperatur und Körpertemperatur beim Igel*

1 Schwalben sammeln sich

2 Vögel im Winter

2.1 Viele Vögel ziehen im Winter fort

Es ist Spätsommer. Da sammeln sich eines Tages viele Rauch- und Mehlschwalben auf Leitungsdrähten. Von Tag zu Tag werden es mehr. Doch eines Morgens sind sie verschwunden und erscheinen erst im nächsten Frühjahr wieder bei uns. Wohin fliegen die Tiere?

Dieser Frage sind Biologen von **Vogelwarten** nachgegangen; denn nicht nur Schwalben verlassen ihre Brutheimat. Auch andere Vögel ziehen zum Herbst hin fort. Es sind vor allem solche Arten, die im Winter in ihrer Brutheimat keine Nahrung finden und dort verhungern müssten. Solche jahreszeitlich wandernden Vögel nennt man **Zugvögel.**

Um die Wanderung der Vögel zu verfolgen, kennzeichnen Biologen der Vogelwarten und viele Mitarbeiter im ganzen Land die Vögel. Dazu legen sie jedes Jahr vielen hunderttausend Vögeln, meist Nestjungen, einen leichten Aluminiumring um den Lauf. Darauf sind eine Nummer und die jeweilige Vogelwarte eingestanzt.

Andere Vögel werden mithilfe von Reusen wie auf Helgoland oder mit großen Netzen gefangen, anschließend beringt, in Listen erfasst und sofort wieder freigelassen. Durch diese **Beringung** wurden in den letzten hundert Jahren viele Millionen Vögel gekennzeichnet. Durch Wiederfunde der Ringe konnten die Biologen viele Fragen des **Vogelzuges** klären.

Besonders gut erforscht ist das *Zugverhalten* des Weißstorches. Neben der Beringung hat vor allem eine neue Methode, die **Biotelemetrie,** wichtige Ergebnisse gebracht. Bei dieser Methode fängt man z. B. einen ausgewachsenen Storch, bindet ihm einen etwa 70 g leichten Sender um und lässt den Vogel wieder frei. Der Sender sendet Funksignale aus. Diese werden von einem Satelliten empfangen und an eine Vogelwarte rückgemeldet. Dadurch ist es möglich, über Monate hinweg den jeweiligen Aufenthaltsort des Storches festzustellen und in eine *Zugkarte* einzutragen.

Man weiß, dass die Störche auf zwei unterschiedlichen Wegen nach Afrika gelangen. Die westlich der Elbe brütenden Störche machen sich im Spätsommer in Richtung Spanien auf die Reise, die östlich davon brütenden Störche wählen die Ostroute über Grie-

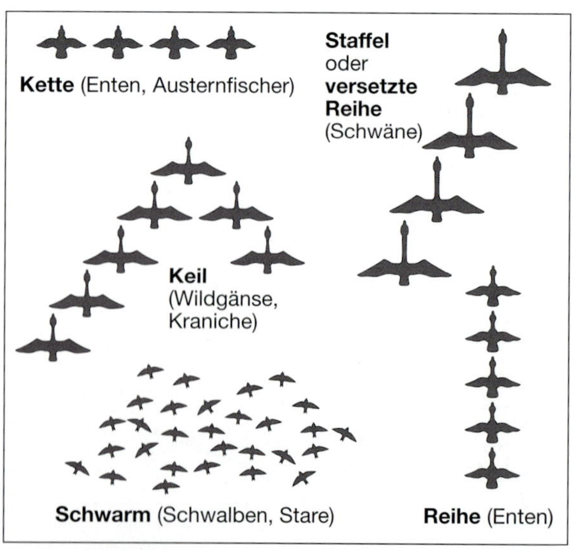

2 Flugordnungen verschiedener Zugvögel

3 Beringung

chenland und die Türkei. Die *Weststörche* und die *Oststörche* meiden lange Wege über das Meer. Sie brauchen die warmen Aufwinde über dem Festland, die sie zum Segeln nutzen.
So müssen sie nicht mit den Flügeln schlagen und sparen deshalb Kraft. Daher wählen sie im Westen die Meerenge bei Gibraltar, im Osten die Meerenge am Bosporus. So kann man im September zur Zugzeit an einem Tag mehrere tausend Störche die Meerengen überqueren sehen.
Die Weststörche ziehen nach Überquerung der Straße von Gibraltar in breiter Front südwärts und „überwintern" in Westafrika. Die Oststörche dagegen fliegen über Israel und die Sinai-Halbinsel zum Nil und folgen diesem nach Süden. Ende des Jahres erreichen sie den Süden Afrikas.
Lange war unbekannt, wie Zugvögel den Zeitpunkt herausfinden, wann sie ihr Sommerquartier verlassen müssen. Heute weiß man, dass Futtermangel und die abnehmende Tageslänge als Auslöser in Frage kommen. Außerdem besitzen Zugvögel offensichtlich eine „innere Uhr", die den ungefähren Zeitpunkt des Abfluges angibt. Eine weitere Frage war, wie Zugvögel ihre Ziele finden. Forscher fanden heraus, dass sie sich am Magnetfeld der Erde orientieren. Zugvögel besitzen also eine Art „Kompass". Tagzieher benutzen zusätzlich den Stand der Sonne, um ihr Zugziel zu erreichen. Nachtzieher dagegen orientieren sich an Sternbildern.

Zugvögel verlassen im Spätsommer ihre Brutheimat. Sie ziehen in ihre Winterquartiere.

1 Erkläre den Begriff Zugvogel. Nenne Beispiele.
2 Beschreibe Flugordnungen von Zugvögeln. Nimm dazu Abbildung 2 zu Hilfe.
3 Weißstörche ziehen auf verschiedenen Routen in ihr Winterquartier. Werte dazu Abbildung 4 aus.
4 Beschreibe, wie Zugwege von Zugvögeln herausgefunden wurden.

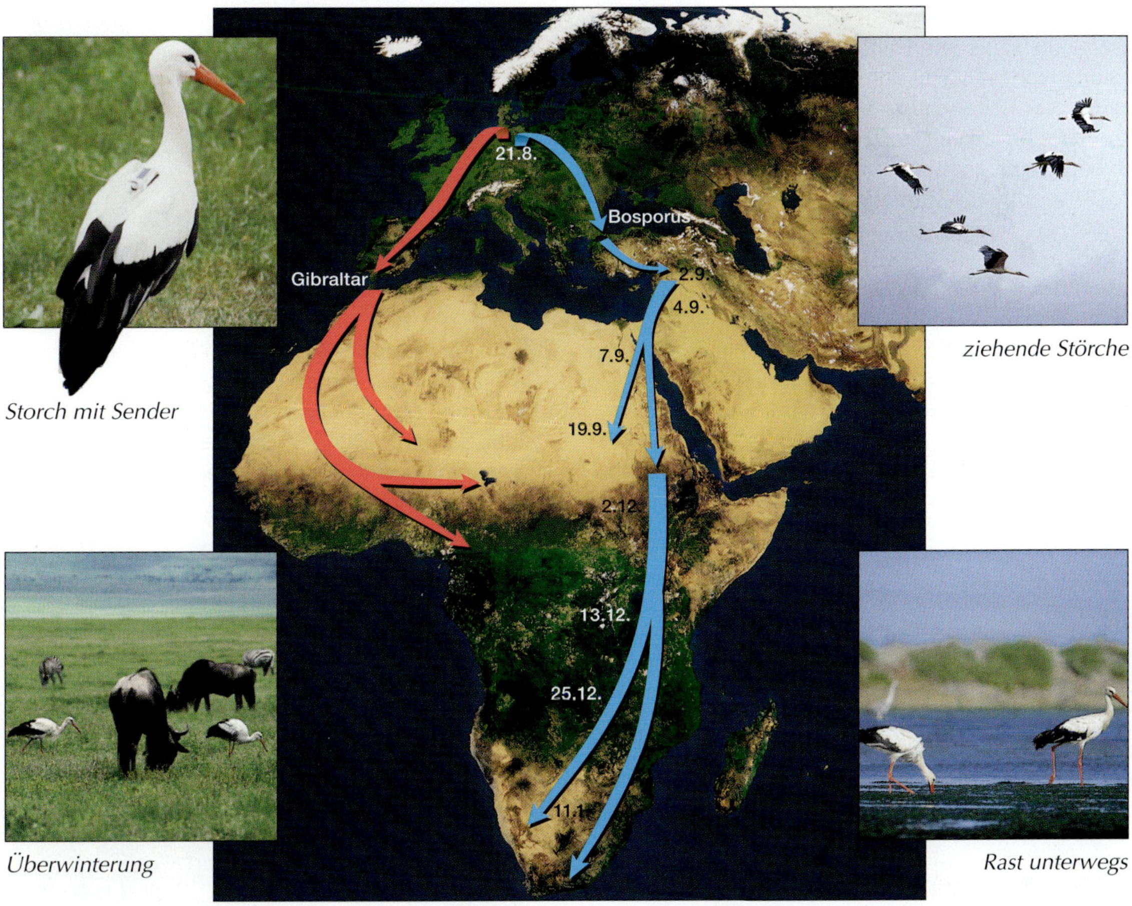

Storch mit Sender

ziehende Störche

Überwinterung

Rast unterwegs

4 Zug der Weißstörche in ihre Überwinterungsgebiete

1 Kohlmeise

2 Rotkehlchen

3 Dompfaff

2.2 Vögel, die nicht „verreisen"

Viele Vögel, die den Sommer hier verbracht haben, suchen im Herbst wärmere Gebiete auf. Trotzdem kann man auch im Winter bei uns Vögel antreffen. Zu ihnen gehören Sperlinge, Drosseln, Finken, Spechte und Krähen. Sie bleiben das ganze Jahr über in ihrem Brutgebiet. Man nennt sie **Standvögel** oder *Jahresvögel.* Wie können sie im Winter überleben?
Nicht Winterkälte, wie vielfach angenommen, sondern Nahrungsmangel macht den meisten Vögeln bei uns zu schaffen. Vor Kälte schützt das Gefieder, das aufgeplustert auch bei starkem Frost noch warm hält. Standvögeln begegnet man meist bei der Futtersuche. Für *Stieglitz, Dompfaff* und *Grünfink* sind vor allem die stehen gebliebenen Stauden mit ihren Samen eine wichtige Nahrungsquelle. Sie leben überwiegend von Körnern, die sie auch während der kalten Jahreszeit finden. *Amseln* stellen ihre Nahrung sogar um. Während sie im Sommer hauptsächlich Regenwürmer, Insektenlarven und kleine Schnecken zu sich nehmen, ernähren sie sich im Winter von Beeren, Samen und Früchten.

Manche Vögel halten sich zwar das ganze Jahr über bei uns auf, weichen aber im Winter auf der Suche nach Futter oft in andere Gebiete aus. Diese Gruppe von Vögeln bezeichnet man als **Strichvögel.** Zu ihnen gehören Rotkehlchen, Blau- und Kohlmeise.

Für den *Fichtenkreuzschnabel* ist im Winter sogar bei uns „der Tisch reich gedeckt". Seine Schnabelhälften sind vorn gebogen und überkreuzen sich. Damit gelangt er an die Samen noch nicht geöffneter Fichtenzapfen. Der Fichtenkreuzschnabel brütet im Winter und zieht in dieser Zeit auch seine Jungen auf.

Standvögel bleiben ganzjährig in ihrem Brutgebiet. Sie ernähren sich von Samen, Beeren und Früchten. Strichvögel ziehen im Winter auf der Suche nach Nahrung umher.

1 Betrachte das Rotkehlchen in Abbildung 2. Erkläre, warum es so dick aussieht.
2 Fertige eine Tabelle an, in der du Beispiele für Zugvögel, Standvögel und Strichvögel einträgst.
3 Informiere dich über zwei Standvögel genauer und stelle Steckbriefe auf.

4 Fichtenkreuzschnabel

5 Stieglitz

3 Wechselwarme Tiere erstarren im Winter

Beim Ausheben eines Pflanzloches für einen Baum machte ein Gärtner eine überraschende Entdeckung: Er förderte ein Knäuel unbeweglicher, steifer *Blindschleichen* zutage. Er reagierte sofort richtig und brachte sie unter einem großen Laubhaufen in Sicherheit. Was war hier geschehen?
Der Gärtner hatte die Blindschleichen in ihrem Winterquartier gestört, das diese im Herbst in einem etwa 30 cm tiefen Erdloch aufgesucht hatten. Blindschleichen sind Eidechsen ohne Gliedmaßen und können daher leicht mit Schlangen verwechselt werden. Sinkt im Herbst die Außentemperatur, fällt auch ihre Körpertemperatur. Sie sind **wechselwarme Tiere.**
Um den Winter zu überstehen, suchen die Blindschleichen unter Steinen, Moospolstern oder in Erdlöchern einen geschützten Unterschlupf und fallen bei einer Körpertemperatur unter 14 °C von Oktober/November bis März/April in eine Kälte- oder **Winterstarre.** Der Gärtner war also auf eine *Schlafgemeinschaft* vieler Blindschleichen gestoßen, die noch nicht aus ihrer Winterstarre erwacht war.

1 Blindschleiche

Auch andere wechselwarme Tiere wie Schlangen, Eidechsen, Kröten, Frösche und Molche überdauern den Winter in Winterstarre. Die Frühjahrswärme weckt sie wieder aus ihrer Starre.
Auch manche Insekten wie Käfer oder Schmetterlinge überwintern an geschützten Orten zum Beispiel unter Moos oder in Rindenspalten in Winterstarre.

Wechselwarme Tiere fallen zur kalten Jahreszeit in Winterstarre.

1 Was muss geschehen, damit wechselwarme Tiere nach der Winterstarre wieder aktiv werden können? Erläutere.

Eine Mindmap erstellen

Methode

Du sollst zu einem Thema, zum Beispiel zu Tieren im Winter, einen kleinen Vortrag halten. Zuerst musst du deine Ideen zu diesem Thema ordnen. Das Erstellen einer Mindmap ist eine Möglichkeit, dies zu tun. Du schreibst dabei deine Gedanken nicht wie üblich hintereinander in einem Text auf. Du notierst stattdessen alle Gedanken in einer Art „Gedankenlandkarte", einer Mindmap. So gehst du vor:

1. Schreibe das Thema in die Mitte eines Blattes.
2. Zeichne nun für jede weitere Idee, die dir zu diesem Thema einfällt, einen Ast. Schreibe an jeden Ast möglichst mit ein oder zwei Worten, was dir dazu eingefallen ist.
3. An jedem Ast befinden sich dünnere Zweige. Schreibe an jeden dieser Zweige neue Ideen, die dir zu den Begriffen an den Ästen einfallen. Du kannst alle Begriffe mit Bildern oder Zeichen versehen. Dadurch gelingt es dir später leichter, dich wieder an diese Gliederung zu erinnern.

Eine Mindmap zum Thema „Tiere im Winter" dazu könnte so aussehen:

1 Ergänze die Mindmap. Benutze dazu das Lehrbuch Seite 118 bis 122.

1 Die Haltung von Heim- und Nutztieren muss artgerecht sein

Wünschst du dir ein eigenes Tier, das du „knuddeln", herumtragen und umsorgen kannst? Dann kommen Meerschweinchen in die engere Wahl. *Meerschweinchen* sind **Heimtiere,** die etwa 25 cm lang werden. Sie haben ein weiches Fell und große, dunkle Augen. Wenn man ihre Ansprüche an Unterbringung, Ernährung, Haltung und Pflege beachtet, bereiten sie viel Freude.

Mittel- und Südamerika sind ihre ursprüngliche Heimat. Dort sind die Wildmeerschweinchen über den ganzen Kontinent verbreitet. Sie bilden kleine Gruppen und wohnen in Erdbauten. Seeleute brachten sie vor etwa 300 Jahren mit über das Meer nach Europa. Ihr rundlicher Körper und die quiekenden Laute, die sie gelegentlich von sich geben, erinnern ein wenig an Schweine. Jetzt kannst du dir erklären, wie die Tiere zu ihrem Namen gekommen sind.

Wenn du dich entschieden hast, besorgst du dir am besten zwei Tiere, denn allein fühlen sie sich nicht wohl. Es sollte jedoch kein Pärchen sein, da es sich sonst stark vermehrt. Meerschweinchen benötigen einen Metallgitterkäfig mit Kunststoffwanne, der leicht sauber zu halten ist. Die Grundfläche des Bodens sollte die Maße von 80×40 cm nicht unterschreiten. Darauf muss eine Schicht Holzspäne gestreut werden. Dann folgt Heu oder Stroh. Achte darauf, dass der Käfig nie im prallen Sonnenlicht steht. Zur Käfigausstattung gehören ein Schlafhäuschen und ein rauer Ziegelstein, an dem die Tiere ihre Krallen abwetzen können. Außerdem sind zwei Futternäpfe nötig: einer für Körnerfutter, der andere für Frischfutter wie Salat, Gemüse oder Obst. Eine kleine Raufe mit Heu und eine Nippelflasche mit Wasser als Tränke sollten auch nicht fehlen. Meerschweinchen brauchen viel Ruhe, aber auch täglichen Auslauf.

1 Meerschweinchen sind zutrauliche Heimtiere

2 Meerschweinchen. A *Glatthaariges Meerschweinchen;* ***B*** *Angora-Meerschweinchen*

3 Haltung von Meerschweinchen. A *Käfigeinrichtung;* ***B*** *Freigehege*

4 Verschiedene Formen der Rinderhaltung.
***A** Freilandhaltung; **B** Laufstall; **C** Anbindestall*

Im Sommer kannst du auf Weideflächen *Rinder* verschiedener Rassen sehen. Landwirte halten diese **Nutztiere** als Milch- und Fleischlieferanten. Diese **Freilandhaltung** kommt der artgemäßen Lebensweise von Rindern am nächsten. Auf ausgedehnten Weideflächen können sie sich frei bewegen, stundenlang frische Kräuter fressen, zum Trinken eine Wasserstelle aufsuchen und sich zum Wiederkäuen – sofern vorhanden – an einem schattigen Ort niederlegen. Der Aufenthalt im Freien härtet die Rinder ab und macht sie unempfindlich gegenüber Krankheitserregern. Diese Form der Nutztierhaltung ist artgerecht.

In den letzten Jahrzehnten hat sich die Rinderhaltung stark verändert. Es gab immer weniger Tiere auf den Weiden. Von der artgerechten Freilandhaltung sind viele Landwirte zur **Stallhaltung** übergegangen. Dabei können sie die Lebensansprüche der Rinder nur zum Teil befriedigen. In meist sauberen, hellen und luftigen *Anbindeställen* stehen die Rinder auf engstem Raum angebunden mit dem Kopf zur Futterraufe und zur Tränke. Das Füttern der Tiere und das Ausmisten des Stalles erfolgen häufig automatisch. Artgerechter und gesünder ist es, wenn die Rinder in einem *Laufstall* gehalten werden. Dort können sich die Tiere zwar eingeschränkt, aber frei bewegen.
Die große Nachfrage nach preiswertem Rindfleisch und nach Milcherzeugnissen zwang viele landwirtschaftliche Betriebe zur *Massentierhaltung.* Diese Wirtschaftsweise ermöglichte es ihnen, die gestiegene Nachfrage zu befriedigen und kostengünstig zu produzieren. Bei dieser artfremden Tierhaltung werden Hunderte von Rindern in Stallungen auf engstem Raum gehalten und mit Kraftfutter innerhalb von 18 Monaten schlachtreif gefüttert. Die meisten von ihnen haben niemals eine Weide gesehen. Rinder auf der Weide dagegen nehmen langsamer an Gewicht zu. Das Fleisch ist daher teurer. Werden viele Tiere in Ställen eng beieinander gehalten, können sich Krankheiten rasch ausbreiten. Daher müssen die Rinder häufig von Tierärzten untersucht und Medikamente verabreicht werden.
Gegenwärtig gehen Landwirte wieder zur artgerechteren Haltung von Rindern über. In den letzten Jahren war die Nachfrage nach Rindfleisch zurückgegangen, weil die Verbraucher kritischer auf die artfremde Haltung reagierten. Sie sind heute bereit, mehr für Rindfleisch aus artgerechter Haltung und für entsprechende Qualität zu bezahlen.

Bei der artgerechten Haltung von Heim- und Nutztieren müssen deren Lebensansprüche berücksichtigt werden.

1 Was musst du beachten, wenn du Meerschweinchen in ein Freigehege in den Garten bringen willst? Siehe hierzu auch Abbildung 3B.

2 Vergleiche anhand der Abbildungen 4A bis C die Lebensbedingungen der Rinder.

Methode

Einen kurzen Vortrag halten

In folgenden Schritten kannst du einen Vortrag vorbereiten:

1. Sammle **Ideen.**
2. Suche dazu **Informationen** und werte sie aus. Frage dich dabei, was für dich und deine Klasse interessant, wichtig und neu ist.
3. Suche nach geeigneten Abbildungen und anderen Materialien.
4. Arbeite eine **Gliederung** für den Vortrag aus. Versuche einen spannenden Einstieg und einen geeigneten Schluss zu finden. Plane ein, dass von der Klasse Fragen gestellt werden.
5. Überlege, an welchen Stellen du etwas zeigen möchtest und welche Materialien und Geräte du dafür brauchst.
6. Bereite die Materialien zur Veranschaulichung vor.
7. Schreibe Stichwortzettel oder Karteikarten für deinen Vortrag.
8. Trainiere den Vortrag.

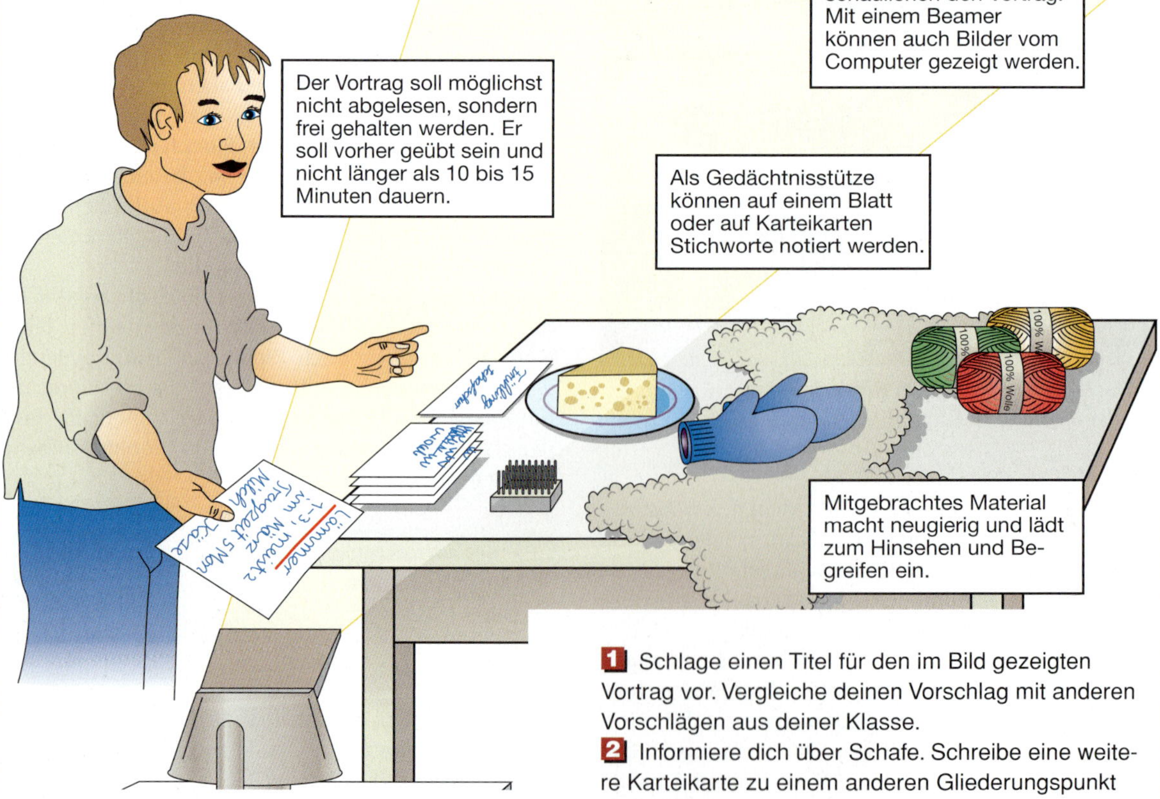

1 Vortrag vor der Klasse

1 Schlage einen Titel für den im Bild gezeigten Vortrag vor. Vergleiche deinen Vorschlag mit anderen Vorschlägen aus deiner Klasse.

2 Informiere dich über Schafe. Schreibe eine weitere Karteikarte zu einem anderen Gliederungspunkt dieses Vortrags.

2 Artgerechte Haltung bei Vögeln

1 **Wellensittiche.** ***A*** *Frei lebender Schwarm;* ***B*** *im Käfig*

In einer Zoohandlung stehen mehrere Vogelbauer. In einer dieser *Volieren* „schwatzen" **Wellensittiche.** Einige füttern sich gegenseitig, andere stochern mit ihren Schnäbeln in den Federn der Artgenossen. Die Vögel leben offensichtlich gesellig und friedlich miteinander. Diese gezüchteten Wellensittiche stammen von wild lebenden Verwandten ab, die heute noch in Australien vorkommen. Dort leben die grünlichen Vögel in Schwärmen von 20 bis 100 Tieren in den weiten Graslandschaften. Sie ernähren sich vorwiegend von Grassamen. Wenn du dir also einen Wellensittich als *Heimtier* wünschst, solltest du wenigstens zwei Tiere halten. Auch die Möglichkeit, von Zeit zu Zeit im Zimmer frei fliegen zu können, trägt zu ihrem Wohlbefinden bei.

Frei herumlaufende, scharrende und pickende **Hühner** sieht man heute kaum noch. Diese früher übliche *Freilandhaltung* gibt es nur noch selten auf dem Bauernhof. Die meisten Hühner werden in riesigen, oft fensterlosen und künstlich beleuchteten Hallen gehalten. In solchen *Hühnerfarmen* leben Zehntausende von Tieren auf engstem Raum zusammen. Ein natürliches Verhalten ist dort nicht möglich. Bei der *Batteriehaltung* sitzen mehrere Legehennen dicht an dicht in einem Drahtkäfig. Futterrinnen und Tränken füllen sich automatisch. Der Kot fällt durch die Gitter und die Eier rollen auf Fließbänder.

Bei der *Bodenhaltung* können sich die Tiere dagegen freier bewegen, meist scharren und Sandbäder nehmen. An die Futterstellen und Tränken kommen sie jederzeit heran. Im Wandbereich gibt es Nester, in die sie ihre Eier legen können.

Artgerechte Haltung von Vögeln bedeutet, ihren Lebensbedürfnissen zu entsprechen.

1 Vergleiche in einer Tabelle Freiland-, Boden- und Batteriehaltung bei Hühnern.

2 ***Käfighaltung von Hühnern in Legebatterien***

3 ***Bodenhaltung von Legehennen***

Bau, Leistungen und Nutzen von Samenpflanzen

1 Blühendes Rapsfeld

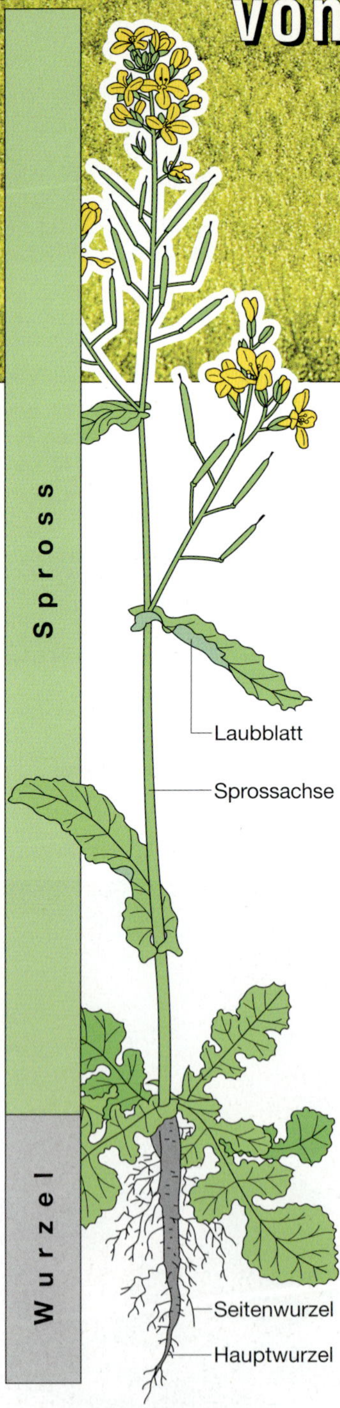

2 ***Rapspflanze*** *(Bauplan)*

1 Pflanzen bilden die Grundlage für das Leben

1.1 Samenpflanzen zeigen einen Grundbauplan

Im Frühjahr blüht auf vielen Feldern der Raps. Du erkennst die Rapspflanzen leicht an den gelben Blüten. Zur Zeit der Rapsblüte blühen auch andere Pflanzen wie zum Beispiel die Heckenrose und die Rosskastanie. Pflanzen, die Blüten ausbilden, nennt man *Samenpflanzen.* Haben Samenpflanzen außer Blüten noch weitere gemeinsame Merkmale?
Betrachten wir eine Rapspflanze genauer. Dazu ziehen wir sie aus dem Boden. Deutlich ist die **Wurzel** zu sehen. Sie besteht aus einer pfahlförmigen *Hauptwurzel* und kurzen *Seitenwurzeln.* Die oberirdischen Pflanzenteile bilden den **Spross.** Darunter verstehen wir die Sprossachse mit den Blättern. Die Sprossachse heißt bei *krautigen Pflanzen* wie dem Raps auch *Stängel.* Ist der Stängel verholzt, spricht man von einem *Stamm.* Dies ist bei den *Holzgewächsen* wie der Heckenrose und der Rosskastanie der Fall. Bei der Rosskastanie kann der Stamm sehr dick werden. Er ist lang und trägt die Krone mit den Ästen und Zweigen, an denen sich Blätter und Blüten entwickeln. Eine solche Wuchsform bezeichnet man als *Baum.* Die Heckenrose hingegen ist ein *Strauch:* Von einem sehr kurzen Hauptstamm entspringen kurz über dem Boden viele Seitenstämmchen.

> Alle Samenpflanzen zeigen einen gemeinsamen Bauplan aus Spross und Wurzel. Je nach der Wuchsform unterscheidet man krautige Pflanzen, Sträucher und Bäume.

1 Nach einem Sturm wurden Fichten und Buchen entwurzelt, Kiefernstämme abgeknickt. Erläutere diese Beobachtungen. Nimm auch die Pinnwand Seite 129 zu Hilfe.

BAUPLÄNE VON SAMENPFLANZEN

Bäume sind Samenpflanzen

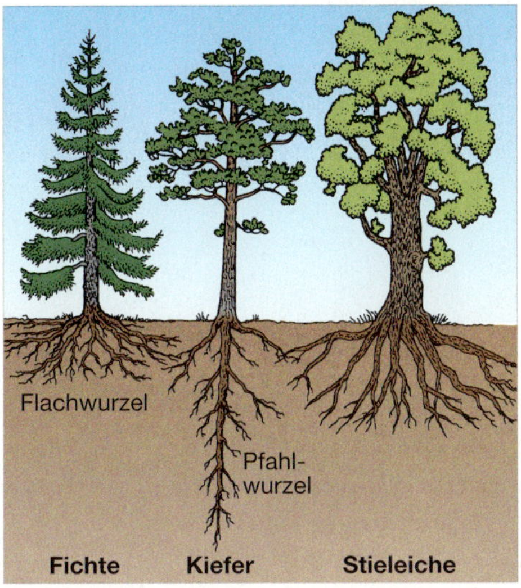

Grundbauplan einer Samenpflanze

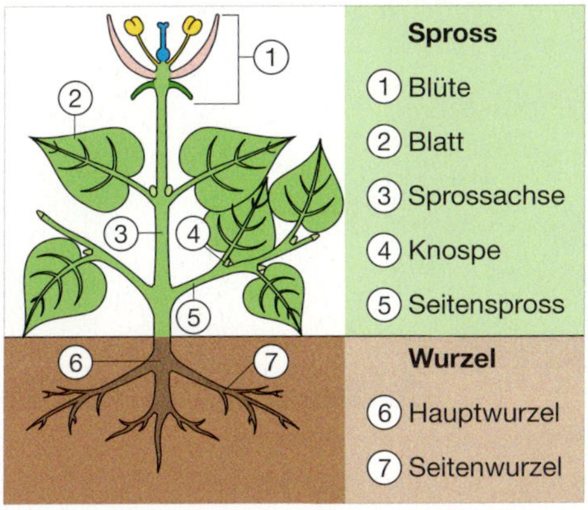

Die Heckenrose – ein Strauch

Die gefleckte Taubnessel, eine krautige Samenpflanze

Schema eines Strauches

1 Beschreibe anhand einer Pflanze aus dem Garten die einzelnen Teile einer Samenpflanze.

1 ***Wasserverdunstung bei der Buntnessel.***
A *Versuchsaufbau;* ***B*** *nach einem Tag*

2 ***Wasserleitung im Stängel.*** *Die Pflanze (Springkraut) steht in einer Farbstofflösung (rote Tinte).*

1.2 Pflanzenorgane erfüllen bestimmte Aufgaben

Lässt man eine Buntnessel einen Tag unter einer Glasglocke stehen, kann man folgende Beobachtung machen: Die Wand der Glasglocke überzieht sich auf der Innenseite mit kleinen Wassertröpfchen. Können Pflanzen über ihre Blätter „schwitzen"?
Untersucht man die Unterseite eines **Blattes** mit einem Mikroskop, sieht man kleine spaltförmige Öffnungen. Jede *Spaltöffnung* setzt sich aus zwei bohnenförmigen, grün gefärbten Schließzellen zusammen, zwischen denen ein winziger Spalt liegt. Die Schließzellen können ihre Form verändern und somit den Spalt öffnen oder schließen. Dieser Vorgang hängt auch vom Licht und von der Feuchtigkeit der Umgebung ab. Über die Spaltöffnung kann die Pflanze Luft aufnehmen und Wasserdampf abgeben. Eine solche Verdunstung über die Blätter nennt man **Transpiration.** Da die Pflanzen ständig Wasser verdunsten, muss es aus dem Boden nachgeliefert werden. Daher müssen Zimmerpflanzen regelmäßig gegossen werden.

An einem Blattquerschnitt kann man grün gefärbte Zellen erkennen, zwischen denen Blattadern liegen. In den grün gefärbten Zellen bildet die Pflanze aus Kohlenstoffdioxid und Wasser den Nährstoff Traubenzucker. Dazu benötigt sie den grünen Blattfarbstoff Chlorophyll und Sonnenlicht. Dieser Vorgang heißt **Fotosynthese.** Außerdem wird hierbei Sauerstoff gebildet, den die Pflanze über die Spaltöffnungen abgibt. Der Traubenzucker wird meist zu Stärke umgewandelt. Aus ihm kann die Pflanze jedoch auch andere Stoffe erzeugen.

Die Blätter werden von der **Sprossachse** dem Licht entgegen gehoben. Die Sprossachse ist besonders stabil gebaut und oft werden hier Nährstoffe gespeichert. In der Sprossachse liegen Bündel von dünnen Röhrchen, die **Leitbündel.** Durch diese Röhrchen, die man als Gefäße bezeichnet, wird Wasser in die Blätter transportiert. Den Wassertransport kann man in durchscheinenden Sprossachsen wie beim Springkraut mit bloßem Auge verfolgen. Dazu stellt man einen abgeschnittenen Stängel in eine wässerige Farbstofflösung. Die Farbstoffteilchen werden dann im Stängel mittransportiert.

Ihren Ursprung haben die Leitbündel in den Wurzelspitzen der Wurzeln. **Wurzeln** verankern die Pflanze im Erdboden. Jede Wurzelspitze ist von einem zarten Haarflaum umgeben. Mit diesen *Wurzelhaaren* nimmt die Pflanze Wasser und Mineralstoffe aus dem Boden auf. Somit bilden die Gefäße vom Wurzelhaarbereich bis zu den Blättern ununterbrochene „Rohrleitungen".

Die Organe der Pflanze haben verschiedene Aufgaben: Die Wurzel dient der Verankerung im Boden und der Aufnahme von Wasser und Mineralstoffen. Die Sprossachse leitet das Wasser in die Blätter. Die grünen Blätter betreiben Fotosynthese und sorgen für die Transpiration.

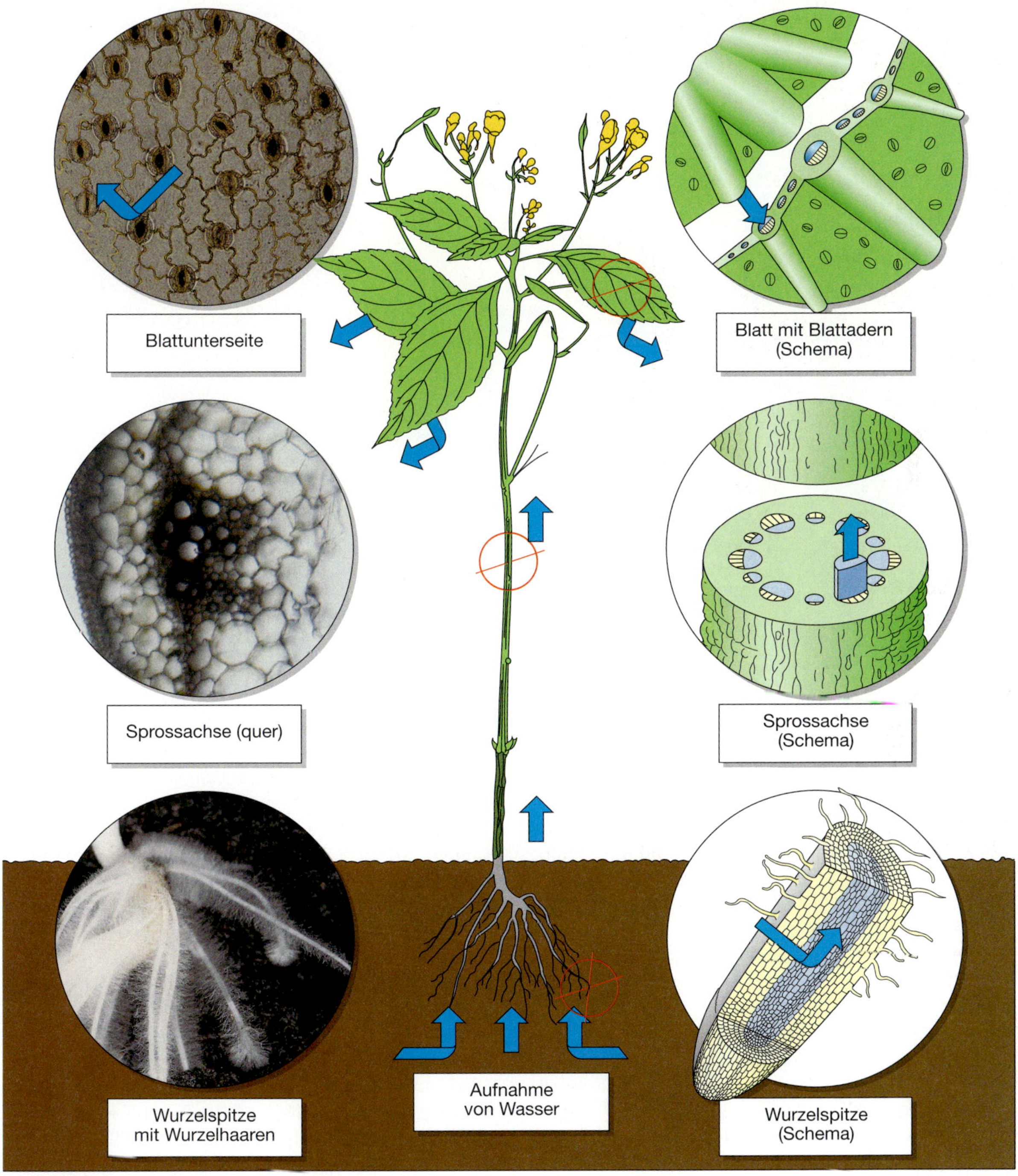

3 ***Springkraut.*** *Organe des Wassertransportes*

1 Beschreibe den Versuch zur Wasserverdunstung bei der Buntnessel in Abbildung 1.
Erläutere die Beobachtung in B.

2 Beschreibe den Versuch zur Wasserleitung im Stängel in Abbildung 2.
Erläutere die Beobachtung.

3 Beschreibe den Weg des aufgenommenen Wassers in der Pflanze. Nutze dazu die Abbildung 3.

1 Obst- und Gemüsevielfalt

1.3 Der Mensch nutzt viele verschiedene Pflanzenteile

Wem würde nicht beim Anblick dieses üppigen Obstangebotes das Wasser im Mund zusammenlaufen? Apfel, Melone, Banane, Apfelsine, Birne, Kiwi, Pfirsich und Mango sind **Früchte.** Manche wachsen an Sträuchern, andere an Bäumen. Die Pflanzen, die sie tragen, bezeichnet man als *Obstpflanzen.*

Der Mensch nutzt aber auch *Gemüsepflanzen.* Hierzu zählen zum Beispiel Tomaten, Gurken, Salat und Möhren. Während wir mit Tomaten und Gurken wieder die Früchte einer Pflanze verzehren, sieht es beim Salat ganz anders aus. Hier essen wir die **Blätter.** Bei der Möhre dagegen wird nur die **Wurzel** vom Menschen gegessen. Sie ist verdickt und dient der Pflanze als Speicherorgan. Wir sehen also, dass der Mensch ganz unterschiedliche Pflanzenteile nutzt.

Selbst die **Sprossachsen** mancher Pflanzen lassen sich verwenden. Aus den Stämmen von Bäumen und Palmen gewinnt man Baumaterial für Häuser und Möbel. Auch das Papier dieses Buches war einmal eine Sprossachse. Häufig angebaute *Holz liefernde Pflanzen* sind bei uns Kiefer, Buche, Eiche, Fichte, Linde und Ahorn. Auch dünnere Sprossachsen wie Bambus und Weidenruten werden genutzt. Man kann aus ihnen Körbe und andere Gefäße flechten. Bei einer *Zuckerrohrpflanze* erntet man ebenfalls die Sprosse. Unsere heimische Zuckerrübe ist dagegen eine Wurzel. Beide speichern Zucker.

Von einigen Pflanzen verwendet der Mensch nur die **Samen.** Beispiele dafür sind Mohn, Pfeffer, Kakao, Kaffee, Erbsen und Bohnen. Von der Baumwolle werden nur die Samenhaare weiterverarbeitet. Aus ihnen stellt man Textilstoffe her. Deshalb gehört die Baumwolle zu den *Faserpflanzen.*

Selbst die **Blüten** von Pflanzen werden direkt genutzt. Sie dienen zur Dekoration als Blumenstrauß oder Gesteck. Aus den Blütenblättern der Rosen lässt sich Rosenöl gewinnen, das zur Parfümherstellung genutzt wird.

Manche Blüten enthalten Heilstoffe und werden deshalb vom Menschen gesammelt. Zu diesen *Heilpflanzen* zählen zum Beispiel die Echte Kamille und der Holunder. Auch geschlossene Blüten, die Knospen, findet man manchmal in der Küche. Bei Kapern werden die Knospen des Kapernstrauches eingelegt. Die roten Knospen des Nelkenstrauches werden an der Sonne getrocknet und kommen dann als braune Gewürznelken in den Handel. Gemahlene Nelken werden zum Würzen von Lebkuchen und Schokolade verwendet. Beide Pflanzen gehören zu den *Gewürzpflanzen.*

2 Der Mensch nutzt verschiedene Pflanzenteile

Pflanzen werden vielfältig vom Menschen genutzt. Je nach Pflanzenart werden unterschiedliche Teile verwendet.

1 Ordne den Abbildungen 2 A bis H folgende Pflanzennamen zu: Bambus, Erbse, Grüner Salat, Kiefer, Mohrrübe, Rose, Wassermelone und Zuckerrübe.

2 Lege folgende Tabelle an. Ordne alle Beispiele aus der Abbildung 2 zu. Trage weitere Beispiele in die Tabelle ein. Nutze dazu auch die Abbildung 1.

genutzter Teil	Wurzel	Sprossachse	Blatt	Früchte	Samen
Beispiele					

2 Blüten dienen der Fortpflanzung

2.1 Blüten bestehen aus umgebildeten Blättern

An einem blühenden Kirschzweig findest du neben den weiß leuchtenden Blüten auch Blütenknospen. Schaust du eine Knospe näher an, fällt dir auf, dass grünlich gefärbte Blätter das Blüteninnere schützend umhüllen. Sie sitzen am Rande eines kelchförmigen Blütenbodens und heißen **Kelchblätter.** Die Ähnlichkeit mit einem Laubblatt gibt einen Hinweis auf ihre Herkunft. Kelchblätter sind umgewandelte Blätter. Trifft dies auch auf die anderen Blütenteile zu? Auffallend an der geöffneten Kirschblüte sind die fünf weißen **Kronblätter.** Bei näherem Hinsehen kannst du sogar Blattadern erkennen. Die Kronblätter locken Insekten wie zum Beispiel Bienen an.

Auf die Kronblätter folgt nach innen ein „Büschel" von 30 **Staubblättern.** Die Umbildung aus Laubblättern ist hier nur schwer nachzuvollziehen. Allerdings geben Zuchtformen von Zierkirschen einen Hinweis: Bei ihren gefüllten Blüten sind Staubblätter zu Kronblättern umgewandelt worden. Jedes Staubblatt setzt sich aus dem *Staubfaden* und dem *Staubbeutel* zusammen. Der Staubbeutel enthält gelben Blütenstaub, den *Pollen.* Er wird in den vier *Pollensäcken* des Staubbeutels gebildet. Der Pollen besteht aus mikroskopisch kleinen *Pollenkörnern.* Aus ihnen entwickeln sich die männlichen Geschlechtszellen. Staubblätter sind daher die *männlichen Blütenorgane.*

Aus der Mitte der Staubblätter ragt der *Stempel* heraus. Er ist aus einem **Fruchtblatt** entstanden. Deutlich lassen sich die klebrige *Narbe,* der *Griffel* und der verdickte *Fruchtknoten* unterscheiden. Der Fruchtknoten enthält die *Samenanlage* mit der *Eizelle.* Das Fruchtblatt ist also das *weibliche Blütenorgan.* Blüten, die sowohl männliche als auch weibliche Blütenorgane enthalten, heißen *Zwitterblüten.*

Die Blüte setzt sich aus verschiedenen umgebildeten Blättern zusammen: Kelch*blätter*, Kron*blätter*, Staub*blätter* und Frucht*blätter*.

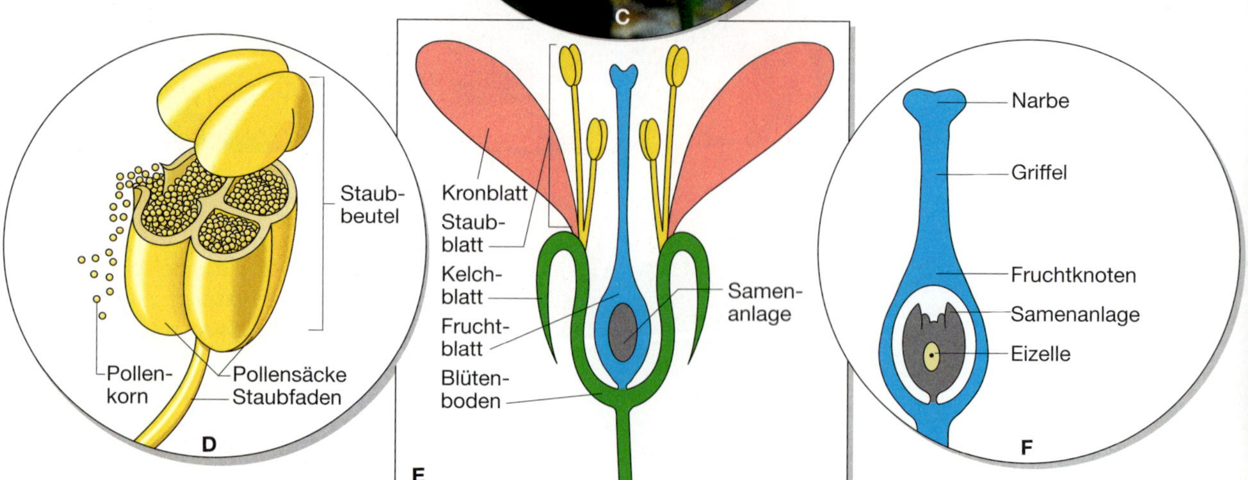

1 Kirschblüte. A *blühende Kirschzweige;* **B** *Blütenknospe;* **C** *Blüte;* **D** *Staubblatt;* **E** *Blütenlängsschnitt;* **F** *Fruchtblatt*

Blüten

Übung

A1 Wir zeichnen eine Blüte

Fertige von dem abgebildeten Längsschnitt der Kirschblüte eine Zeichnung an. Beschrifte.

V2 Wir zergliedern eine Kirschblüte

Material: Kirschblüte; Lupe; Pinzette; ein Stück durchsichtige Klebefolie (8 cm × 8 cm); schwarzer Zeichenkarton

Durchführung: Betrachte den Bau der Kirschblüte mit einer Lupe und suche die einzelnen Blütenteile. Lege dann die Klebefolie mit der Klebeseite nach oben auf den Tisch. Zupfe von der Blüte vorsichtig mit der Pinzette zuerst die Kronblätter, dann die Kelchblätter, die Staubblätter und schließlich den Stempel ab. Ordne die Blütenteile auf dem Zeichenkarton so, wie auf der Abbildung dargestellt. Übertrage dann die Blütenteile in dieser Anordnung auf die Klebefolie und drücke jeweils leicht an. Drehe die Klebefolie mit den anhaftenden Blütenteilen um und klebe sie auf den Zeichenkarton. Du hast nun ein Legebild einer Kirschblüte. Stellt man die Anordnung der Blütenteile zeichnerisch vereinfacht dar, erhält man einen **Blütengrundriss** oder Blütendiagramm. Im Blütendiagramm sind die einzelnen Blütenteile durch bestimmte Farben gekennzeichnet.

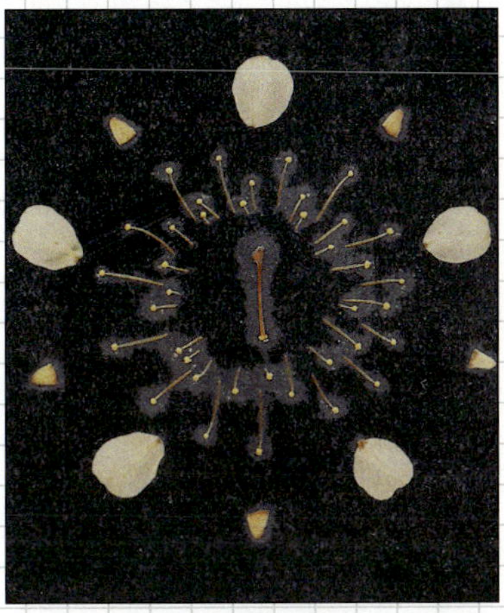

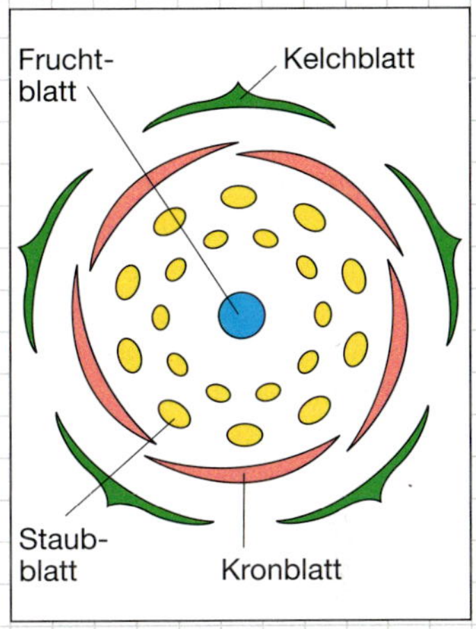

Aufgaben: a) Weshalb werden die Blütenteile im Legebild und im Blütengrundriss kreisförmig angeordnet?

b) Zähle die einzelnen Blütenteile und nenne ihre jeweilige Aufgabe.

V3 Wir zergliedern eine Wickenblüte

Material: Blüte einer Gartenwicke; Lupe; Pinzette; ein Stück durchsichtige Klebefolie (10 cm × 10 cm); schwarzer Zeichenkarton

Durchführung: Betrachte den Bau der Wickenblüte mit der Lupe und suche die einzelnen Blütenteile. Stelle dann ein Legebild her. Bedenke, dass Staubblätter und Stempel nebeneinander angeordnet werden müssen.

Aufgaben: a) Die Wickenblüte hat fünf Kronblätter. Vergleiche diese Angabe mit deinem Legebild. Finde eine Erklärung.

b) Vergleiche den Bau der Wickenblüte mit dem Bau der Kirschblüte. Nenne Gemeinsamkeiten und Unterschiede.

2.2 Von der Bestäubung zur Befruchtung

Eine Biene kriecht in eine junge Blüte eines Kirschbaumes. Ihr Körper ist bepudert mit Pollenkörnern einer älteren Blüte. Bei der Suche nach Nektar bleiben Pollenkörner an der klebrigen Narbe hängen. Dieser Vorgang wird als **Bestäubung** bezeichnet. Auf einer Narbe hat man über 50 Pollenkörner gefunden. Was geschieht nun? Um dies beobachten zu können, benötigen wir ein Mikroskop. Damit schauen wir uns bestäubte Stempel im Längsschnitt zu verschiedenen Zeitpunkten an. Zunächst beginnen die Pollenkörner in der zuckerhaltigen Narbenflüssigkeit zu **keimen:** Aus jedem Pollenkorn wächst ein kleines, schlauchartiges Gebilde. Man nennt es *Pollenschlauch.* Die Pollenschläuche wachsen in die Narbe und dann in den Griffel. Ein „Wettwachsen" beginnt! Das Ziel ist die Eizelle in der Samenanlage. Der Pollenschlauch, der am schnellsten wächst, dringt in die Samenanlage ein.

Während dieses Wachstums hat sich im Pollenschlauch die *männliche Geschlechtszelle* gebildet. Sie liegt im unteren Bereich des Pollenschlauchs. Hat dieser die Eizelle erreicht, erfolgt die **Befruchtung:** Der Pollenschlauch öffnet sich und die männliche Geschlechtszelle verschmilzt mit der Eizelle. Beide Zellkerne vereinigen sich zu einem Zellkern. Nun ist die Befruchtung abgeschlossen. Die Samenanlage verschließt sich, sodass keine weiteren Pollenschläuche eindringen können.

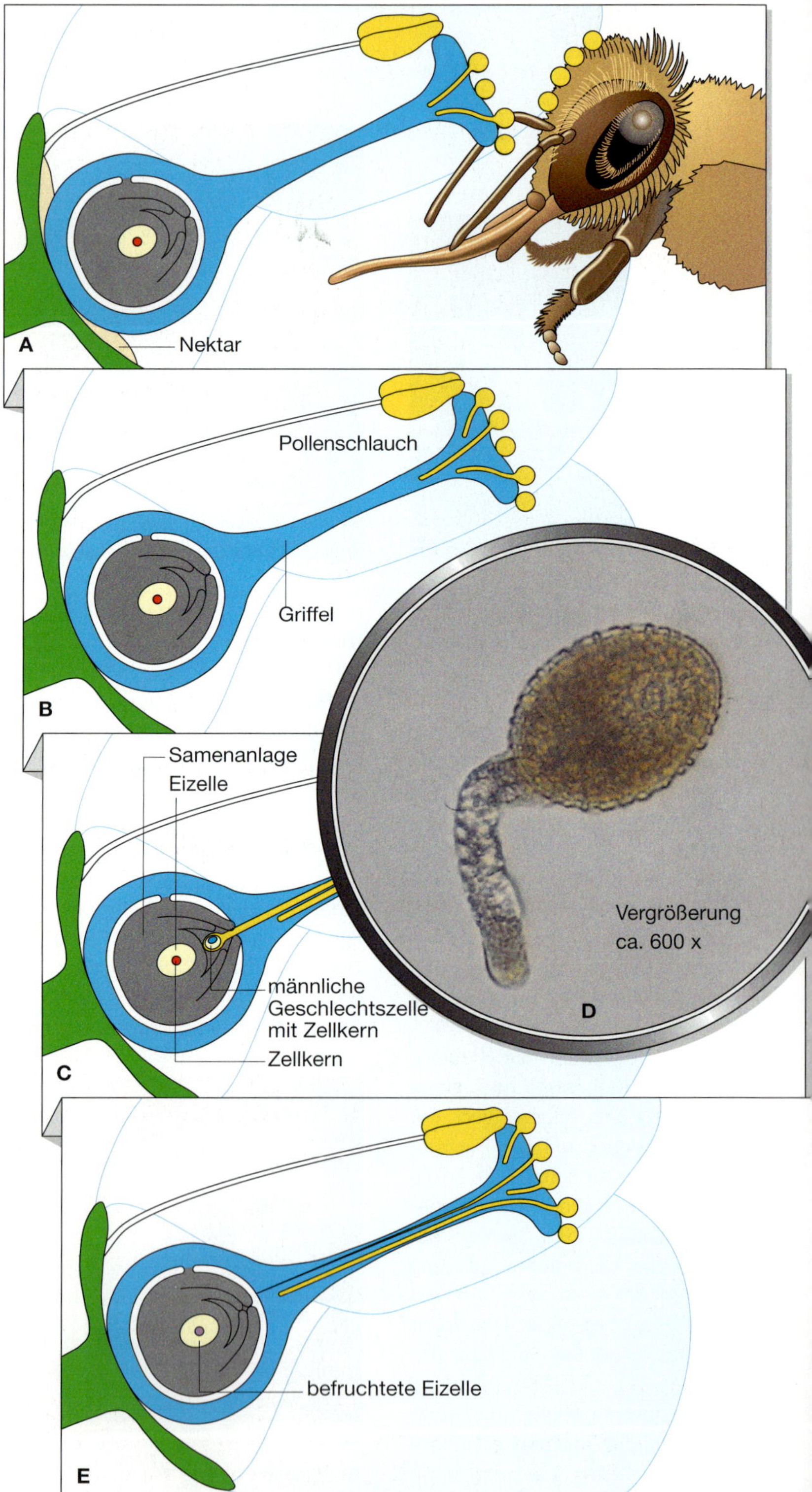

***1 Bestäubung und Befruchtung bei der Kirsche. A** Bestäubung; **B** Pollenkornkeimung (Schema); **C** Pollenschlauch kurz vor der Befruchtung; **D** Pollenkornkeimung (Foto); **E** nach der Befruchtung*

Nach der Bestäubung keimen die Pollenkörner zu Pollenschläuchen. In ihnen entwickelt sich die männliche Geschlechtszelle. Bei der Befruchtung verschmilzt sie mit der Eizelle.

2.3 Nach der Befruchtung entwickeln sich Früchte

Kirschen sind die **Früchte** des Kirschbaumes. Die Fruchtentwicklung setzt nach der Befruchtung ein und ist äusserlich an der Veränderung der Blüten zu verfolgen: Die Kronblätter werden braun, welken und fallen ab. Auch der Griffel und die Narbe vertrocknen. Der Fruchtknoten dagegen schwillt an. Bald wird der kelchförmige Blütenboden zu eng. Er wird zerrissen. An der entstehenden grünen Frucht bleiben die Reste von Kelchblättern, Staubblättern und dem Blütenboden wie ein Gürtel haften. Schließlich fallen sie ab.

Auch im Inneren des Fruchtknotens zeigen sich Veränderungen: Die Wand des Fruchtknotens entwickelt sich zur *Fruchtwand* der reifen Kirschfrucht. Sie besteht aus drei Schichten: aus der glatten *Außenhaut,* dem roten, saftigen *Fruchtfleisch* und der steinharten *Innenschale.* Eine solche Fruchtform bezeichnet man als *Steinfrucht.* Im Inneren des Kirschsteins hat sich aus der Samenanlage mit der befruchteten Eizelle der **Samen** gebildet.
Früchte können unterschiedliche Formen zeigen wie zum Beispiel *Nüsse* oder *Beeren.* Sie enthalten in ihrem Inneren einen oder mehrere Samen.

Eine Frucht entsteht aus dem Fruchtknoten. In der Frucht liegen ein oder mehrere Samen.

1 Beschreibe die Entwicklung einer Kirsche.
2 Worin unterscheiden sich die Fruchtformen in den Abbildungen 2 und 3 von der Kirschfrucht?
3 Welche Bedeutung haben die Früchte für die Verbreitung von Pflanzen?

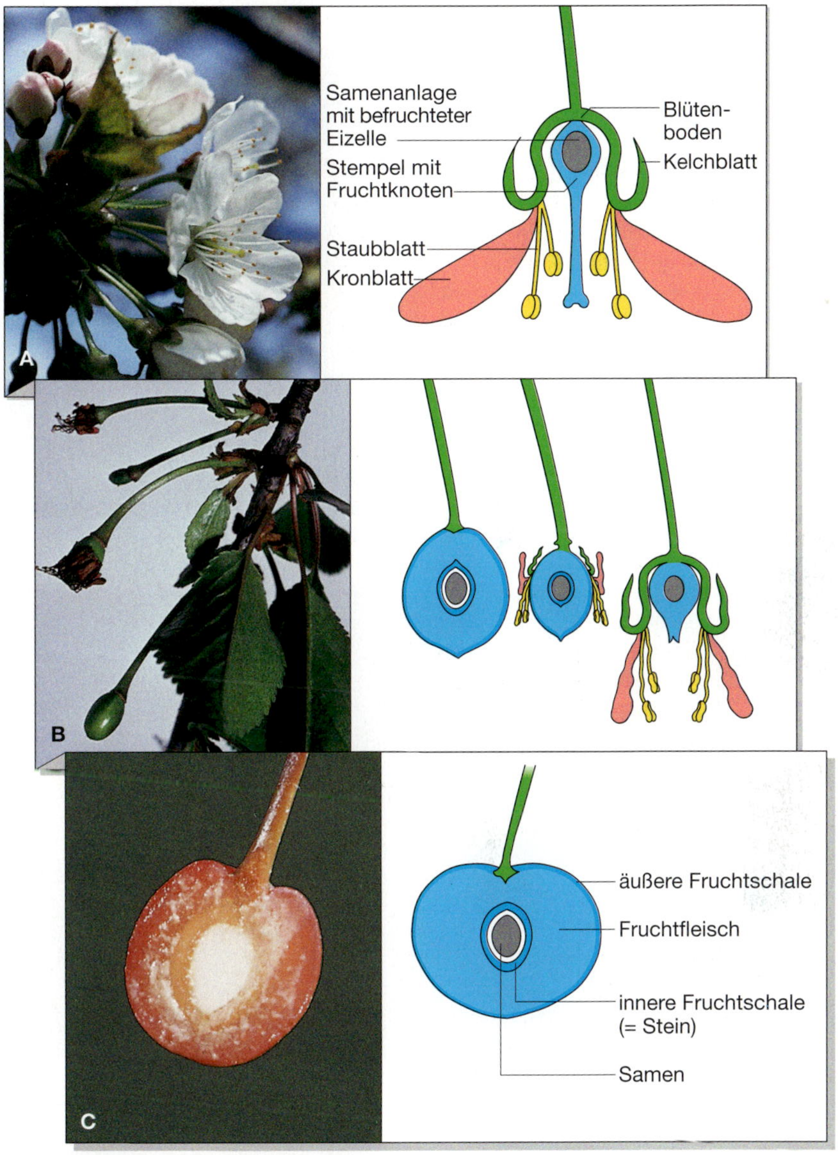

*1 **Entwicklung der Kirschfrucht***

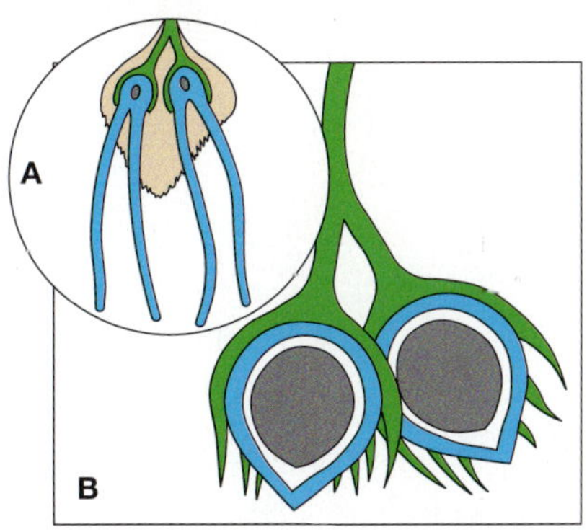

*2 **Hasel. A** Blüte; **B** Frucht (Nuss)*

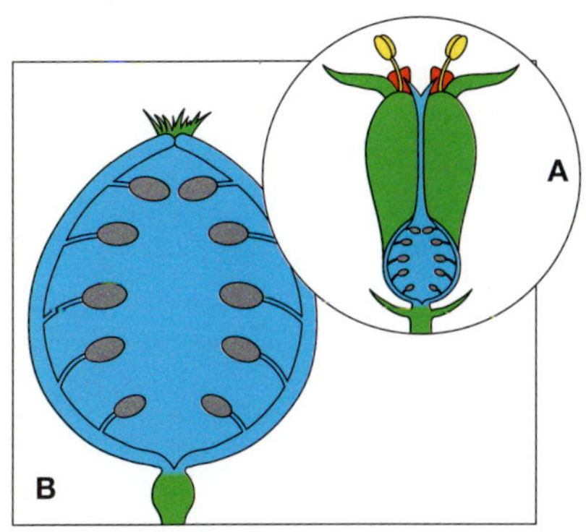

*3 **Stachelbeere. A** Blüte; **B** Frucht (Beere)*

3 Samenpflanzen lassen sich ordnen – die Kreuzblütengewächse

Betrachte die Fotos auf dieser Doppelseite. Du siehst Pflanzen, die untereinander eng verwandt sind. Sie zeigen gemeinsame Merkmale.

Ein wichtiges Merkmal ist der *Blütenbau.* Beim Raps sind die Blütenteile kreuzweise angeordnet. Wir erkennen deutlich 4 *Kronblätter.* Nach dem Zergliedern einer Blüte zählen wir außerdem 4 *Kelchblätter* und 6 *Staubblätter.* Es sind 2 kürzere und 4 längere Staubblätter.

Der Blütenlängsschnitt zeigt uns einen Stempel, der aus zwei *Fruchtblättern* besteht. Aus ihnen entwickelt sich später die Frucht. Sie besteht aus zwei trockenen Fruchtwänden und einer Mittelwand, an der die Samen sitzen. Bei den langen, schlanken Früchten des Rapses spricht man von *Schoten.* Vergleichen wir nun die anderen Blüten mit der Rapsblüte! Goldlack, Blaukissen, Wiesenschaumkraut und Hirtentäschelkraut besitzen ebenfalls 4 Kronblätter, die kreuzweise angeordnet sind. Auch die Anzahl und Anordnung der anderen Blütenteile stimmen überein.

1 Goldlack

***2 Raps. A** Pflanze; **B** Blüte; **C** Längsschnitt Blüte;*

3 Blaukissen

Andere Merkmale lassen sich ebenfalls zur Klärung der Verwandtschaft heranziehen. So haben alle hier abgebildeten Pflanzen wechselständig angeordnete *Blätter.* Oft bilden die unteren Blätter eine Blattrosette. Eine solche Verwandtschaftsgruppe wird als **Familie** bezeichnet. Die Anordnung der Blütenteile gab dieser Familie ihren Namen: **Kreuzblütengewächse**. Die Angehörigen der Kreuzblütengewächse unterscheiden sich aber auch in einigen Merkmalen voneinander. Dazu gehören zum Beispiel die Blatt- und Fruchtform.

Hirtentäschelkraut besitzt kleine gedrungene Früchte. Sie erinnern mit ihrer Dreiecksform an die Taschen von Hirten und gaben der Pflanze daher ihren Namen. Ihr innerer Aufbau gleicht den Früchten vom Raps. Da sie kürzer sind als Schoten, bezeichnet man sie als *Schötchen.* Auch die Farbe der Blüten ist nicht bei allen Kreuzblütengewächsen einheitlich. Raps blüht gelb, Goldlack orange bis braun und das Wiesenschaumkraut rosa bis violett. Pflanzen einer Familie ordnet der Biologe deshalb noch einmal in **Gattungen.** So gehört das Wiesenschaumkraut zur Gattung Schaumkraut und der Raps zur Gattung Kohl.

4 Wiesenschaumkraut

Das violett blühende Wiesenschaumkraut finden wir häufig auf feuchten Wiesen. Seltener ist ein Schaumkraut mit rein weißen Kronblättern und Staubblättern, die violette Staubbeutel tragen. Es wächst in Auen- und Buchenwäldern an feuchten Stellen. Nach dem Geschmacksstoff in seinen Blättern wird es Bitteres Schaumkraut genannt. Wenn sich Pflanzen einer Gattung nur ganz geringfügig voneinander unterscheiden, nennt man sie **Arten.** Wiesenschaumkraut und Bitteres Schaumkraut sind also zwei Arten der Gattung Schaumkraut.

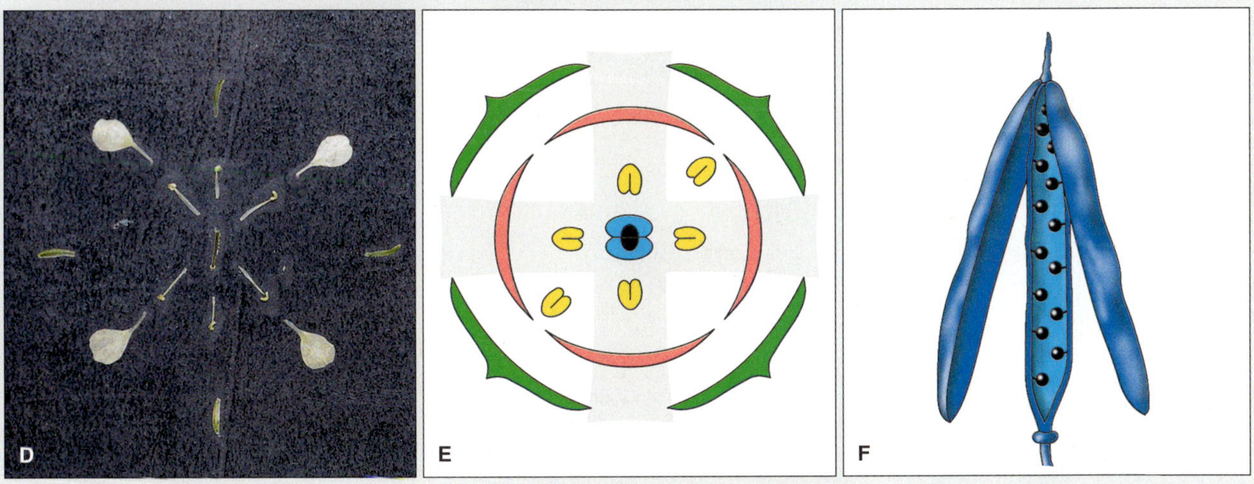

D *Legebild;* ***E*** *Blütendiagramm;* ***F*** *Frucht: Schote*

Eine Gattung der Kreuzblütengewächse wird vom Menschen besonders vielseitig genutzt – die Gattung Kohl. Zu ihr gehören etwa 40 verschiedene Arten. Eine wichtige Nutzpflanze ist der Raps. Er dient als Futterpflanze und seine Samen liefern das Rapsöl. Viele Arten dieser Gattung nutzt der Mensch für seine Ernährung. Dazu gehören Radieschen, Rosenkohl, Blumenkohl, Kohlrabi, Brokkoli und Weißkohl. Beim Kohlrabi essen wir zum Beispiel die verdickte Sprossachse und beim Weißkohl die Blätter.

5 Hirtentäschelkraut

Trotzdem wissen viele Leute nicht, dass diese Pflanzen zu den Kreuzblütengewächsen gehören. Wir ernten die Pflanzen nämlich häufig bereits vor dem Blühen. Möchtest du also einmal ein Radieschen blühen sehen, musst du die Pflanze bis zum Sommer stehen lassen. Dann erst erscheinen die rosa Blüten.

Pflanzen lassen sich anhand gemeinsamer Merkmale ordnen. So unterscheidet man die Verwandtschaftsgruppen Familie, Gattung und Art. Eine Familie sind zum Beispiel die Kreuzblütengewächse.

1 Fertige ein Legebild einer Kreuzblüte an. Orientiere dich an der Abbildung 2 D.

2 Erstelle eine Tabelle mit den wichtigsten Wild-, Zier- und Nutzpflanzen der Kreuzblütengewächse.

Übung

Bestimmungsschlüssel für Kreuzblütengewächse

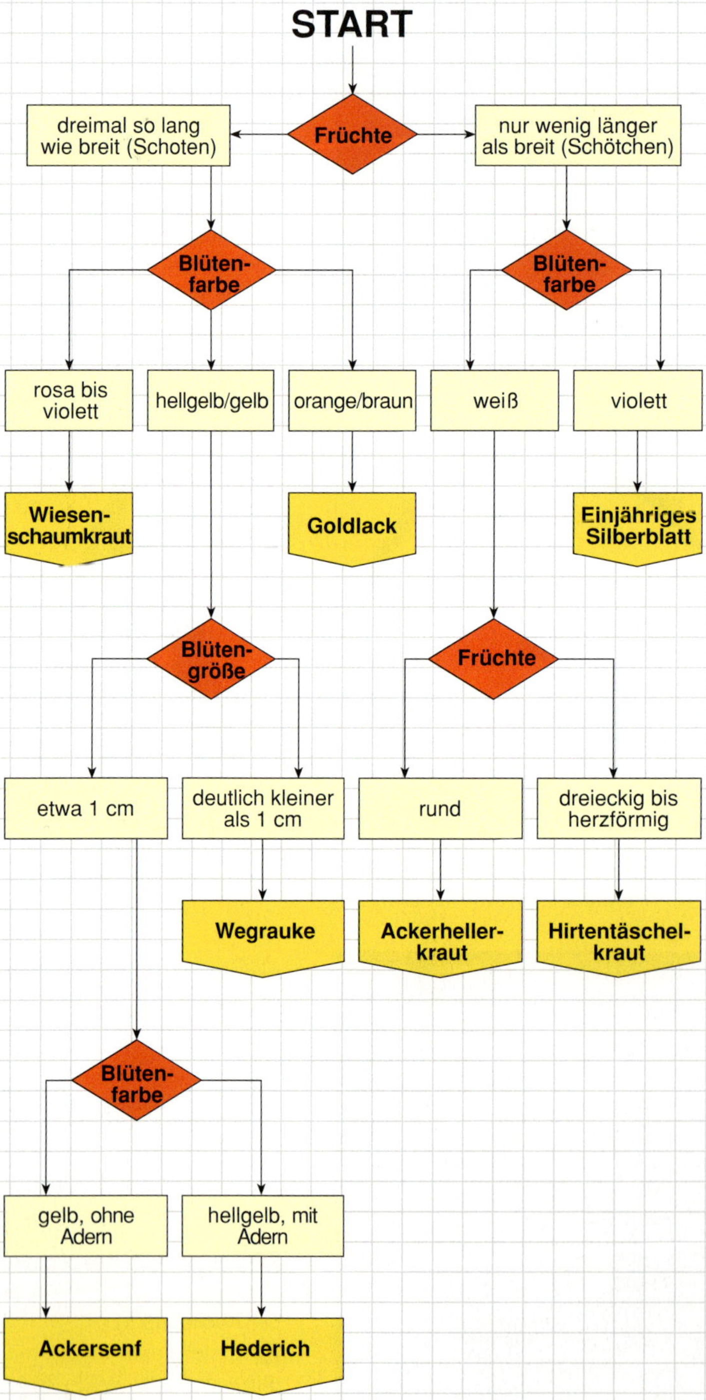

1 Nenne Merkmale der Kreuzblütengewächse bei den abgebildeten Pflanzen.

2 Bestimme mithilfe des Bestimmungsschlüssels den Namen dieser vier Pflanzen.

Bau, Leistungen und Nutzen von Samenpflanzen

Vernetze dein Wissen

A1 Samenpflanzen zeigen einen bestimmten Grundbauplan.
a) Benenne die Teile der Pflanze.
b) Welche Hauptaufgaben erfüllen die Teile ①, ②, ③ und ⑥?

A2 Die Zeichnungen geben Längsschnitte durch einen Stempel und eine Frucht des Kirschbaums wieder.

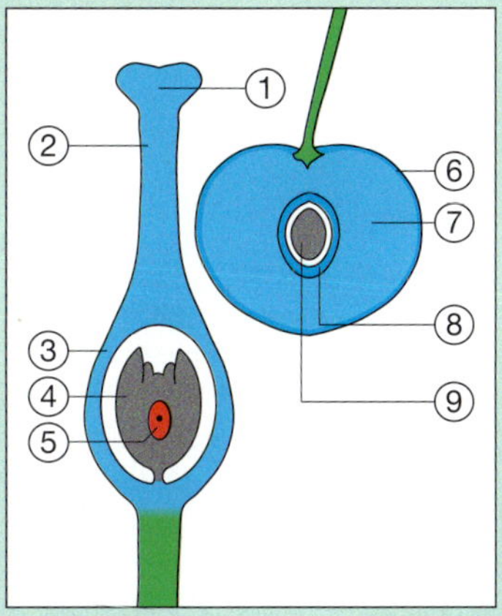

a) Ordne den Ziffern die entsprechenden Begriffe zu.
b) Nenne die Aufgaben von Stempel und Frucht des Kirschbaums.
c) Stelle einen Zusammenhang zwischen den Bestandteilen von Stempel und Frucht her.

A3 Die Zeichnung zeigt den Längsschnitt durch eine Blüte der Heckenrose.

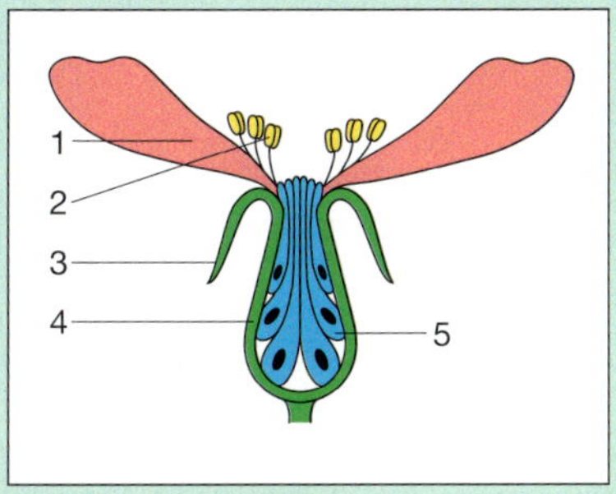

a) Ordne den Ziffern die entsprechenden Begriffe zu.
b) Nenne die Aufgaben der einzelnen Blütenteile.

A4 Die Abbildungen zeigen die Blüten verschiedener Pflanzen. Ordne diese Pflanzen einer Pflanzenfamilie zu und benenne sie.

A

B

C

A5 Die Fotos zeigen verschiedene Nutzpflanzen.
a) Benenne die Pflanzen.
b) Gib an, welchen Teil der Pflanze der Mensch nutzt.
c) Nenne zwei Verwendungen für jede abgebildete Pflanze.

A

B

C

D

Fette Seitenzahlen weisen auf ausführliche Behandlung im Text oder auf Abbildungen hin;
f. = die folgende Seite; ff. = die folgenden Seiten.

Umschlag Laubfrosch: H. Schwind/Okapia; 6.1 Volker Minkus; 7.A Tegen; 7.B–E Volker Minkus; 8.1 Dobers; 8.2 Dr. Jaenicke; 8.3.A–C, 9.4, 9.5, 9.6.A–B Dobers; 9.7.A–C Dr. Philipp; 10.1, 11.2.A+C Dr. Jaenicke; 12. Bernhardiner: Reinhard-Tierfoto; 12. Mischlinge: Wegner/Silvestris; 13.A2 Volkswagen AG; 13.A4 Dr. Jaenicke; 13.A6 Bienert/Silvestris; 13.A7 Dr. Jaenicke; 14.1 Stadler/Silvestris; 15.3.B Schwind/Okapia; 16.1 Lichtbildarchiv Dr. Keil; 16.2.A Lichtbildarchiv Dr. Keil; 17.B Tegen; 18.1 Reinhard/Tierbildarchiv Angermayer; 18.2.A Hartl/Okapia; 18.2.B Heppner/Silvestris; 18.2.C Hartl/Okapia; 20. Aal: Reinhard/Zefa; 20. Hecht: Chaumeton/NATURE/Okapia; 20. Lachs: Greiner/Greiner + Meyer; 20. Regenbogenforelle: Lacz/Silvestris; 20. Stichling: Lenz/Silvestris; 21. Gefleckter Katzenhai: Burton/Wildlife; 21. Hering: Raimund Cramm; 21. Kabeljau: FLPA/Silvestris; 21. Scholle: Rohdich/Silvestris; 21. Seepferdchen: Tierbildarchiv Angermayer; 22.1 Jacobi/Okapia; 22.2.A Reinhard-Tierfoto; 22.3 dpa; 23.3 Reinhard-Tierfoto; 23.5 Natur im Bild/Föster/Okapia; 24.1.A Schrempp/Greiner + Meyer; 24.1.B Pfletschinger/Tierbildarchiv Angermayer; 24.1.C Tierbildarchiv Angermayer; 24.1.D Pratsch/Silvestris; 26.1.A Wegner/Silvestris; 26.1.B Rohdich/Silvestris; 26.1.C Wellinghorst; 27.2 oben Bach/Zefa; 27.2 unten Bach/Zefa; 28. junger Grasfrosch: Pfletschinger/Tierbildarchiv Angermayer; 28. Grasfrosch Embryo: Pfletschinger/Tierbildarchiv Angermayer; 28. Kaulquappen ca. 2 Wochen: Pfletschinger/Tierbildarchiv Angermayer; 28. Kaulquappe, ca. zehn Wochen alt: Pfletschinger/Tierbildarchiv Angermayer; 28. Grasfrösche bei der Paarung: Thielscher/Silvestris; 29.1.A Tierbildarchiv Angermayer; 29.1.B Pfletschinger/Tierbildarchiv Angermayer; 29.1.C Reinhard-Tierfoto; 29.2.A Büttner/Naturbild/Okapia; 29.2.B Pfletschinger/Tierbildarchiv Angermayer; 29.2.C Willner/Silvestris; 31.E Alpensalamander: Skibbe/Silvestris; 31.C Erdkröte: Wellinghorst; 31.F Gelbbauchunke: Pfletschinger/Tierbildarchiv Angermayer; 31.A Grasfrosch: Wellinghorst; 31.D Teichmolch: Pfletschinger/Tierbildarchiv Angermayer; 31.B Wasserfrosch: Wendler/Silvestris; 32. Erdkröten im Laichgewässer: Lenz/Silvestris; 32. Krötenfangzaun: Wellinghorst; 32. Krötentunnel: Wahl/Silvestris; 32. Laichplatzwanderung: Pfletschinger/Tierbildarchiv Angermayer; 32. Straße: Wellinghorst; 33.2 Willner/Silvestris; 33.3, 33.4 Wellinghorst; 33.5 Wahl/Silvestris; 33.6 Wellinghorst; 35.A6 Dobers; 35.A9, 36.1 Reinhard-Tierfoto; 36.2.A Lichtbildarchiv Dr. Keil; 36.2.C Pfletschinger/Tierbildarchiv Angermayer; 37.1.A Maier/Silvestris; 37.1.B–D Pfletschinger/Tierbildarchiv Angermayer; 40. links Mitte Soder/Okapia; 40. links oben Reinhard/Mauritius; 40. rechts Mitte Reinhard/Okapia; 40. rechts oben L. Martinez/Okapia; 40. rechts unten Pfletschinger/Tierbildarchiv Angermayer; 41.A2.A Silvestris; 42.1 Dr. Brehm/Okapia; 42.2 Sohns/Silvestris; 43. Brillenschlange: Pavenzinger/Silvestris; 43. Gemeines Chamäleon: Tierbildarchiv Angermayer; 43. Komodo-Waran: Bauer/Zefa; 43. Mississippi-Alligator: Green/Okapia; 43. Netz-Python: Reinhard/Tierbildarchiv Angermayer; 43. Seychellen-Riesenschildkröte: Tierbildarchiv Angermayer; 44.1 Wellinghorst; 44.1.A Soder/Okapia; 44.1.B Pfletschinger/Tierbildarchiv Angermayer; 44.2 Arndt/Okapia; 45.A4 Pfletschinger/Tierbildarchiv Angermayer; 46.1.A Manzoni/Pantarei/Centro Studi Ricerche, Ligabue, Venezia; 46.1.B Tönnies, Laatzen; 48.1 Konopka; 50.1 Tierbildarchiv Angermayer; 51.3 Danegger/Silvestris; 53.3 Stan Osolinski/OSF/Okapia; 53.2.B Danegger/Okapia; 53.2.C Brosette/Silvestris; 53.2.D links Rauschenbach/Zefa; 53.2.D rechts NHPA, Mr. Stephen Dalton/Silvestris; 54.1 AKG; 54.2 Deutsches Museum; 55.1 Cramm/Silvestris; 55.1.A Lichtbildarchiv Dr. Keil; 56.3 Cramm/Silvestris; 56.1.A Reinhard/Tierbildarchiv Angermayer; 56.1.B Zefa U. K.; 56.1.C Gross/Silvestris; 56.2.A Schiersmann/Zefa; 56.2.B Cramm/Silvestris; 57. Habicht: Layer/Zefa; 57. Mäusebussard: Reinhard/Tierbildarchiv Angermayer; 57. Roter Milan: Nill/Okapia; 57. Sperber: Schmidt/Tierbildarchiv Angermayer; 57. Steinadler: Reinhard/Tierbildarchiv Angermayer; 57. Turmfalke: Reinhard/Tierbildarchiv Angermayer; 58.1.A Silvestris; 59.1.A Reinhard/Mauritius; 59.1.B Synatzschke/Okapia; 59.1.C Heintges/Zefa; 59.1.D Danegger/Zefa; 60.1.A Zingel/Mauritius; 60.1.B Reinhard-Tierfoto; 60.2.B Reinhard/Tierbildarchiv Angermayer; 62.1.A Hecker/Silvestris; 62.1.B Hecker/Silvestris; 63.2 Wilmshurst/Silvestris; 63.3 Wilmshurst/Silvestris; 63.4 Laßwitz/Naturbild/Okapia; 64.3.A–C Lichtbildarchiv Dr. Keil; 64.3.D Pavenzinger/Silvestris; 65.A4 Tegen; 65.V2 Dr. Jaenicke; 65.V3 Wellinghorst; 66.1.A Elfner/Tierbildarchiv Angermayer; 66.1.B Wendl/Tierbildarchiv Angermayer; 66.1.C FLPA/Silvestris; 66.1.D Nill/Silvestris; 68. Mitte Lange/Tierbildarchiv Angermayer; 68. oben Tierbildarchiv Angermayer; 68. unten Langer/Okapia; 69.1 Hessisches Landesmuseum, Darmstadt; 69.2.A+B Forschungsinstitut und Naturmuseum Senckenberg; 71. Pinguin: Tierbildarchiv Angermayer; 71. Singdrossel: Maier/IFA-Bilderteam; 71. Star: Schmidt/Tierbildarchiv Angermayer; 71. Strauß: Tierbildarchiv Angermayer; 72.1 Lenz/Silvestris; 72.2.A+B A.N.T./Silvestris; 72. Euter: Schuchardt; 72. Fell: Schuchardt; 73.3.A Wothe/Silvestris; 73.3.B Lichtbildarchiv Dr. Keil; 73.3.C Lichtbildarchiv Dr. Keil; 74.1.A Reinhard/Okapia; 74.1.B Rosenfeld/Mauritius; 75.3 Kreis links u. rechts James Hayden/Phototake/Okapia; 76.1 Schack/Naturbild/Okapia; 76.2.A+B Monika Wegler, München; 78.1.A Walz/Silvestris; 78.1.B Prenzel/Mauritius; 78.1.C Francais/Cogis/Okapia; 78.1.D Reinhard/Tierbildarchiv Angermayer; 80.1.A Lenz/Silvestris; 80.1.B Index Stock/Zefa; 81.2F Walz/Silvestris; 81.3.A+B Lichtbildarchiv Dr. Keil; 81.4.A+B Reinhard/Tierbildarchiv Angermayer; 82.A1 Int. Stock/Zefa; 82.A2 Reinhard/Okapia; 82.A3 Sally Anne Thompson/Animal Photography, London; 82.A6 rechts Jaguarspuren: Schafer/Zefa; 82.A6 links Katzenpfoten: Lichtbildarchiv Dr. Keil; 82.A6 Mitte Katzenpfoten: Lichtbildarchiv Dr. Keil; 83.A1 Hund: NAS F. Ayer/Okapia; 83.A1 Katze: J-L Klein & M-L Hubert/Okapia; 83.A2 Reinhard-Tierfoto; 83.A3 Lacz/Natural History Photographic Agency; 84.1.A Füehler/dpa; 84.1.B Dr. Jaenicke; 84.1.C Dr. Jaenicke; 86.2 IMA; 86.1.A Reinhard/Okapia; 86.1.B Reinhard/Tierbildarchiv Angermayer; 87.3.A Reinhard/Okapia; 87.3.B Elfner/Tierbildarchiv Angermayer; 88.1.A Reinhard/Tierbildarchiv Angermayer; 88.1.B Pfletschinger/Tierbildarchiv Angermayer; 90.1 Heblich/Okapia; 91.3 Pfletschinger/Tierbildarchiv Angermayer; 92.1.A Aitken/Silvestris; 93. Silvestris; 94.1.A Brockhaus/Silvestris; 94.1.B Reinhard-Tierfoto; 94.1.C Pelka/Silvestris; 95. Großes Mausohr: Reinhard-Tierfoto; 95. Haselmaus: Lane/Silvestris; 95. Igel: Danegger/Silvestris; 95. Seehund: Marklein/Silvestris; 95. Siebenschläfer: Tierbildarchiv Angermayer; 96.1 Volker Minkus; 98.1.A Volker Minkus; 98.1.B Volker Minkus; 99.2 Volker Minkus; 100.1–3 Lemke, Peters & Partner; 101.4.C Meckes/eye of science; 102.1–3 Lemke, Peters & Partner; 103.4.C Lichtbildarchiv Dr. Keil; 104. Volker Minkus; 105.1.A Dr. Schleyer/Karly; 105.1.B Dr. Schleyer/Karly; 105.1.C Dr. Heinzmann/Karly; 105.1.D Dr. Heinzmann/Karly; 106.2.A Garry Watson/Science Photo Library/FOCUS; 106.2.B Ein Kind entsteht/Lennart Nilsson/Mosaik Verlag; 106.2.C NAS/Susan Leavines/Okapia; 108.A3 Dr. Jaenicke; 108.A5 Synatzschke/Okapia; 114.A Reinhard/Tierbildarchiv Angermayer; 114.B Pfletschinger/Tierbildarchiv Angermayer; 115.C Foott/OKAPIA; 115.D Dalton/Silvestris; 115.E Lenz/Silvestris; 116.A2.A Tierbildarchiv Angermayer; 116.A2.B Dani/Jeske/Silvestris; 116.A2.C Tierbildarchiv Angermayer; 116.A2.D Mauritius; 116.A2.E+F Tierbildarchiv Angermayer; 118.1.A+B, 118.2.A Reinhard/Tierbildarchiv Angermayer; 118.2.B Danegger/Okapia; 119.3 Sohns/Silvestris; 119.4 Brandl/Silvestris; 120.1 Tönnies, Laatzen; 120.2 Dr. Pott/Okapia; 121.4 M-SAT, Saarbrücken/Astrofoto; 121.4 oben links Dr. Kaatz/STORCHENHOF LOBURG; 121.4 oben rechts Buchhorn/Silvestris; 121.4 unten links Wothe/Silvestris; 121.4 unten rechts Buchhorn/Okapia; 122.1 Partsch/Silvestris; 122.2 Soder/Okapia; 122.3 Danegger/Okapia; 122.4 Schmidt/Silvestris; 122.5 Wendl/Tierbildarchiv Angermayer; 123.1, 124.1 Reinhard-Tierfoto; 124.2.A+B Vitakraft-Werke; 124.3.A+B Steimer/Juniors Tierbild Bildarchiv; 125.4.A–C IMA; 126. Reinhard/Mauritius; 127.1.A Krahmer/Picture Press; 127.1.B Dr. Jaenicke; 127.2 T. Beck/Mauritius; 127.3 Aus Hühner und Puten, Verlagsunion Agrar; 128.1, 129 Dr. Philipp, 130.1.A+B, 130.2, 131.Mitte, oben, unten Dr. Jaenicke; 132.1 Rosenfeld/Mauritius; 133.2.A TH Foto/Tschanz-Hofmann/Okapia; 133.2.B Kotzke/Silvestris; 133.2.C Lange/Tierbildarchiv Angermayer; 133.2.D Büttner/Naturbild/Okapia; 133.2.E Reinhard/Tierbildarchiv Angermayer; 133.2.F Reinhard/Okapia; 133.2.G Dobers; 133.2.H Büttner/Naturbild/Okapia; 134.1.A–C, 135.A1, V2, V3 Dr. Jaenicke; 136.1.D Jung/Ernst Klett Verlag; 137.1.A–C, 138.1, 2.A+B Dr. Jaenicke; 138.3 Wendler/Silvestris; 139.2.D Dr. Jaenicke; 139.4 Tönnies, Laatzen; 139.5 hapo/Okapia; 140.A Laßwitz/Naturbild/Okapia; 140.A Ins. Gross/Silvestris; 140.B Reinhard/Okapia; 140.C Kunz/Greiner + Meyer; 140.D Blaich/Greiner + Meyer; 140.D Ins. Tönnies, Laatzen; 141.A4.A Wendler/Okapia; 141.A4.B Wendler/Silvestris; 141.A4.C Tönnies, Laatzen; 141.A5.A TH Foto/Tschanz- Hofmann/Okapia; 141.A5.B B.+H. Kunz/Okapia; 141.A5.C IMA; 141.A5.D Starke; Vorderes Vorsatz. Concorde: picture-alliance; Vorderes Vorsatz. Fetus: Ein Kind entsteht/Lennart Nilsson/Mosaik Verlag; Vorderes Vorsatz. Kolibri: Stan Osolinski/OSF/Okapia; Vorderes Vorsatz. Plenarsaal: picture-alliance/ZB; Vorderes Vorsatz. Sandechse: Dr. Brehm/Okapia; Vorderes Vorsatz. Sauerstoffbildung: Dr. Jaenicke; Vorderes Vorsatz. Schutzimpfung: Stone/NAS/Okapia; Vorderes Vorsatz. Schwäne: picture-alliance/ZB

Patricia Koch 5b

- Warum hat der Hund ein scharfes Gebiss?
- Warum hat der Hund ein Fell?
- Welche gemeinsamen Merkmale haben Husky, Schäferhund und Pudel?
- Warum bellt der Hund?
- Wie und warum bekommen Hunde Junge?
- Warum halten Menschen Hunde?